制冷红外探测器组件封装技术

李建林 著

北京
冶 金 工 业 出 版 社
2025

内 容 提 要

本书总结了制冷红外探测器组件封装技术发展的历史和趋势，系统介绍了微型金属杜瓦封装技术，以及真空获得、长寿命测试与评价和高真空绝热特性测试等关键核心技术。针对真空质量特性的测试与评价，分别阐述了非解真空微型金属杜瓦的热流、真空寿命测试装置的构成、测试原理和方法。

本书可供红外技术、真空技术、可靠性工程等相关专业领域的科研和工程技术人员阅读，也可供大专院校相关领域的师生参考。

图书在版编目(CIP)数据

制冷红外探测器组件封装技术／李建林著．—北京：冶金工业出版社，2023.5（2025.5 重印）

ISBN 978-7-5024-9575-6

Ⅰ．①制…　Ⅱ．①李…　Ⅲ．①低温—红外探测器—封装工艺—研究　Ⅳ．①TN215

中国国家版本馆 CIP 数据核字(2023)第 138257 号

制冷红外探测器组件封装技术

出版发行　冶金工业出版社　　**电　　话**　(010)64027926
地　　址　北京市东城区嵩祝院北巷 39 号　　**邮　　编**　100009
网　　址　www. mip1953. com　　**电子信箱**　service@ mip1953. com

责任编辑　卢　敏　美术编辑　吕欣童　版式设计　郑小利
责任校对　石　静　责任印制　范天娇
北京建宏印刷有限公司印刷
2023 年 5 月第 1 版，2025 年 5 月第 2 次印刷
710mm×1000mm　1/16；17. 5 印张；341 千字；263 页
定价 86. 00 元

投稿电话　**(010)64027932**　**投稿信箱**　**tougao@cnmip. com. cn**
营销中心电话　**(010)64044283**
冶金工业出版社天猫旗舰店　**yjgycbs. tmall. com**
（本书如有印装质量问题，本社营销中心负责退换）

序　一

由于能获取物体自身发射的红外辐射和反射场景的红外辐射，从而能获取场景全天时、不良气象条件的红外辐射图像，获得物体热过程决定的热图像，因此无论是在国防还是国民经济各领域，红外成像仪已成为一种重要、甚至是不可或缺的信息获取设备。红外探测器的物理极限是其视场内背景红外光子数涨落导致的背景限。为使红外探测器达到探测背景限，必须将其制冷至自身热噪声低于视场内背景光子涨落引起的噪声。为提高红外探测器的探测性能，通过制冷即能降低红外探测器的热噪声，故高性能红外探测器都是制冷型的，一般需要制冷至液氮温度（约 80K）。现在的研究热点——“高温工作”红外探测器也需要制冷至 120~150K，此“高温”是相对 80K 低温说的。为获得 80~150K 低温工作环境，仍然需要将红外焦平面探测器芯片封装在杜瓦中，与大气环境隔离，这样才能被制冷至 80~150K 低温。为获得这个低温工作环境，付出的代价可与红外焦平面探测器芯片相比。杜瓦真空完好性也是红外焦平面探测器组件可靠性的关键因素。一旦杜瓦真空损坏，则红外焦平面探测器组件立即失效，而不论红外焦平面探测器芯片和制冷器（机）是否完好。

面向红外成像仪应用的制冷型红外焦平面探测器集成封装涉及精密光学与结构、电子学、热学、真空、精密机械加工、焊接、材料等多门学科和多种特殊工艺，具有很强的实践性。本书简要介绍了红外探测器的现状和发展趋势，介绍了杜瓦的发展脉络，分析了制冷型红外焦平面探测器对集成封装的技术要求，在此基础上系统和完整地介绍了微型金属杜瓦的设计、计算、参数表征、红外焦平面探测器集成及其真空获取、杜瓦参数的测量方法、可靠性模型及其增长等方面的理论与工程实践，有理论，有数据，有分析，有案例，对从事相关研究工作的科技人员具有较高参考价值。

李建林长期从事制冷型红外焦平面探测器集成封装的研究工作，有较为扎实的理论功底，与其大量工作经验相结合，其将所形成对制冷型红外焦平面探测器集成封装的认知和心得记录、总结成书与读者分享，甚好甚慰，特此作序。

中国兵器工业集团有限公司首席科学家

2023 年 3 月 19 日于北京

序　二

红外探测器是红外成像装备的核心，在深空探测、航天遥感、环境监视、资源普查、安防监控、工业驾驶、医疗成像等民用领域和预警探测、情报侦察、火控观瞄、精确制导、夜视夜战、毁伤评估等国防领域得到广泛的应用，是世界主要先进国家重点发展的核心器件。使用高性能红外探测器，以美国、英国、法国等世界各光电成像装备供应商研发了多种先进光电侦察与制导装备，装备于星、机、弹、舰、车、单兵等各种平台，在科索沃战争、海湾战争、伊拉克战争、叙利亚战争等历次现代战争乃至近期俄乌冲突中发挥着极其重要的作用。

得益于基础性红外敏感材料、先进微电子加工工艺的发展和红外探测器在国防装备领域的核心器件地位和重要作用，红外探测器在世界范围内得到快速发展，红外探测器的阵列规模不断扩大，温度灵敏度不断提高，光谱响应范围不断拓展，片上集成功能不断增加，环境适应性不断增强，寿命与可靠性不断提升，形成了一代红外探测器及二代红外焦平面器件批量装备、三代红外焦平面器件工程化应用、新一代红外探测器技术探索和原型器件研发等并行推进的局面。而红外探测器需要工作于60~80K的深低温环境下，才能发挥出高温度灵敏度特性，并长期可靠、持续稳定地工作。因此，某种意义上来说，高真空环境的稳定获得和持续保持是保障红外探测器高性能、高可靠、长寿命的重要技术基础。

红外探测器高真空环境通过封装杜瓦技术来实现，是涉及红外物理、材料学、传热学及工程热力学、真空封装、机械结构、环境工程、可靠性等多学科交叉融合的工程实现问题，也是红外探测器产品研发和工程应用的一个主要瓶颈。随着红外探测器技术的快速发展，探测器像元数量从单元、多元发展至128×128小面阵、640×512中等面阵、1280×1024大面阵乃至4096×4096超大面阵等不同阵列规模，使得红外探测器芯片尺寸变化较大；红外探测器的应用平台从地面、车载扩展至机载、弹载、星载等多种平台，并逐渐进入民用领域，使得红外探测器的工作寿命要求从几千小时提高至数万小时甚至更长。上述特点对红外探测器的高真空环境的获得及保持提出了更为苛刻的要求。

本书作者长期从事红外探测器封装的总体设计和封装杜瓦方面的研究和测试评价等工作，在封装杜瓦真空环境获取及真空寿命保持等方面积累了丰富的工程经验。针对红外探测器高真空环境如何实现的技术难点和工程问题，作者从红外探测器杜瓦封装结构的真空度、热负载、气密性等设计要求出发，系统介绍了红外探测器封装集成设计、微型金属杜瓦结构和制备工艺、杜瓦封装结构内部放气特性分析及残余气体控制、热负载和高真空寿命测试评估、真空保持影响因素及失效分析等方面设计、工艺、测试及验证等技术，并对真空寿命加速测试验证用于红外探测器杜瓦封装结构真空寿命预计进行了概述。

本书所提出的红外探测器组件结构的真空环境获得、保持、测试、评价等方面的技术和方法经过实际产品和应用工程的验证，具有较强的实用性，在红外探测器组件结构方面具有原创性，对我国红外探测器领域的相关研究具有较好的参考价值。

非常期待本书的出版对我国红外探测器的自主创新发展产生积极的推动作用。

中国电子科技集团有限公司首席科学家 喻松林

2023年4月于北京

前　言

红外探测器是红外技术的核心，它的发展既引领又制约着红外技术的发展。微型金属杜瓦真空封装对于红外焦平面阵列芯片是必不可少的，红外焦平面阵列需要封装来保护内部脆弱的微结构免于外界水汽、灰尘等造成的损坏，更重要的是需要真空绝热来确保芯片在80K低温环境下的正常工作。如何高效率、低成本产生并长期保持工作所需的真空度呢？笔者长期致力于以真空获得为基础的微型金属杜瓦高真空绝热功能和长寿命测试与评价技术的专题研究工作，在制冷红外探测器组件封装杜瓦产生真空以及真空寿命、出气速率和热负载测量等设计与工艺技术领域几十年工程实践中，逐渐积累了较为丰富的制冷红外探测器组件高效率获得真空及长时间保持真空的工程经验。现将所收集相关资料、编撰技术报告和已经公开发表专题研究成果整理编成此书，涉及制冷红外探测器组件封装、微型金属杜瓦真空获得、真空长寿命测试与评价、高真空绝热特性测试等关键核心技术。书稿包含工程实践中总结的关键核心技术原理和方法，所述问题解决的途径具有创新的特性，内容丰富、具体、实用，具有广泛的工程应用价值。

制冷红外探测器组件封装技术涉及红外物理、工程热力学与传热学、材料学、光电探测技术、红外探测器、光电子技术、封装技术、真空技术、机械工程、环境工程、可靠性工程等多学科领域。本书共分5章。第1章概述红外探测器的发展趋势，并介绍红外探测器封装集成设计技术，主要包括高真空绝热封装气密性的要求和结构，以及第二代、第三代红外焦平面探测器双色及多色探测、集成低温光学、可变光阑和三维集成技术（Z封装技术）等先进封装技术。第2章阐述微型金属杜瓦的结构、性能及其设计方法，以工程实践凝练的高可靠性封装共性技术为基础，结合关键工艺可靠性介绍提升互连、组装和产生真空等制造工艺质量的方法途径。第 3 章针对微型金属杜瓦产生真空的工艺技术以及长寿命高效率的要求，分析阐述微型金属杜瓦质量指标与产生真空过程中的气体成分和残余气体，建立杜瓦真空获得、吸气剂维持真空等抽（排）气数学模型，给出高效率产生真空及维持真空长寿命的工艺技术途径和方法。第 4 章介绍微型杜瓦质量特性参数测试评价技术，详细分析论证热流测量误差与不确定度及高精度测量热负载的测试技术，给出在排气过程中微型杜瓦真空寿命的测试数学模型、测试装置及方法和测量不确定度分析，描述杜瓦高真空绝热功能综合测试评价原理和方法，并给出降温时间与热负载和真空度的在线测试装置的组成和测试方法。第 5 章围绕微型金属杜瓦维持高真空绝热长寿命预计与测试技术，论述故障物理分析方法和真空失效与模式，提出真空失效表征与测试方法，概述加速真空寿命试验测试技术用于红外焦平面探测器杜瓦组件真空寿命的统计预计。

作者编撰成书出版过程中得到昆明物理研究所赵鹏、包伟杰、苏拴、李沛等同事热情支持和大力帮助。尤其荣幸的是得到中国兵器工业集团有限公司首席科学家蔡毅研究员和中国电子科技集团有限公司首席科学家喻松林研究员的大力支持和具体指导，并为本书作序，谨此表示衷心感谢。

由于作者目习于所见，恐有不妥谬说之处，希冀同行专家不吝赐教指正。

李建林

2023 年 4 月 5 日于昆明

目　　录

1　红外探测器封装集成设计技术

1.1　封装技术概述

红外探测器可获取物体自发辐射信息，具有全天时观测、抗干扰能力强、高分辨能力的特点，在国防、天文、民用领域扮演着重要的角色，是信息化时代发展的核心驱动力之一。红外成像技术在军事以及民用各领域都有广泛的应用。红外成像技术的核心是红外焦平面阵列技术，红外焦平面探测器将目标的红外辐射通过光电转换变换为具有空间信息的电信号，经过图像处理等手段将目标物体的红外辐射分布显示为图像信息，供人眼观察或机器识别。由于红外辐射的普遍性及被动性，红外成像技术广泛应用于探测、预警、制导、遥感、监控、工业检测和环境监测等领域。红外探测器在军事侦察、遥感、通信、精确制导和航空航天等领域发挥着关键作用，是军用红外系统的核心部件，受到世界各国长期关注，具有重要的研究价值和应用前景。红外焦平面探测器通过光电二极管将红外辐射转换为光电流，光电流经积分电路将光电流转换为电压信号，然后将各像元的输出电压信号顺序传输到探测器片外的成像处理电路。它在红外技术发展中起着关键和主导的作用，其工作性能直接决定热像仪的成像质量。要使红外焦平面探测器在 80K 的极低温下正常工作，就必须将其安装在具有高真空绝热特性的杜瓦瓶中，否则会造成红外探测器芯片的污染及在低温下结霜。其发展水平取决于电子科学、材料科学、凝聚态物理、光学工程、工程热物理等相关科学与技术的水平，包括制造探测器的半导体技术及真空容器封装杜瓦技术和冷却探测器的极低温制冷技术等。

狭义的封装是指安装红外焦平面阵列芯片杜瓦的过程；广义的封装应包括制备红外焦平面阵列与 Si 读出集成电路芯片、冷屏蔽罩等装配到陶瓷-金属冷头部件上，采用金属布线和引线键合的连接技术形成电气连接、安装杜瓦，构成耦合光电系统机械、光学和制冷有效组件的整个过程。安装红外探测器的杜瓦采用金属、陶瓷等材料，通过高真空环境将焦平面阵列芯片包封起来，使得红外探测器在各种环境和工作条件下能稳定、可靠工作。杜瓦封装是将红外探测器的各个组成部分连接起来实现光电探测转换功能的技术，是连接红外探测器芯片内部电路和外部电路的桥梁，是实现红外探测器芯片功率输入、输出与外界连接的途径。

封装的功能包括电源分配、信号分配、热流通道、机械支撑和环境保护几个方面。

红外探测器技术是红外技术的核心，红外探测器的发展引领并制约着红外技术的发展。红外探测器的发展起源于1800年英国天文学家威廉·赫胥尔对红外线的发现，随后出现了热电偶、热电堆、测热辐射计等热电、热探测器。1917年美国人Case研制出第一支硫化铊（TlS_2）光电导红外探测器，19世纪30年代末，德国人研制出硫化铅（PbS）光电导型红外探测器。第二次世界大战加速了红外探测器的发展，使人们认识到红外探测器在军事应用中的价值。第二次世界大战后半导体技术的发展进一步推动了红外技术的发展，先后出现了PbTe、InSb、HgCdTe、Si掺杂、PtSi等探测器。早期研制的红外探测器存在波长单一、量子效率低、工作温度低等问题，大大限制了红外探测器的应用。1959年，英国人Lawson发明碲镉汞（HgCdTe）红外探测器，可以覆盖短波红外（short wave infrared，SWIR）、中波红外（medium wave infrared，MWIR）、长波红外（long wave infrared，LWIR）、甚长波红外（very long wave infrared，VLWIR）等波段范围。红外探测器的发展呈现出蓬勃发展的局面，作为主流的红外探测材料，碲镉汞对红外光电探测技术的发展起到了极大的推动作用。碲镉汞红外探测器自发现以来一直是红外探测器技术的首选，它在红外探测器发展历程中占有重要的地位。美国、英国、法国、德国、以色列以及中国等国家的红外研究工作者对碲镉汞红外探测器的发展投入了极大的精力，并持续不断地进行研究和改进。20世纪80年代后，由于电子技术和材料生长技术的高速发展，出现了更多的新型探测器，相继发明了基于Ⅲ-Ⅴ族化合物半导体的量子阱红外探测器（quantum well infrared photodetector，QWIP）、二类超晶格（type-Ⅱ superlattice，Type-Ⅱ SL）红外探测器和量子点红外探测器（quantum dot infrared photodetector，QDIP），并且发展速度迅猛。

20世纪60年代末至70年代初，HgCdTe长波红外线列探测器组件研制成功。1975年，美国提出了基于第一代红外探测器的热成像通用组件（MCTNS），从此HgCdTe材料和探测器大规模应用于军事领域。在1999年，唐纳德·里高等人提出$SWaP^3$（size，weight，power，performance and price，也即SWaP+Performance+Price）概念。基本思想是小型化、轻重量、低功耗、高性能、低成本。图1-1所示为红外探测器$SWaP^3$概念涉及的因素及其关联性。$SWaP^3$概念框架演变过程如图1-1（a）所示，SWaP由西方发达国家率先提出后演变为SWaP-C，继而又成为$SWaP^3$。在该概念的发展引领下，红外探测器的发展主要集中在大规格、小型化、双色/多色化、智能化和高温工作等前沿领域方面。在战略应用方面，红外探测器的高性能是核心，更关注“四高”，即提高光谱、空间、时间的分辨率和辐射探测器的灵敏度。在战术应用时，涉及 SWaP³ 概念的各个方面（图 1-1 (b)），需要权衡尺寸、重量、功耗、价格，特别注重的因素是应用的泛在化。红外探测器已经完成了第一代、第二代的研究与实用化。三代红外探测器主要针对战术泛在化、战略高性能的应用特点，重点发展 SWaP³ 概念的红外探测器，目前技术基本突破，部分开始进入装备。高端三代红外探测器则趋于挑战超高分辨率、超高能量分辨率、超高时间分辨率和超高光谱分辨率等光强探测的极限性能。2017 年，Antoni Rogalski 提出了第四代红外焦平面探测器的概念，并总结了第一代至第四代红外探测器发展路线图与大事记，如图 1-2 所示。图 1-2 所示为 1940 年后现代化红外探测器的发展历程和标志性进展，在 1940—2020 年的 80 多年里，红外探测器的发展大致可分为 4 个时期。目前，红外技术已经取得了很大的提高，并且正在不断地拓展新的应用领域。

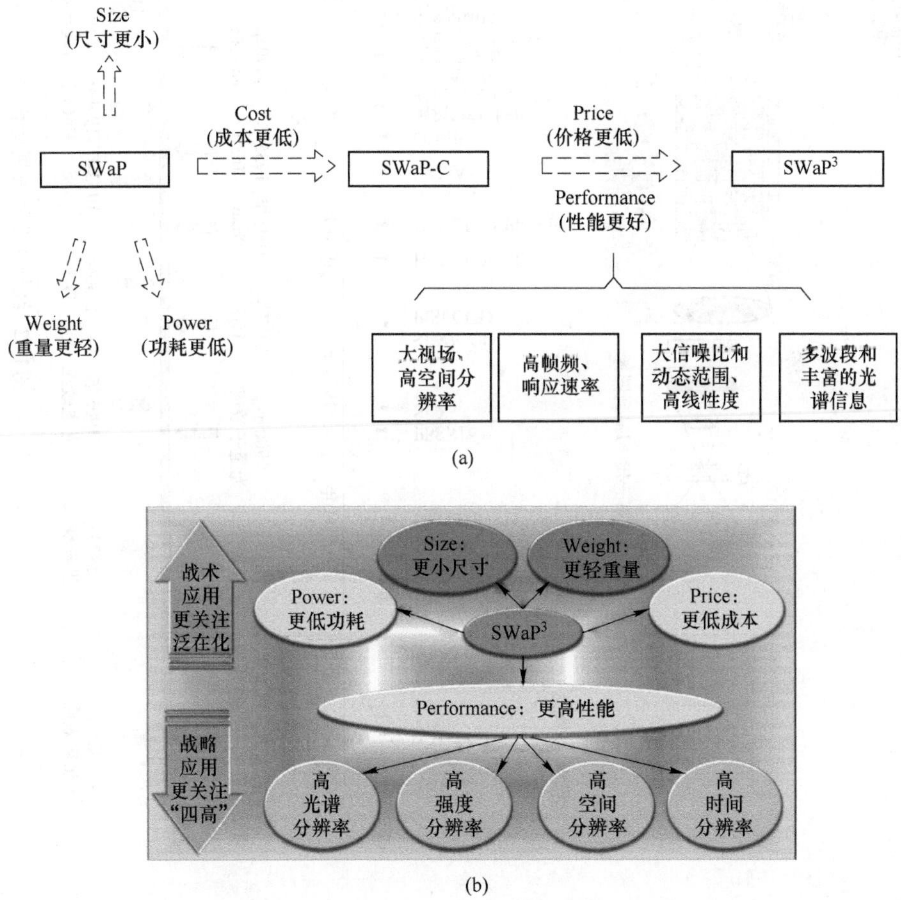

图 1-1 三代/高端三代红外探测器的 SWaP³ 概念

(a) SWaP³ 概念演变框架图；(b) SWaP³ 概念

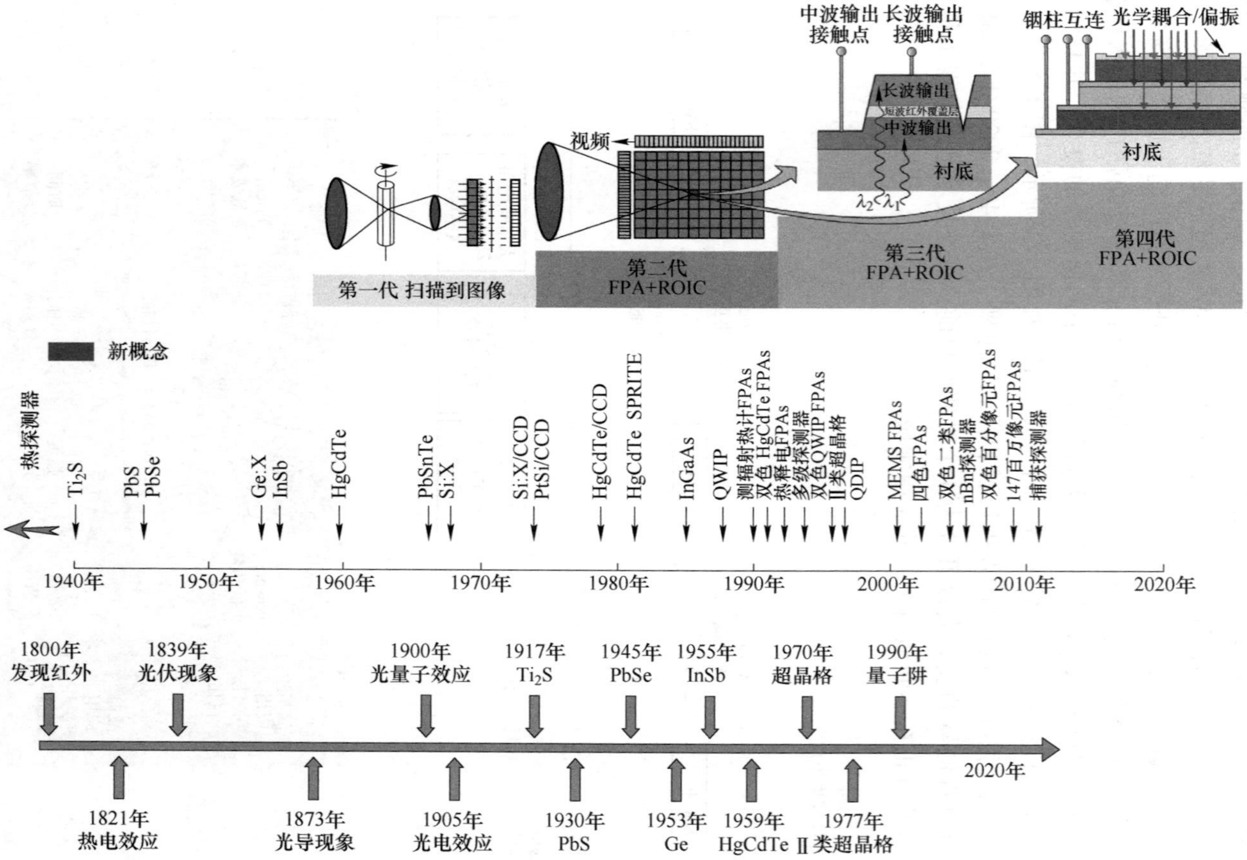

图1-2 红外探测器发展历程

（1）20世纪40年代，第一代红外探测器问世，单元探测器发展成线列/小面阵探测器，红外系统从点源探测仪发展到第一代热成像仪。60年代末出现线列光电导探测器，像元数在10^3以下，通过逐行扫描形成二维图像，需要复杂的光学扫描机构。随后，还出现了时间延迟积分（time delay integration，TDI）的红外探测器，属于1.5代产品。

（2）20世纪80年代，第二代红外焦平面探测器问世，第一代线列/小面阵探测器发展到从焦平面读出电信号的长线列/大面阵焦平面探测器，像元规模10^3~10^6，第一代热像仪发展到第二代红外成像仪，性能提高，成本大幅度降低，实现凝视成像，在成像速度和质量方面相比于第一代有了质的飞跃。20世纪末，欧美等发达国家已在航天遥感、武器装备等各领域实现了产业化应用，并在实战中显示出了巨大的威力。2010年前后，我国也初步具备了二代红外探测器应用于航天遥感、武器装备等的实用化能力。

（3）20世纪末，随着半导体材料、芯片技术的不断进步，2000年以来开始了第三代红外探测器的研究。2010年左右，业内提出了小尺寸、轻重量、低能耗、低价格、高性能的概念，相应地红外探测器步入了以大规格、小型化、双色/多色化（two/multi-color）、智能化和高温工作（high operation temperature，HOT）等为技术特征的时代。随着$SWaP^3$概念的提出，第三代红外探测器进入高速发展阶段。第三代红外探测器时，第二代焦平面探测器发展成长线列/大面阵、双色/双波段焦平面探测器，像元规模10^6以上，第二代热像仪发展成第三代红外成像仪，实现高清晰红外成像（与高清晰电视成像技术兼容）、双色/双波段的高清晰红外成像。

（4）随着红外探测器技术的发展，其在探测机理（例如雪崩模式、甚长波、双/多色、偏振、小尺寸像元等）、材料设计与制备（例如能带工程、MBE和MOCVD等）、工作温度（例如150K、室温工作等）、信号处理（例如片上数字化等）、封装（例如组件级封装、片上封装等）、光学集成、智能化信息处等环节均取得显著的技术突破，红外焦平面探测器技术的多元化发展导致至今对第四代红外探测器的定义未形成统一观点。

近半个世纪以来，尤其是近30年红外探测技术的发展异常迅速，大量新型材料、新颖器件不断涌现，实现了从第一代的单元、多元光导器件向第二代红外焦平面器件的跨越，正朝着以大规模面阵、高分辨率、多波段、高集成、智能灵巧型系统级芯片、轻型化和低成本为特征的第三代红外焦平面技术的方向发展，具有高性能数字信号处理功能，甚至具备单片多波段融合探测与识别能力。红外探测器经历了从第一代单元、多元器件，通过串/并扫描成像，发展到第二代以288×4为代表的时间延迟积分（TDI）扫描型红外焦平面阵列和中等规模的凝视型焦平面的发展过程。单元、多元探测器扫描成像需要复杂笨重的二维、一维扫描系统结构，且灵敏度低。第二代红外焦平面探测器是小、中规格的凝视型（staring）红外焦平面列阵（FPA）。$M\times N$ 凝视型红外焦平面探测器阵列像元数从 1 元、N 元变成 $M\times N$ 元，灵敏度也分别从 1 与 $N^{1/2}$ 增长了 $(M\times N)^{1/2}$ 倍和 $M^{1/2}$；而且，大规模凝视焦平面阵列不再需要光机扫描，大大简化了整机系统，目前逐步向着高集成度、高性能、多维度探测和低成本的方向发展，对于响应速度、探测灵敏度、响应时间和器件的体积、质量和成本等指标提出了更高的要求。表 1-1列举了世界上主要的红外探测器生产研究机构的一些已经商品化的面阵碲镉汞红外焦平面阵列探测器的主要技术指标。

表 1-1　国外一些已经产品化的碲镉汞红外焦平面阵列探测器主要技术指标

制造商	规　格	像元大小 /μm	光谱范围 /μm	工作温度 /K	探测率 $D^*(\lambda_p)$ /cm · $Hz^{-\frac{1}{2}}$ · W^{-1} 噪声等效温差 NETD /mK
美国雷神公司	128×128	40×40	9～11	80	—
	256×256	30×30	8.5～11	77～100	—
美国罗克韦尔公司/美国波音公司	256×256	40×40	>15	77	—
	640×480	27×27	>10	77	—
	225×256	40×40	1～4.6	120	>10
	640×480	27×27	1～4.6	120	>25
	2048×2048	18×18	1～2.5	95～120	$>1\times10^{14}$
	4096×4096	18×18	1～2.5	95～120	$>1\times10^{14}$
英国 BAE 系统公司	256×256	30×30	8～10	80	—
	384×288	20×20	3～5	<120	18
	640×512	24×24	3～5	<110	12
法国索弗拉迪公司	128×128	50×50	7.7～10	80	1.1×10^{11}/10
	128×128	50×50	3.7～4.8	90	4.3×10^{11}/7
	320×256	30×30	7.7～9.5	77	≤20
	320×256	30×30	3.7～4.8	≤120	≤10
	640×512	15×15	3.7～4.8	≤110	≤17
	1000×256	30×30	0.8～2.5	≤110	—
DRS 红外技术公司	256×256	40×40	LWIR	77	1.2×10^{10}（D^*500）
	480×640	25×25	LWIR	77	3.5×10^{9}（D^*500）
	256×256	40×40	MWIR	77	5.5×10^{10}（D^*500）
	480×640	25×25	MWIR	77	4.0×10^{10}（D^*500）

续表 1-1

制造商	规　格	像元大小 /μm	光谱范围 /μm	工作温度 /K	探测率 $D^*(\lambda_p)$ /cm·$Hz^{\frac{1}{2}}$·W^{-1} 噪声等效温差 NETD /mK
德国 AIM-AEG 红外模块有限公司	128×128	40×40	8~10	80	<15
	128×128	40×40	3~5	80	<15
	256×256	40×40	8~10	80	<20
	256×256	40×40	3~5	80	<10
	384×288	24×24	8~10	80	<40
	384×288	24×24	3~5	80	<25
	640×512	24×24	3~5	80	<18
	1280×1024	15×15	3~5	80	—

一般而言，光电型红外焦平面探测器都需要制冷，属于制冷型红外光电探测器。制冷型红外光电探测器需封装在杜瓦组件内以保持低温工作环境，并需要配套的制冷器（机）。微型金属杜瓦封装技术对设备、工艺和技术的依赖性更强，难度更大，技术含量更高。在红外焦平面探测器杜瓦制冷器（机）组件技术的研制过程中，微型金属杜瓦封装技术占比达到30%，反映了它的技术难度及重要性，是工程化批量生产红外焦平面探测器杜瓦制冷器（机）组件的重要部分和关键技术，关系到系统的性能和生产效率。一般高性能先进红外焦平面探测器封装的成本占70%~80%。

虽然国内第二代、第三代红外焦平面技术在材料、器件工艺、读出电路、杜瓦和制冷等方面取得了进展，但可靠性、工程化、通用化与标准化水平有待进一步提高，还有许多关键技术还没有完全突破。红外探测器组件、先进红外焦平面探测器组件的集成和高可靠封装技术，以及可靠性、长寿命和新型探测器组件等应用基础问题，仍有待深入研究。红外探测器技术总体水平与西方发达国家相比仍有较大差距。

红外焦平面探测器的发展对封装提出了新的挑战，功能的增强、速度的提高、尺寸的增大，以及信号预处理要求的应用，导致了探测器输入/输出（I/O）端口的增加，并且提高了封装的引线数目和复杂性。由此看出，设计不同于单元或多元探测器的封装结构，现有的封装设计方法是不能满足实际需要的。从红外焦平面阵列到封装设计，再到提出封装设计的顾客，每一个环节的设计人员都试图独立于其他环节优化自己的设计，但这种方法有很大的弊端。由于重复设计导致设计周期延长，或达不到系统性能/成本的要求，或机械、电气接口协调不好。

采用新的工艺和方法可以根据一定的规则，使整个设计过程一体化，从而改善性能、成本和设计周期。

红外探测器的总体设计必须系统、信号处理、红外焦平面阵列、杜瓦、制冷器（机）等设计者密切配合，实现最小噪声和最小热负载，以及体积、重量、电功率减到最小的优化设计。红外焦平面阵列探测器不同于多元线阵和 SPRITE TDI 光导探测器，封装设计必须提供以下特性的解决方案。

（1）焦平面阵列/硅读出电路几何特征。焦平面阵列探测器组件的实际尺寸增大近 10 倍，这就要求相应增加探测器装载面、冷屏蔽以及其他杜瓦零部件的尺寸。

（2）焦平面阵列/硅读出电路功率。焦平面阵列/硅读出电路消耗电功率是不可避免的，PV 和 CCD 技术消耗的电功率较小，但是取决于系统要求的输出量（频率、负载等）。目前高性能焦平面阵列（480/960×4）的硅读出集成电路消耗的功率为几百毫瓦，功率密度为 0. 75W/in^2（1. 16mW/mm^2）。一种 288×4 的硅读出集成电路的功率为 80mW。

（3）焦平面阵列/硅读出电路引线数。美国大多数战术军事应用都采用 60 元、120 元以及 180 元 8～12μm PC HgCdTe 阵列，每个探测元有几毫瓦的功耗，引出线数可以达 300 条。用于较大规模的光伏焦平面阵列的新型杜瓦与通用组件的尺寸差不多，但是所需的电气传输引线少得多。法国 SOFRADIR 288×4 焦平面阵列的引出线数是 54 根，其中 14 根用于接地和测温二极管。支持 I/O 对良好电气性能的需求。

（4）热惯性和热流量小的封装杜瓦。采用红外焦平面探测器的前视红外系统要求减少系统准备时间，提高工作和储存寿命，增强电磁兼容性，以及光学对抗的能力。因而要求制冷时间短（几分钟或几秒钟内到 80K）、制冷效率高、真空寿命长（10 年提高到 20 年）。

红外探测器的封装技术主要包括组件的结构设计、热力学计算、微小轻型化结构模拟、抗电磁干扰及抗高强度冲击的大面积蓝宝石无源电路衬底、解决焦平面基底和杜瓦冷端的温度均匀性问题、焦平面芯片的精密定位与视场配准以及冷屏设计及低温滤光片耦合技术等关键技术。红外探测器的封装设计包括：

（1）光学接口设计，包括窗口、滤光片、冷屏蔽罩、集成光学等。

（2）80K 低温环境的实现，包括杜瓦和制冷器（机）设计。

（3）输入/输出（I/O）端口电气互连的实现，包括互连布线热负载的约束，以及时延、串扰、阻抗等电气特性的约束。

（4）可制造性检查。用于决定所选封装类型是否可行，这些检查包括最长和最短焊线长度、线和线间距、最大线夹角，以及提供给芯片 I/O 足够的焊接位置等。

目前用于 HgCdTe 和其他探测器的斯特林循环制冷器（机）必须不断地缩小其尺寸和功耗，否则在焦平面器件功耗降低的前景下人们会选择其他探测器/制冷器（机）组合的技术途径。人们非常希望红外探测器不需要复杂的配套制冷部件，但是目前探测器的最佳工作温度主要取决于探测器光敏元材料。除了红外探测器的工作波长、速度和可能达到的性能以外，所采用的到器件及其工作温度范围主要是红外探测器和制冷器的工作条件（功耗、尺寸、质量、工作温度），以及配套技术的状态等多种工程因素折衷的结果。红外焦平面探测器是热成像夜视技术的核心传感器，被世界各军事强国广泛用于国防武器装备中。热成像夜视技术未来的发展方向之一是高性能、大面阵、低成本。高性能先进红外焦平面探测器一般都要工作在低温 65~80K，利用微型金属杜瓦瓶真空绝热特性可以实现低温工作环境，提供探测器、制冷器（机）组装支撑平台。

封装技术、真空技术和制冷技术等技术领域制约红外探测器技术的发展。应用需求是红外探测器技术发展的动力，红外敏感材料、器件工艺、集成电路设计、封装技术、测试技术、真空技术、可靠性技术和制冷系统等发展的困难长期制约了红外探测器技术的综合发展。在红外焦平面探测器组件的生产中，微型金属杜瓦需要投入的人力物力常常多于焦平面探测器，高性能微型金属杜瓦是昂贵的。微型金属杜瓦封装是红外焦平面探测器组件性能、体积、重量、成本和可靠性的关键。随着微电子技术的发展，以及非球面光学、微透镜技术等先进制造技术的涌现，热成像系统的体积、重量越来越小，微型金属杜瓦是热像仪轻、薄化的主要瓶颈。

热像仪的故障，按发生的组、部件进行分类，探测器组件故障所占比例达到 24%；按故障发生时的工作温度统计，常温工作状态探测器组件发生故障所占的比例为 16%，高、低温工作状态发生的故障比例高达 30%。主要集中在制冷不到温、图像质量差、画面干扰多。可靠性设计使产品具有潜在的固有可靠性，工艺可靠性是使产品达到或实现固有可靠性。固有可靠性是通过设计、制造过程形成的最高可靠性。微型金属杜瓦封装红外焦平面探测器，并没有成熟的设计理论和制造工艺技术，传热、接触热阻和真空绝热的设计约束，真空抽气结构函数，清洁真空表面和冷屏蔽表面处理等技术领域的应用基础问题有待深入研究。通过故障类别分析统计，针对探测器封装出现的突出问题，必须开展基板技术、电气互连技术、冷屏蔽技术、热流管理技术、绝热设计技术等可靠性封装共性技术研究，譬如陶瓷装载基板温度控制与挠性冷链传递设计技术、冷屏蔽设计技术和制造工艺，以及互连、微装配、超高气密性密封、高效率长寿命获得真空等关键工艺技术。可靠性封装技术包括设计、制造、包装、储存、运输和使用维修等，可分为可靠性管理、设计、理论、数据、试验和评价六个分支，涉及杜瓦封装设计与制造全过程。

微型金属杜瓦是连接、耦合红外探测器、制冷器（机）、电子学和光学的高性能真空绝热部件，深入研究其特性指标热负载的测量方法、数据处理规定和测量误差，提高测量准确度、不确定度和可靠性，有利于精确测量小漏热微型金属杜瓦瓶的热负载；对于减小斯特林循环制冷器的尺寸、质量和功耗，推动红外探测器封装技术、真空获得技术和可靠性技术的发展都具有重要意义。2015 年后，基于小像素、双色、甚长波、雪崩探测（APD）和高温工作等技术的三代焦平面探测器取得了实质性的突破，在第三代焦平面探测器技术的基础上，技术发展的方向又转向了称之为 $SWaP^3$（更小尺寸（size）、更低重量（weight）、更高性能（performance）、更低功耗（power consumption）和更低成本（price））的先进红外焦平面探测器技术，它的核心内涵就是从以往一味地追求性能到更加追求红外焦平面探测器的实用性和可制造性。

真空封装对于红外焦平面阵列（infrared focal plane array，IRFPA）芯片是必不可少的。红外焦平面阵列需要封装来保护内部脆弱的微结构免于外界水汽、灰尘等造成的损坏；更重要的是需要真空环境来确保芯片的正常工作。迄今为止，已有多种针对电读出红外焦平面阵列的真空封装方案，可以分为芯片级封装、圆片级封装和像元级封装。芯片级真空封装是研发最早且目前仍被广泛使用的一种真空封装方法，但是其封装效率比较低。圆片级真空封装提高了封装效率，但该方法对红外焦平面阵列芯片的成品率要求较高，否则，将会封装相当比例的废片，从而浪费昂贵的红外滤波片。像元级真空封装也是为了提高封装效率而研发的一种封装方法。如果按密度将封装分级，则芯片级封装为 0 级封装，元器件级封装为 1 级封装，电路、组件级封装为 2 级封装。芯片级封装的一个典型特点就是 I/O 密度高，工艺技术难度大，一般采用倒装互连技术，有芯片装在芯片上的 Z 技术和芯片装在板级的高密度封装。

在半导体和微电子领域，垂直堆叠集成电路的趋势已成为满足诸如高性能、多功能、低功耗、小型化电子设备要求的可行的解决方案，实现此目的的各种方法和过程称为三维集成技术（3D integration）。通常，三维集成是一个广义术语，其技术可分为三维晶圆级封装、基于三维中介层（interposer）的集成、三维堆叠式集成电路（3D stacked IC，3D-SIC）、单片三维集成电路、三维异构集成等。红外探测器将向着小体积、重量、功耗，高可靠性、高稳定性的集成化、智能化系统发展。其一，红外焦平面阵列像元尺寸的减小，意味着在同样的焦平面像元规格下可以获得更多的场景内容；其二，在像元内增加信号处理能力，使得全数字化焦平面成为可能。这两个方面的发展对读出电路设计提出了难题：在更小的像元面积内集成更多的电路功能。克服这个难题的措施之一就是采用更先进的 CMOS 设计节点，但是研究发现，超过 28nm 后，先进设计技术的成本优势开始下降。因此，研究人员开始转向三维读出电路（3D ROIC）的研发。传统的二维电路结构限制了像元级电路功能，三维电路集成显示出了其不受像元尺寸限制的优越性。

红外探测器中的三维集成可以分为读出电路的三维集成以及探测器的三维集成，由于摒弃了In柱互连，后者集成度更高。但是无论哪一种集成结构，采用基于中介层的三维封装的特点是芯片被贴装在中介层（中介层的材料可以是硅、玻璃或者有机材料）的两端，通过硅通孔（through silicon vias，TSVs）实现电学连接是必备的技术途径。TSV是三维集成电路的一种主流技术，它是一种系统级架构的新方法，内部含有多个平面器件层的叠层，并经由TSV以垂直短线方式取代传统的芯片互连线方法，无需外部引线键合。采用TSV技术集成相同类型的红外探测器信号处理电路，可以提高单位面积（体积）上的电容值或者功能模块，因此能够显著提升红外探测器的电荷处理能力或者增加电路功能，且可以减少信号传输的延迟并能增加带宽。采用TSV技术集成不同类型的红外探测器信号处理电路，如将信号处理、图像处理和数据存储等芯片集成，可以降低红外系统体积重量和功耗，提高系统集成度。

红外探测器的未来发展趋势。随着信息化社会人工智能物联网（artificial intelligence of things，AIoT）在各领域的快速普及，红外信息的复合探测和智能处理是红外探测技术向更多领域普及发展的必由之路，红外探测器正在由单一的传感器向多维信息融合成像、片上智能化的红外光电探测器发展。在片上集成光场调控人工微结构的四代红外光电探测器基础上，通过3D堆叠发展出片上红外信息获取、信号处理、智能决策的变革性红外光电探测器（图1-3）。基于片上集成与智能化处理技术，新型智能化信息处理光电探测器具有片上像元计算、并行输出、基于事件驱动的低功耗特征，可大幅提升特征提取等光电探测系统并行、分步计算、智能化水平。美国DARPA在2009年开展了垂直集成传感器阵列（vertically integrated sensor array，VISA）项目计划，将探测器、模拟集成电路（integrated circuit，IC）和数字IC通过三维结构设计，实现焦平面阵列的三维堆叠（图1-4）。片上集成系统（system on chip，SoC）是在红外探测器上集成具有稳压电源、时钟信号、模数转换、信号处理等功能的电路模块，一般支持根据不同的红外探测器设置输入信号参数、自定义图像处理算法等复杂的功能。目前大多数基于传统ROIC的红外探测器输出信号为模拟输出，SoC可以将探测器输出的模拟信号进行高速、多通道的片上模数转换，并将转换的数字信号输入到CPU做进一步处理分析。CPU支持通过自定义算法实现数据缓存、非均匀校正、盲元处理、图像增强、灰度变换、数码变焦等功能，还可以通过人工智能算法实现目标识别等功能，为可穿戴的智能设备提供了完整的解决方案。

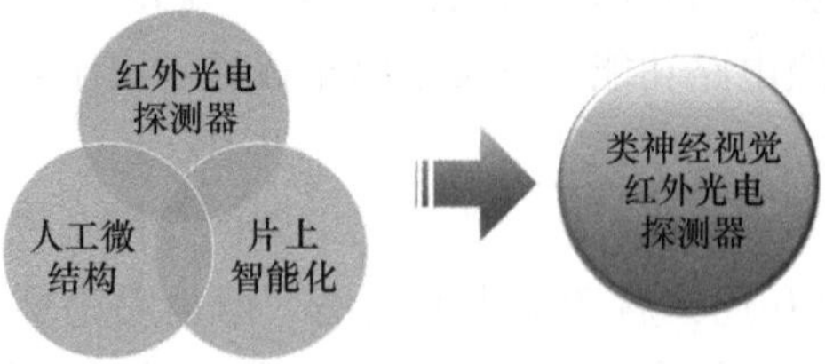

图 1-3　新概念红外探测器的核心架构与技术内涵

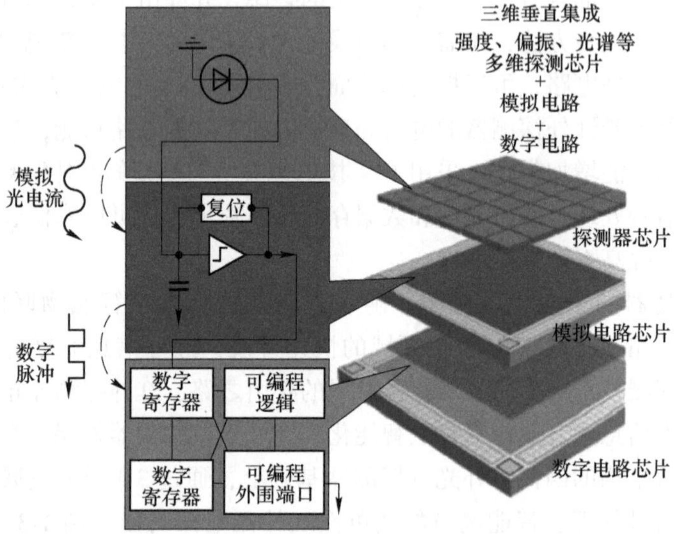

图 1-4　片上 3D 集成红外探测器的概念

1.2　封装设计技术

封装是从红外焦平面阵列测试到产品完成的最后一个制造工艺流程。红外探测器需要封装，红外焦平面阵列只有通过封装以后，顾客才能方便地使用红外焦平面阵列转换的光电信号接口，红外焦平面阵列通过封装实现与环境的交互和隔离，有效提高红外焦平面阵列的可靠性。封装的目标就是用最小的体积、最低的成本、最简单的结构使顾客方便使用红外焦平面阵列的各种功能，同时根据顾客的需要有效地拓展红外焦平面阵列的性能或功能。封装不仅有电信号接口的要求，而且有系统光学接口的要求，以及红外探测器或系统与环境交互的要求，这使得封装技术除了要满足封装的基本功能，如机械支撑、环境隔离、电信号接口等，还有低温工作环境、制冷机械接口和系统光学接口等封装面临的难点需要解决。

热量传输有传导、对流与辐射三种形式，其中传导与对流都需要能量传输媒介，引入真空就能阻断热对流，温度较低时辐射造成的热量传输较小，从而可形成相对绝热的环境。在真空环境中，自由粒子有比较长的分子平均自由程，热量的主要传输模式是辐射，有利于抑制对流传热。杜瓦瓶是利用高真空绝热原理来保证红外焦平面芯片处在需要的低温环境中，同时为芯片提供真空保护环境，避免红外焦平面芯片受污染、结霜，为整机提供所需要的光学、电学、机械接口，为制冷器（机）提供所需要的热力和机械接口。一般地，常用红外探测器有制冷和非制冷的区分。高性能制冷型红外探测器需要在低温 80K 下工作，必须封装在具有良好高真空绝热特性的微型金属杜瓦瓶中。微型金属杜瓦瓶的主要功能有机械支撑、低温和恒温环境、电气连接、光学接口、机械接口等。封装的目的在于以最小的尺寸和重量、最小的噪声和最小的热负载、最小的颤噪效应，以及体积、重量和电功率都减至最小的微型制冷器（机），实现工程化的实用红外焦平面探测器组件功能。归纳起来，封装的作用有以下几个：

(1) 对制冷型红外探测器起机械支撑和机械保护的作用，提供制冷器（机）和系统机械、光学安装定位用的机械支撑点。

(2) 微型金属杜瓦提供制冷型红外焦平面探测器稳定的低温工作环境。

(3) 抑制或减小传导、辐射、对流热传导，有效控制无功热损耗，实现制冷器（机）的体积、重量、电功率减至最小。

(4) 提供红外焦平面探测器驱动电源、信号与信号处理电路之间的穿过杜瓦壳体的电气连接以及系统级的电气连接。

(5) 环境隔离功能，外壳体保护红外焦平面探测器不受机械损坏，实现真空或气密性封装，防止受到化学腐蚀和物理损坏；冷屏蔽隔离杂散辐射提高信噪比，降低背景辐射干扰。

封装技术除了要满足封装的基本功能，如机械支撑、环境隔离、电信号接口等，封装还面临着许多新的难点需要解决：

(1) 光学接口耦合设计与制造技术，如抑制背景辐射的冷屏蔽罩，冷屏蔽效率。

(2) 长寿命真空气密性组装焊接设计与制造。

(3) 异种材料低漏率焊接密封工艺技术。

(4) 低热导率薄壁冷指设计与制造技术。

微型金属杜瓦封装红外焦平面探测器涉及很多专业技术领域，结构十分复杂，与之相应的封装工艺也相当复杂，并没有成熟的设计理论和制造工艺技术，在机械强度、工程传热学和光学的有限元分析，以及真空获得与维持、特种合金精密加工、清洁真空表面和冷屏蔽罩高或低发射率表面处理等技术领域，国外花费了许多人力物力来提高和发展先进微型金属杜瓦封装技术。尤其三代红外焦平面探测器的问世和四代器件的研发，都需要先进微型金属杜瓦封装技术。封装技术将许多不同类的技术集成在一起，主要包括金属杜瓦组件的结构设计、低漏率焊接工艺、低放气表面钝化工艺、焦平面阵列组件与杜瓦及制冷器（机）的电连接口、超高灵敏度真空检漏与残气分析、长时间超高真空排气等，它们是影响金属杜瓦寄生热负载、真空寿命和可靠性的关键因素。

在红外焦平面探测器组件的生产中，微型金属杜瓦需要投入的人力物力常常多于焦平面探测器，高性能微型金属杜瓦是昂贵的。微型金属杜瓦封装是红外焦平面探测器组件性能、体积、重量、成本和可靠性的关键。随着微电子技术的发展，以及非球面光学、微透镜技术等先进制造技术的涌现，热成像系统的体积、重量越来越小，微型金属杜瓦是热像仪轻、薄化的主要瓶颈。

可以建立设计、工艺仿真平台。运用理论力学、材料力学和弹性力学等基础理论，通过静力学、动力学仿真结果替代机械应力试验，探索结构应力应变测试、模态测试的试验方法，依据仿真结果优化设计红外探测器封装结构。开展热力学和流体力学仿真分析与试验验证。弄清传热、接触热阻和真空绝热的设计约束，优化结构设计和工艺；分析真空抽气结构函数，掌握高效率获得真空技术，等等。

前视红外系统、红外搜索/跟踪系统。陆军、海军和空军，以及空间应用等不同系统类型对探测器的需求不同。战术实时前视红外成像系统，即热成像系统分类和每一种型号研制的相应焦平面阵列见表 1-2。目前多数前视红外系统的要求差别很大，不能用一种单一类型的焦平面阵列来满足。这就要求二代焦平面阵列的封装设计必须支持所有的类型，并且考虑系统技术延伸的需要。

表 1-2　二代长波焦平面阵列系列

热成像类别	焦平面阵列规格/mm
便携式	240×1
中等性能	240/480×4
高性能	480×4 960×4
导弹寻的器	64×64 128×128
大型凝视阵列（未来）	从 256×256～480×640

为了提高红外焦平面探测器的封装质量，降低成本，得到多品种多规格的红外焦平面探测器杜瓦制冷器（机）组合，封装设计必须贯彻“零件标准化、部件通用化、产品系列化”的设计理念，根据热成像系统的生产和使用技术要求，

经过技术和经济分析，将焦平面阵列探测器杜瓦制冷器（机）组合的主要参数和性能指标按一定规律进行分档，合理地安排焦平面阵列探测器杜瓦制冷器（机）组合的品种规格以形成系列。例如，将焦平面阵列像元数按表1-2进行分类形成系列，适应战术实时前视红外系统不同类别应用的需求。

在零件或部件设计中的主要尺寸尽量采用优先数和标准公比，提高部分零件或部件彼此之间相互通用的程度。例如，芯片支撑、冷屏座、窗框部件、电气互连等具有特定功能的模块，就可以设计成具有通用性的模块，以适应多种类型或相同类型不同性能的焦平面阵列探测器杜瓦制冷器（机）组合。例如，法国SOFRADIR将长波288×4、中波和长波128×128、中波和长波320×256共5种焦平面阵列探测器封装在同一个分离式杜瓦中，可以适用于埋入式LS5-5或B600型斯特林制冷器（机）或2000、M013型两种J-T制冷器。

所以，红外焦平面探测器的封装设计必须满足目前正处于研制或生产阶段的各种二代焦平面阵列的要求，在战术实时前视红外系统、红外搜索/跟踪系统等应用需求研究的基础上，明确设计任务，选定设计方案，制定设计目标，合理进行典型红外焦平面探测器的封装设计，将可能标准化、通用化的零部件设计成模块化零部件，以便于变型或相似设计成不同类型不同规格或不同性能的焦平面阵列探测器杜瓦制冷器（机）组合。

红外焦平面探测器工作时必须制冷到50~100K的低温。红外成像系统工作准备时间和系统分配给予红外焦平面探测器杜瓦制冷器（机）组合的能量都受到限制。所以，红外焦平面探测器的总体设计就是平衡系统需求、红外焦平面阵列芯片工艺、杜瓦和制冷器（机）制造水平之间的矛盾，合理分配设计目标，实现最小噪声和最小热负载，以及体积、重量、消耗能量减到最小的优化设计。

目前可供选择的设计方案有分离式或集成式杜瓦，配用分置式或整体式斯特林制冷器（机），或者J-T节流制冷器。每一种封装样式都有其固有的优点或缺点，应根据系统需求和掌握的制造技术，以及制造成本等因素折中选取。一般二代焦平面阵列的封装多以集成式杜瓦为主，以满足前视红外系统、红外搜索/跟踪系统的应用需求。

红外探测器及其焦平面探测器组件的集成与封装。红外焦平面阵列组装、封装及其可靠性技术，要解决组件结构模拟、组装精确定位、引线设计、低漏率高气密性激光焊接、杜瓦腔体内表面气体解吸分析及其解决途径等理论与技术问题，红外焦平面可靠性封装设计应考虑可生产性、环境适应性、可靠性、维修性、兼容性、技术延伸性，按系列化、模块化、标准化的方法开展技术设计。

设计的基本原则包括以下几个：

（1）根据需要封装的红外焦平面阵列的功能、性能要求、应用领域，选择适合的封装材料，设计合适的杜瓦外壳结构形式，以最小的和最简单的结构尺寸、最低的价格完成对红外焦平面阵列的封装，实现红外焦平面阵列对封装杜瓦所要求的功能（如电气传输、高真空绝热、支撑保护等）。

（2）设计时应考虑工艺的可行性、可靠性，以及产品应用和工作的环境。

（3）设计时应周密考虑所有可能对封装气密性有影响的分步工艺。材料的选择、工艺的选择和结构的选择都应该考虑其是否对封装后的气密性有影响。

（4）最好的封装可能不仅仅是技术问题。除了技术方面的问题外，在选择什么样的封装时，还应根据现有的组装方法以最小风险开发完成整个封装系统。

1.3　先进红外焦平面探测器封装

量子型探测器的灵敏度要比热敏型高 1～2 个数量级，响应速度也快，性能接近背景限制的红外性能极限，可分为光电导探测器和光伏探测器。军事应用的 GaAs 与 HgCdTe 量子型探测器必须冷却到 77K 才能工作，需用节流制冷器（或斯特林机）制冷到液氮温区。高性能窄禁带半导体制备的量子型探测器要达到背景限探测率，必须在低温下工作的理由有以下几个：

（1）控制窄禁带半导体的本征激发，以保证其有正确的导电类型。

（2）对于光伏红外探测器，在室温下 PN 结的半导体均处于本征激发，只有温度低到杂质导电起主要作用时才能形成 PN 结。

（3）低温工作，对于光导探测器可以降低热噪声，对光伏探测器可以降低扩散电流，提高零偏阻抗。

（4）冷屏蔽杂散光，提高探测率。

（5）窄禁带半导体的能带宽度与温度相关，控制碲镉汞的工作温度可以改变能带宽度，进而调整工作波长。

红外光电探测器因为其窄禁带半导体特性，随着温度的提高，一方面窄禁带半导体材料内会产生大量的热生载流子，导致红外探测器的暗电流随着温度升高而指数增大；另一方面光生载流子的扩散长度随着温度的升高急剧下降，从而极大地损害探测器的量子效率和灵敏度。目前，红外焦平面探测器工作在低温、甚至深低温条件下，需要给探测器配备微型金属杜瓦实现真空环境，并用制冷器（机）给杜瓦组件提供制冷，红外焦平面制冷组件的重量和功耗主要来自杜瓦和制冷机，并且与工作温度密切关联。提高器件工作温度对于降低红外系统的体积、重量和成本十分重要。例如，维持 150K 工作温度的斯特林制冷器（机）的功耗约为 1～2W，比 77K 工作温度的功耗减少 55%，其制冷时间也减少 40%。如果能将中波红外探测器的工作温度提升至半导体热电制冷器（thermo electric cooler，TEC）工作范围，将会带来巨大的变革，同规格的 TEC 制冷的红外探测器组件重量仅为斯特林制冷型组件的 1/5，而且由于没有机械运动部件，焦平面组件在存储寿命和工作寿命方面也会有大幅度提高。

在第一代热成像技术中，英、法两国在高端和标准热成像应用中采用的光机扫描加探测器信号时间延迟积分（TDI）的技术，孕育了第二代热成像技术的一个主要概念，即TDI的红外焦平面探测器。在第二代热成像技术发展中，美、英、法等国的红外探测器规格开始趋同，差别只是各自采用的电视标准不同(PAL或NTSC)。由于当时电视显示器的长宽比为4∶3（标屏），因此一个面阵红外探测器规格系列即为4∶3系列。同时，随着热成像技术应用的扩大，相应发展了一些在第一代热成像技术中没有的探测器规格，例如长宽比为1∶1的$2n\times2n$系列。此外，1987年IBM公司推出的用于计算机显示的VGA（Video Graphics Array）显示技术对红外焦平面探测器的规格也有影响，但亦是按4∶3定义显示格式。基于成本的考虑，英、法等国高端应用的标准清晰度面阵型红外焦平面探测器的规格为640×512。因为制造一个全PAL电视规格768×576红外焦平面探测器的成本远高于一个全NTSC电视规格640×480红外焦平面探测器。所以，一幅768×576像素热图像的分辨率要比一幅640×480的高。此外，640×512刚好覆盖VGA（640×480）、$2n$（512×512）、NTSC（620×465），满足4∶3的还有1024×768等。16∶9（宽屏）比例主要有1280×720和1920×1080等。一般认为，在水平或垂直方向上，只要有一个方向上的分辨率在1000以上，即可认为是高清晰度（high definition）。顾客一般更加关心显示格式的宽度，而不是高度，因此高清红外成像（HDIR）大多选取16∶9的格式。5∶4比例的主要有1280×1024，这是SXGA标准，已属于高清水平。SXGA格式的一半大小为640×512，这是一个很有弹性的格式。一方面，以此为基础往前发展，在水平和垂直方向上各增加1倍即可得到高清；另一方面，640×512去掉32列后就是640×480的美国NTSC电视标准。可能是由于这一原因，640×512在红外成像技术领域也被认为是电视格式，美国公司的产品说明书中亦将640×512称为VGA格式。

红外焦平面阵列探测器芯片规格的发展是一个从小到大，从疏到密，从点到线，从线到面的过程。长期以来，大面阵、高密度红外焦平面阵列的研发工作一直受到大面积探测器材料生长以及小像元制备技术等因素的限制。为使热像仪的空间分辨率高，或控制红外光学镜头的体积，需要设计不同探测元的中心距，例如50μm×50μm、45μm×45μm（40μm×40μm）、35μm×35μm（30μm×30μm）、25μm×25μm（20μm×20μm）、15μm×15μm等，与探测器规格组合，由此形成完整的红外焦平面探测器的规格系列。当像素规模变大时，像元尺寸必须缩小，以免芯片过大带来工艺上的难度以及额外的成本。15μm和12μm大小的像元中心距是大规模生产已达到的水平，而且像元中心距为10μm的阵列也已研制出来，这将更有利于开发2000×2000规格的阵列。当像元缩小时，铟连接工艺将会面临很大的挑战。对于尺寸小于15μm的像元，铟柱应使用直径小于6μm的铟球。而对于6μm铟球，形状及直径的控制难度更大，要求也更高。通过对光刻工艺、铟蒸发工艺和铟回流工艺进行优化，可以得到符合要求的铟球。大规模阵列器件所面临的挑战主要是对有效像元率的控制。在整个工艺过程中，衬底、材料生长以及刻蚀、互连、钝化等每一步工艺都有可能造成缺陷像元。只有采用非常成熟的工艺线，才能最终得到很高的有效像元率。

高密度像元的红外探测器像元中心距很小，接近波长尺度。表 1-3 是美国海军实验室在 2012 年提出的高密度像元红外探测器的发展目标。红外探测器的像元中心距在早期达到 100μm 以上，发展到 21 世纪初 30μm 左右，到目前 Lynred、ATTOLLO、Teledyne 等公司推出大量像元中心距为 10μm 的产品，也有数款像元中心距 5~8μm 的器件宣布成功。国内现有产品的像元中心距仍停留在 10μm 左右。减小像元中心距可以在既有晶片尺寸的限制下扩大焦平面阵列的规格。中心距减小意味着光敏元尺寸降低，瞬时视场变小，空间分辨率增加，识别距离和确认距离得到改善。但是减小中心距提高了对光刻等加工制备工艺的要求。由图 1-5 可以看出，随着工艺技术的进步，像元间距得到有效控制，实现了逐年递减。2011 年相对于 2000 年，无论是 8~12μm 波段还是 3~5μm 波段，探测器的像元间距均下降了一半左右，这对降低成本、提高系统性能都具有非常重要的意义。此外，还可以通过增加晶圆的尺寸、降低系统规模等措施降低成本。

表 1-3　美国海军在 2012 年提出的高密度像元的系统需求

光学镜头尺寸	长波红外 LWIR	中波红外 MWIR	中波/长波双色
6in	5μm 中心距 5000×5000 像元规格	3μm 中心距 8. 3000×8. 3000 像元规格	中波/长波像元 3μm 中心距 8. 3000×8. 3000 像元规格
3in	5μm 中心距 2. 5000×2. 5000 像元规格	3μm 中心距 4. 2000×4. 2000 像元规格	中波/长波像元 3μm 中心距 4. 2000×4. 2000 像元规格

注：1in＝0. 0254m。

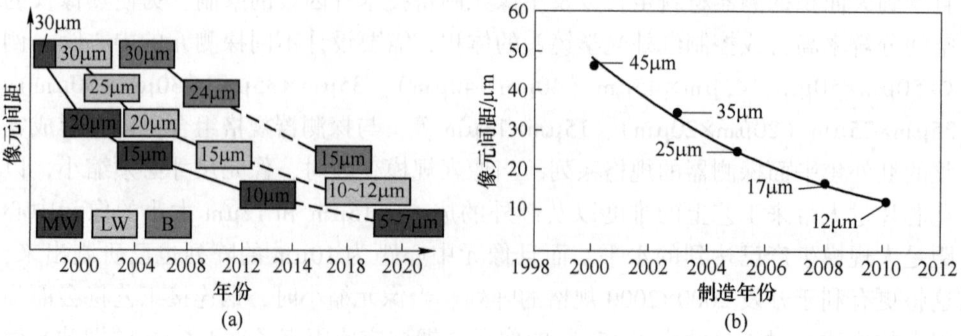

图 1-5　HgCdTe 光电二极管(a)和非晶硅微测辐射热计(b)的像元间距持续降低

红外焦平面阵列像元由光敏区（面）和非光敏区构成，这两部分合在一起，称为一个探测单元，简称像元，如图 1-6 所示。光敏面与整个像元的面积之比称为填充因子。非光敏区又称为“死区”，它通常由一块共用母板上的机械间隔、芯片边缘上的非敏感区、芯片边缘上的附属电路以及相邻母板间的芯片间距构成，如图 1-7 所示。为了使光敏面达到最大，要求将死区减至最小。20 世纪 80 年代初，人们对减少死区所设定的目标是，同一母板上相邻芯片之间的死区小于 4 个像元，相邻母板上相邻芯片之间的死区小于 6 个像元。两个相邻像元中心之间的距离称为中心（间）距。如图 1-7 所示，它有水平中心距与垂直中心距之分。中心距限定了光敏面的大小。在过去的 20 多年里，红外焦平面阵列像元的中心距从 50μm 左右开始不断减小。12μm 中心距现已成为中波和长波红外探测器的标准，甚至有的还实现了 5μm 中心距。红外焦平面阵列的规格及像元大小与芯片尺寸之间是相互制约的。通过圆晶划片获得的小片材料称为晶片；晶片封装后的成品称为芯片。以中心距为 30μm 的 1280×720 元红外焦平面阵列为例，构成该规格焦平面阵列的晶片大于 22mm×38mm，这将会导致一个圆晶仅能划出几个晶片，而且为了适应这么大的晶片，需要研发新一代的杜瓦制冷机组件。当中心距为 20μm 时，不仅成本可以节省一半，而且还可以沿用现有的杜瓦设计。一些红外焦平面阵列芯片可以直接彼此邻接，其间的死区可以只有一个（或几个）像元的宽度，这种能力称为“拼接能力”。拼接可以是两边或三边拼接，如图 1-8 所示。通过拼接可制作出超大规格的 2048×1536 元红外焦平面阵列。

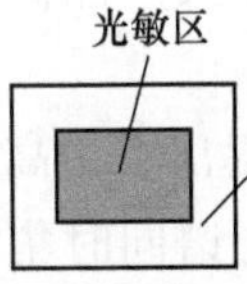

图 1-6 红外焦平面阵列像元由光敏区和非光敏区（“死区”）组成

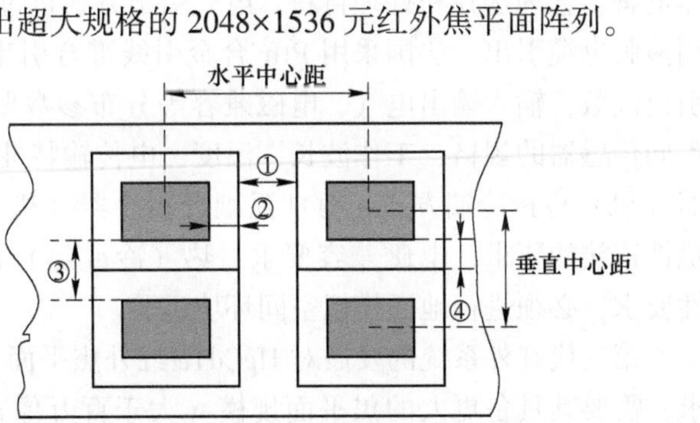

图 1-7 红外焦平面阵列芯片的死区

①—同一母板上芯片之间的间隔；②—芯片边缘上的非敏感区；③—相邻母板上芯片之间的间隔；④—芯片边缘上的附属电路

红外探测器杜瓦制冷器（机）组件是热成像系统的核心器件，它的工作性能直接决定热像仪成像的质量，要使碲镉汞焦平面阵列在极低温度下正常工作，就必须将其安装在具有高真空绝热特性的杜瓦瓶中。器件封装技术随红外探测器发展而发展，封装制冷型红外探测器需要具有良好真空绝热特性的微型金属杜瓦

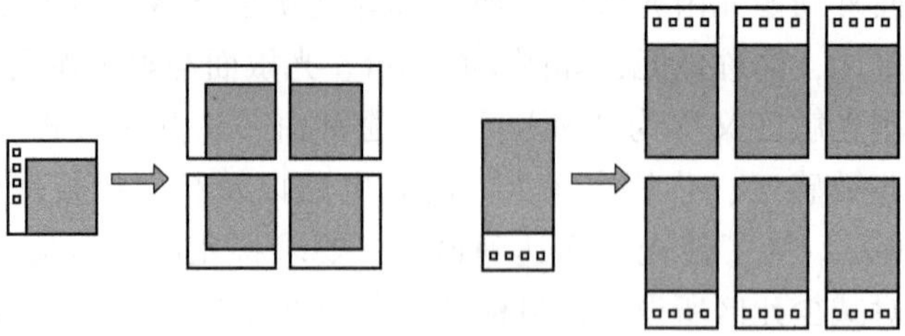

(a)　(b)

图 1-8　将小规格焦平面阵列芯片拼接成为较大规格的焦平面阵列芯片
（a）两边拼接；（b）三边拼接

瓶。高性能制冷型红外探测器已研制、生产的高水平商用焦平面阵列探测器有长波 640×480、中波 1024×1024、短波 4096×4096、双色/双波段 1280×720 等。实现高性能低功耗的技术方向主要有两个：一是减小像元尺寸，减小芯片和组件的尺寸和重量；二是提高探测器的工作温度。

航天应用的杜瓦瓶必须解决光、机、电、热、磁耦合问题。由于有发射振动、冲击，其严酷的机械应力需要苛刻的地面空间环境模拟试验。其中空间热耦合链路多，绝热或热传导设计复杂。传感器热负载 85~140mW，需要较大的制冷量，必须考虑机械制冷的振动控制。采用辐射制冷的制冷量小。必须考虑空间气体危害，合理选择和处理材料。电气引出方式抗过载能力的要求。例如，美国采用薄膜电缆引出，法国采用 PtIr 合金引线键合引出。探测器/读出电路输入输出引出线数，输入输出电气、电磁兼容等分布参数要求，要求 2~5MHz 传输频率。不同传感器的规格、工作波长、温度、电传输特性、背景限干扰等决定耦合制冷器（机）冷指冷端方式，对杜瓦耦合制冷器（机）与探测器的结构形式提出了挠性连接的要求、电磁兼容要求、热（冷或热）耦合要求等。航天产品高可靠性要求，必须进行地面模拟空间环境试验。

第三代红外系统的发展对 HgCdTe 红外焦平面（FPAs）技术提出了更高的要求，需要其具备更大的焦平面规模（大于百万像素）和红外多光谱同时集成的探测能力。极少数国家现在已经研制出了像素超过 10^7 的红外焦平面器件，在航天导弹预警卫星、天文、战区导弹防御等技术领域实现了红外系统的更新换代。大面阵 HgCdTe 器件势必给器件的封装和真空获得带来困难，新技术、新材料、新工艺的运用势在必行。譬如陶瓷装载基板温度控制与挠性冷链设计技术、冷屏蔽罩内外表面发射率控制技术和制造工艺，高效率长寿命产生杜瓦真空是提高生产效率和降低成本的有效途径。又如采用激光表面处理技术抑制真空表面出气和提高机械强度，等等。

目前，正在发展第三代红外焦平面探测器。红外焦平面阵列具有大面阵、小型化、低成本、双色（two-color）与多色（mult-icolor）、智能型系统级灵巧芯片等特点，并集成有高性能数字信号处理功能，可实现单片多波段融合高分辨率探测与识别。大面阵红外焦平面探测器是过去10年红外焦平面技术的最重要发展方向之一，2048×2048规格的中波碲镉汞探测器研制技术已经成熟。双色/多色探测是第三代红外探测器技术的另外一个发展方向，在精确制导、告警等方面有迫切应用需求，得到了西方发达国家的高度重视并取得了飞速发展。通过突破双色器件结构设计以及对应的多层异质结构碲镉汞薄膜制备技术、双电极微台面技术、微透镜技术、双注入硅读出集成电路（ROIC）工艺等核心技术，美国Raytheon公司现已拥有批量化生产640×480双色红外焦平面探测器的能力，双色红外焦平面的规模已达到1280×720。法国生产出了640×512规模、20μm中心距的中波/短波以及中波/长波双色碲镉汞焦平面器件，2010年推出了中波/中波（3~4μm/4~5μm）焦平面探测器产品，并开始进入批量生产。在美、英、法等国640×480、1280×720规格的双色探测器组件已在相关系统中得到了功能验证和应用，大幅度提高了系统的性能，拓展了系统的应用范围，表现出相对于单色探测器的巨大优势。

目前，红外探测器焦平面阵列的规格从最早的32×32已发展到了高清成像的水平。美国、法国等在大规格红外焦平面阵列领域有一定优势，2k× 2k、4k×4k阵列已在航天、军事等领域投入应用。国内红外探测器的研究起步较晚，且受到国外的技术封锁，但近年来发展迅速，也初步实现了2k×2k、4k×4k红外探测器阵列的航天应用。美国Teledyne公司的商用产品H4RG的规格达到4096×4096，且通过高精度模块化拼接达到了天文探测器的分辨率需求；美国L3HARRIS公司为机载红外传感器提供的产品LFISE规格达到4096×4096；美国Raytheon公司为卫星遥感红外探测器提供的产品规格也达到4096×4096。法国Lynred公司的商用产品ATTO1280的规格为1280×1024，为欧洲航天局深空探测任务提供的红外探测器规格为2048×2048。目前，美国的Raytheon公司正在利用8in（1in = 0.0254m）碲镉汞材料研制15μm像元中心距的8k×8k超大规格红外探测器，并通过发展12in碲镉汞材料来制备15μm像元中心距的14k×14k超大规格红外探测器。

第三代红外焦平面探测器发展已经全面进入了以大规模、高分辨率、多波段、高集成、轻型化和低成本等为特征的MCT（$Hg_{1-x}Cd_xTe$，x为Cd的组分，mercury cadmium telluride）/APD（半导体雪崩光电二极管，avalanche photodiode）第三代红外焦平面技术时期。由碲镉汞探测器芯片、互连铟柱、硅读出集成电路、低温粘接胶、电气互连基板，以及金属支撑结构组成的多层材料体系为结构特点的碲镉汞红外焦平面探测器技术，仍然是第三代红外焦平面探测器发展的主流技术方向，对微型金属杜瓦封装可靠性方面提出了更高的要求。针对三代大面阵探测器对视场辐射均匀性控制的要求，以及大面阵芯片成像对提高光学质量、减小光学系统体积的迫切需要，需从杜瓦角度出发将光学成像系统镜头部分与杜瓦光学系统集成设计，使之成为紧凑的有机整体。

通常情况下，红外光学成像系统的镜头部分安装于探测器杜瓦组件外部。光学镜头受环境温度的影响会对探测器成像质量造成影响：一方面，安装于探测器杜瓦组件外部的光学镜头对温度的变化有较高的敏感性，因为光学镜头对红外波段辐射的折射率是随温度变化的，折射率的被动变化会改变光学系统焦距位置，需进行焦距调整，需引入专门的焦距控制装置；另一方面，光学系统（包含镜头及其机械装置）和其余任何物体一样会产生红外辐射，其引入的噪声会降低探测器的信噪比。由光学镜头随环境温度变化带来的噪声在一定程度上可通过对输出信号的非均匀性校正加以补偿，但是当系统进行非均匀性校正时红外系统将不能成像。在杜瓦内部引入集成低温光学系统可降低光学系统本身带来的热噪声，改善探测器动态范围及信噪比，还可防止成像系统随环境温度变化带来的焦距漂移。在红外成像系统运转时，就不再需要引入专用的焦距调整机构，可有效减少非均匀性校正次数，成像系统耐受环境温度变化的能力也得以加强。

为了更好地满足空间弱目标的红外探测需求，高灵敏度、低噪声是必然的发展趋势，而冷光学技术是实现这一目标的有效手段之一。低温光学对于抑制红外背景噪声有着显著的作用。光学系统工作在低温后也会带来一系列的问题，主要包括：光机结构的低温形变，光学元件特性的变化，低温光校、测试难度增大，低温污染的控制，制冷机功耗散热等。其中，高热阻隔热技术、冷量传输技术、光机低温集成等技术是低温光学系统的关键技术。集成低温光学系统与杜瓦冷屏、低温滤光片等组成一个整体结构，如图 1-9 所示。在这样一个集成光学系统中通常包含 2~4 个光学镜头，滤光片也可作为集成光学系统中的一部分，这样可以减小引入集成光学系统带来的杜瓦冷头重量增加，目的在于减小整个杜瓦冷头的热质量。相较于传统光学系统，集成光学系统镜头尺寸大幅减小，还去掉了

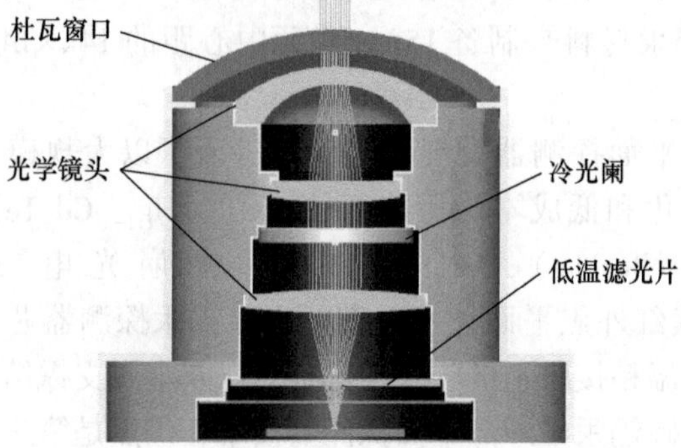

图 1-9　集成低温光学杜瓦结构示意图

焦距调整机构，在提高成像质量的同时降低了成本。低温光学技术涉及集成光学系统设计、精密光学零件加工、冷屏集成光学系统装配精度及可靠性控制等技术领域。

双色及多色探测是第三代红外焦平面探测器的重要特征之一，多色焦平面探测技术是将原来对目标单一的探测功能扩展到对目标的分辨，进而最终实现对目标识别的高级探测技术。多色探测可以识别目标的发射特性和辐射特性，对模糊背景中的目标，或者目标特性在过程中不断发生变化的情况，多色探测也将变得十分有用，如对飞行目标温度的分辨，最多需要高达 4 种颜色的同时探测。双波段红外凝视成像探测系统采用两种红外波段同时对视场内的目标和背景成像，充分利用不同的目标、背景和各种复杂干扰等在两种波段上呈现的不同辐射率、辐射强度等特性来识别不同的目标和背景。双色成像可以获取探测目标在不同波段的特征信息，有效抑制复杂的背景噪声，提升抗诱饵诱骗、反隐身的光电对抗能力，可降低虚假告警等错误识别目标的概率。双色探测的图像融合技术可以发挥不同波段成像的优势，包括短波红外的高分辨率、中波红外的远探测距离、长波红外的常温目标识别等。红外探测器实现双波段探测主要的技术路线包括分光系统、镶嵌式像元排列结构、纵向叠层结构等。

(1) 采用分光系统的双色红外系统一般依靠光栅、分色镜等元件将两个波段的光分别成像，存在分光元件引入像差、系统设计复杂、图像对准困难等问题，一般应用在多光学谱段。其通过双芯片立体封装拼接的方式实现，此种方案探测器芯片制备技术成熟，可以实现任意不同波段的双色成像，并能够结合单片双色芯片的研制扩展实现多色成像。双芯片立体封装杜瓦由 L 形基座、窗口部件、冷头部件、分光片部件和内管部件等几部分组成。如图 1-10 所示，光路通过窗口进入杜瓦内部到达分光片，通过分光片对不同波段的反射及透过特性实现双芯片的各取所需。分光系统涉及双芯片光程差控制技术、L 形安装台面芯片对准及测试技术、高可靠插件式陶瓷引线结构设计等新技术新工艺。

(2) 早期的双色光电探测器常常采用镶嵌式像元排列的滤色片结构设计，通过在焦平面阵列入射方向上交错排列透过不同波段的滤色片，实现双色成像探测。近年来，也有研究利用超表面集成实现像元级的分光探测。

(3) 纵向叠层结构是目前双色红外探测器最常用的模式。在单个像元区域内叠加响应波段不同的多个吸收层，从而采用单个双色/多色芯片即可完成多波段的探测。

新的杜瓦进一步压缩了体积，同时还引入了可变冷光阑，其核心技术主要源于第二代，很多经过战场证明可行的技术（如金属杜瓦罩、陶瓷电气馈入以及长寿命真空等)，经改进后都能满足第三代产品的需要，且由于采用了很多成熟的制造工艺及体系，使得新的设计可以很快进入生产环节；在设计过程中引入

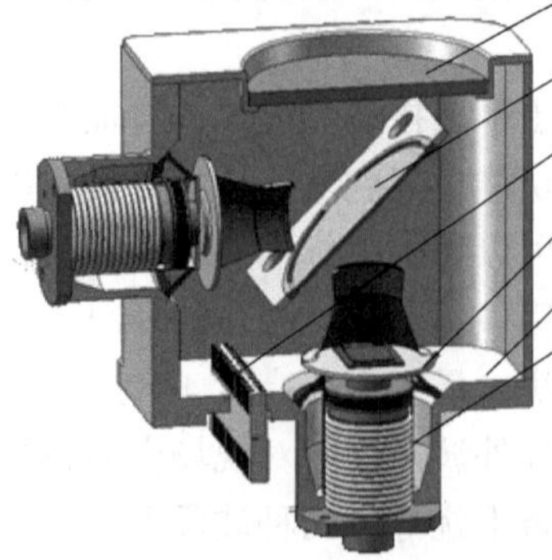

图 1-10 双芯片立体封装拼接结构示意图

标准化生产的要素，增加了产品的维护性和可靠性。由于大面积探测器和可变冷光阑的引入，在一定程度上增大了杜瓦内的体积，可变冷光阑的传动结构也降低了隔热系统的效率，因此，需要大功率的制冷机才能满足探测器的低温工作要求。

杜瓦内的可变冷光阑是第三代前视红外成像系统引入的一项新技术，雷声（Raytheon）公司对其进行了深入开发，提高了该技术的生产工艺和可靠性，并实现了小型化，如图 1-11 所示。基本可变冷光阑由多个刀片虹膜式机械结构组成，附着在隔热保护罩上。在关闭状态时（图 1-11（b）)，小 F 数光学系统的冷光阑由这些刀片互相搭接组成；当在打开状态时（图 1-11（a)），微型电机将旋转带动刀片机械结构打开，使曝光面积变大，并将冷光阑收缩于隔热体上，冷光阑大小由大 F 数光学系统决定。可以看到，可变冷光阑的组成部件设计得非常轻巧，没有增加很多部件，最大限度降低了对制冷时间的影响，同时还能支持非圆形光阑需求，并将冲击或振动时可能对杜瓦造成的伤害降到最低。另外，还需要将“冷”刀片至“热”电机间的热传导也降至最低。

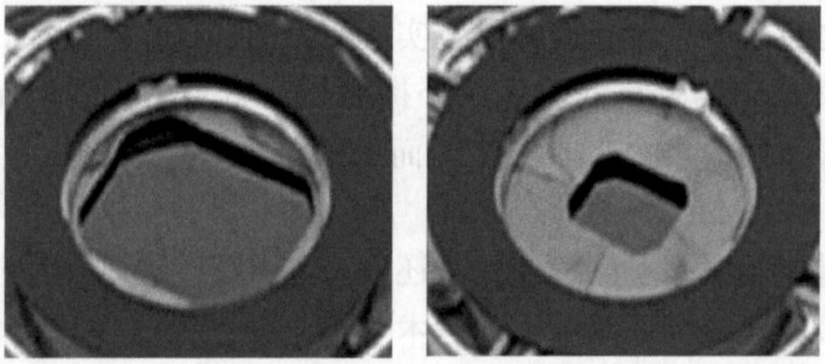

(a) (b)

图 1-11 可变光阑打开与关闭状态

通过开展高可靠、小热质量可变光阑冷屏整机设计技术，微型薄板面内振动直线超声波电机设计制造，可变光阑传动结构/传热设计等关键技术研究，突破热负载、热传导及结构与超声波电机间的惯量匹配、多台超声波电机间的驱动匹配、微型薄板面内振动直线超声波电机的设计与仿真、微型薄板面内振动直线超声波电机驱动电路与算法、可变光阑凸轮槽及叶片设计、可变光阑机构的高/低温变形匹配技术、可变光阑的热质量控制及传热等关键技术，可满足第三代红外焦平面探测器组件对可变光阑封装技术的需要。

红外成像导引头技术发展的另一个方向是集成化，要求焦平面阵列结构紧凑、体积小、质量轻、集成度高。在杜瓦、制冷等红外探测器配套技术的推动下，红外焦平面阵列的集成，既包括在红外焦平面探测器芯片组件上集成“片上系统（SOC）”，也包括杜瓦与制冷器（机）集成，还包括信号处理电子学组件、光学元件等与探测器组件集成的“封装系统（SIP）”等。光学元件与探测器组件集成光学元件与探测器组件集成为一体，使其具有更多的功能，例如实现波长扫描、偏振成像等。弹用红外焦平面探测器通常采用制冷型，由探测器芯片（含读出电路)、杜瓦、制冷器、内置光学元件（滤光片、场镜和冷屏等）构成。内置光学元件保证了光敏芯片能够接收尽可能大的有效红外辐射，达到最大探测率，发挥探测器的最佳性能。

根据现代战争对夜间进行目标跟踪、侦察及监视的迫切需求，红外光学系统在国防领域获得了广泛的应用。与变焦红外光学系统相比，基于可变冷光阑的变 F 数红外光学系统可以进行大视场搜索与极小视场监视的转换，提高通光孔径利用率，提高成像质量。随着对视场范围、图像质量、系统小型化等需求的不断提高，变 F 数红外光学系统逐渐凸显其优势。变 F 数红外光学系统可以根据战场态势，特别是观察目标的距离，选用合适的 F 数，灵活地进行大视场与极小视场的切换，实现大视场范围内搜索目标，极小视场范围内识别与跟踪目标，满足对军事目标侦察和监视需求，有广泛的应用前景。美国军方设计的第三代前视红外探测器系统是变 F 数光学系统应用的典型，其主要特点是光学系统拥有 4 个视场、双 F 和可变冷光阑。实现可变冷光阑的技术路线有：

(1) 对红外探测器进行改装，将可变冷光阑机构放置于红外探测器内部，实现内置式的可变冷光阑。这种内置式可变冷光阑实现难度大，需要考虑制冷、探测器改造封装等各方面的问题，但是集成度最高，是可变冷光阑未来发展的方向。

(2) 将红外探测器（或焦平面)、可变冷光阑及部分光学系统封装在一个杜瓦中，对杜瓦进行密封与制冷，实现可变冷光阑的调节，例如国外 HALO 中设计的杜瓦装置，可以在焦平面前加装可变冷光阑，实现探测器变 F 数的设计。

(3) 通过光学设计，将红外探测器冷光阑的位置前置，在光路中通过对冷光阑局部制冷的方式实现可变冷光阑的设计。该技术路线增加了光学系统设计的难度，整个系统的体积与功耗也有一定程度的增加，但是不涉及对红外探测器部分的改造，可行性高。

针对三代大面阵焦平面阵列对视场辐射均匀性控制的要求，以及大面阵焦平面阵列成像对提高光学质量，减小光学系统体积的迫切需要，从杜瓦角度出发将光学成像系统镜头部分与杜瓦光学系统集成设计，使之成为紧凑的有机整体。

通常情况下，红外光学成像系统的镜头部分安装在红外探测器杜瓦组件的外部，光学镜头受环境温度的影响，会对成像质量造成影响。因为，安装在红外探测器杜瓦组件外部的光学镜头对温度的变化有较高的敏感性，光学镜头对红外波段辐射的折射率是随温度变化的，折射率的被动变化会改变光学系统焦距位置，为获得清晰图像就必须进行焦距调整，需要引入专门的焦距控制装置；另外，光学系统（包含镜头及其机械装置）和其他任何物体一样会产生红外辐射，引入的噪声会降低红外探测器的信噪比。由光学镜头随环境温度变化带来的噪声在一定程度上可通过对输出信号的非均匀性校正加以补偿，但是当系统进行非均匀性校正时红外系统将不能成像。

在杜瓦内部引入集成低温光学系统可降低光学系统本身带来的热噪声，改善探测器动态范围及信噪比，还可防止成像系统随环境温度变化带来的焦距漂移。在红外成像系统运转时，就不再需要引入专用的焦距调整机构，也可有效减少非均匀性校正次数，成像系统耐受环境温度变化的能力也得以加强。在杜瓦内集成光学镜头部件和变 F 数冷屏结构，以及在外壳上设计与系统相适应的辅助结构等，可以减小整个红外探测器的体积。可以使人们制作出结构非常紧凑、重量很轻的系统，这对许多应用都是非常具有竞争力的。法国 Sofradir 公司开发了 60°和 180°中波探测器，以及红外双色鱼眼（180°）适合 MWS 应用的装置。以色列 SCD 公司研制的 384×480 红外焦平面探测器制冷组件，在没有增加组件体积的情况下，通过内置光学透镜实现 105°×135. 5°的大视场。AIM 公司的 1280×1024 中波组件充分利用了外壳部位的空间。

集成低温光学系统与杜瓦冷屏、低温滤光片等组成一个整体结构，在这样一个集成光学系统中通常包含 2~4 个光学镜头，滤光片也可作为集成光学系统中的一部分，这样可以减小引入集成光学系统带来杜瓦冷头部分重量的增加，目的在于减小整个杜瓦冷头部分的热质量。相较于传统光学系统，集成光学系统采用镜头尺寸大幅减小，还去掉了焦距调整机构，在提高成像质量的同时还降低了成本。

回顾红外探测的发展历程，其在军事领域的高精尖技术应用，引领并促进了相关产业军民两用的融合发展。未来先进武器的红外器件将向采用大规模高密度红外焦平面探测器的凝视红外成像方向发展，这对红外探测器也提出了更高的要求：

（1）增大探测器的面阵规模，如 4k×4k、8k×8k、16k×16k，甚至更大。大面阵焦平面阵列将使空间分辨率更高且探测距离更远，这就要求更大尺寸和更高品质的外延薄膜材料，可实现的方法主要有提升衬底技术，发展适合超大面阵芯片的工艺技术，对于长波红外应用领域（制冷和非制冷），像元的数目将进一步增大至 10^8 并且像元间距减小至 5μm 左右。

（2）在减小规模的基础上，不断提高系统的整体性能，包括更高的像素灵敏度，更高的像素密度，由二维集成向三维多层堆叠结构发展，将为智能型、便携灵巧型武器提供核心器件。

（3）采用高速/高帧频探测器，实现快速响应，改进成像功能等。

（4）减少红外成像阵列系统的成本，可以通过采用探测器和具有更多的片上信号处理功能和更少的制冷技术来降低成本。

（5）双色、多色的发展可以实现不同波长的探测，成倍扩大系统信息量，准确并且有效提高器件在复杂环境下对目标特征的提取和识别能力，探测器在焦平面上实现神经网络功能，通过智能化红外焦平面的发展改善红外成像阵列的功能。

（6）提高探测器的工作温度（HOT 器件，如在 300K 下使用），可根据不同目标自动调节窗口等。

其中，大面阵红外探测器是未来发展的一个重点方向，其优势在于可扩大探测视场范围，方便捕获更远距离的目标；它的出现带给空间天文学一种革命式的变化，使得红外探测在灵敏度、覆盖波段和分辨率等方面取得了一定的进步。大面阵红外探测器在天文、侦察和遥感等领域具有广泛的应用，随着红外遥感探测技术和应用要求（如对探测物的空间、时间、辐射分辨率和波段特性的要求等）的不断提升，必然要增加探测器规模，发展大规模甚至超大规模红外焦平面探测器技术。

图 1-12 为红外探测器规模的发展情况，近半个世纪以来，红外探测器的规模也遵从摩尔定律发展迅速，特别是近 25 年以来其像元规模每 18 个月翻一倍，单个红外探测器模块的像元规模已超过百万，如美国研制的 H1RG、H2RG 与 H4RG 系列碲镉汞红外探测器在天文观测领域得到广泛应用。虽然单个红外探测器模块的规模越来越大，但是在发展过程中受到以下两方面因素的制约：(1）探测器芯片尺寸不断地增大导致读出电路的尺寸也不断增大；（2）探测器敏感材料的尺寸增大。这些因素不仅增加了探测器制造的难度，也带来了低成本、高性能及高均匀性等问题。

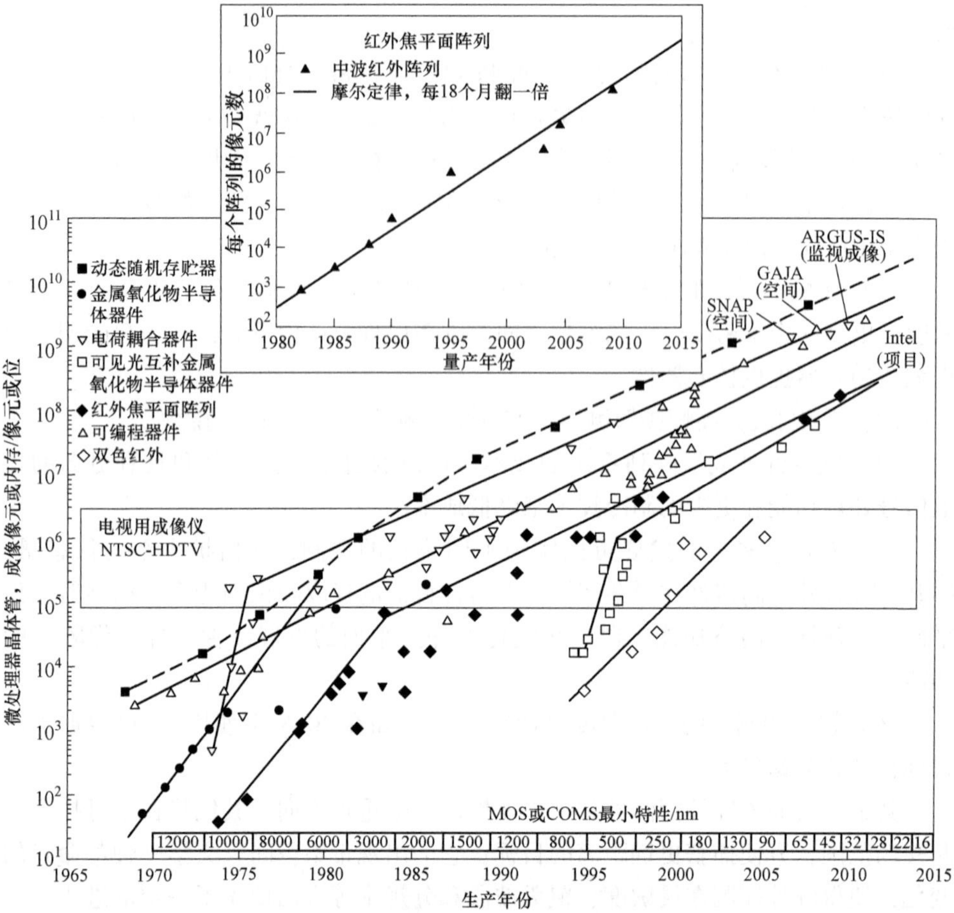

图 1-12　红外探测器像元规模发展情况

1.4　气密性封装的要求和结构

红外焦平面杜瓦制冷器（机）组件的封装技术主要包括金属杜瓦组件的结构设计、低漏率焊接工艺、低放气表面钝化工艺、焦平面组件与杜瓦及致冷器的电连接口、超高灵敏度真空检漏与残气分析、长期超高真空排气等，它们是影响金属杜瓦寄生热负载、真空寿命和可靠性的关键因素。

从真空封装的物理机制层面总结，微型金属杜瓦真空封装技术所面临的挑战有：

（1）微型金属杜瓦壳体组装焊接漏率气密性的评价。高气密激光焊接是红外焦平面微型金属杜瓦的关键技术，影响红外探测器杜瓦组件真空寿命最主要的因素是微型金属杜瓦的气密性，激光焊接有功率密度高、速度快、焊缝细窄、热变形小和精度高等优点，而且其不需要填充焊料，焊缝是由被焊的两金属表面相互渗透结合而成。因此，可以说激光焊接是一种理想的焊接工艺。它在红外焦平面微型金属杜瓦研制生产中得到越来越广泛的应用，其焊缝气密性的漏率均优于 3×10^{-12}Torr · L/s。要维持杜瓦腔体里的真空度，需要构成杜瓦腔体的零部件组装焊接工艺具有更低的漏率，以保证真空长寿命。一般常规传统的 He 质谱仪的捡漏灵敏度存在局限性，如何检测与评价微小漏率，是一个技术上面临的难题。需要采用超高灵敏度 He 质谱检漏仪，对过程产品零部件和最终封装壳体进行漏率检测评价，以确保杜瓦高真空密封性符合长寿命要求。

（2）真空度在线检测。微型金属杜瓦产生真空过程中，一般采用真空抽气机组监测的实时过程真空度作为排气工艺参数检测结果，但是真空系统的中的真空压力并不等于微型金属杜瓦真空腔体里的压力，判断微型金属杜瓦产生真空工艺有效性最直接的方法就是检测微型金属杜瓦真空腔内的真空压力。微型金属杜瓦的体积小，一般的真空规不可能实施小型或微型真空腔内真空度的检测。需要寻找新的方法实现对微型金属杜瓦真空封装腔内的真空度进行可靠检测。

（3）真空保持的方法及可靠性预计与评价。微型金属杜瓦真空封装腔体内的真空要求能保持 10 年、20 年或 30 年以上的长寿命，否则封装工艺达不到实际使用要求。目前大多数解决的方法是采用吸气剂，但传统的吸气剂在封装应用上受到限制，需要开发适应于红外焦平面真空封装应用的吸气剂或研究无吸气剂的真空封装方法。微型金属杜瓦真空封装的长寿命要求，不可能用年以上时间来直接验证封装是否达到要求，因此需要研究真空封装的失效机制，运用加速实验的方法达到快速预计评价真空寿命。

（4）真空封装工艺及其装备。能够方便地识别符合顾客定制寿命要求的最佳抽气时间，有利于优化真空获得工艺，避免过度抽气消耗时间和资源，提高生产效率和降低生产成本，也能够有效地控制真空获得工艺质量参数，提高待测制冷型红外焦平面探测器杜瓦组件的高真空绝热能力和可靠性。不再需要进行昂贵费时的加速寿命试验，在微型金属杜瓦产生真空生产线上获得真空的同时，就已经可靠地预计了产品的寿命。研究真空封装的目的是为了形成一套可行的真空封装工艺，并能把真空封装工艺形成生产力。需要研究一套行之有效的真空封装工艺，以及研制专门的装备使工艺得以实现。虽然气密封装工艺已经发展得十分成熟，但是真空封装工艺需要在真空环境下完成气密封装，目前市场上还没有一款设备能提供可靠的真空封装。

符合顾客定制要求寿命的关键工艺参数是出气速率而非真空度。当满足出气速率要求，真空度一定符合高真空绝热要求；然而，真空度符合高真空绝热效率最大的要求，却不能保证非解真空杜瓦具有顾客定制寿命的要求。所以，制造出厂时检测热负载、降温时间（高真空绝热效率）合格，并不能保证符合顾客定制寿命要求。在保证良好气密性要求的前提下，只有检测出出气速率，才能有效预计真空维持时间符合寿命要求。

红外探测器气密性封装的要求和结构。军用产品要求高的可靠性和长的寿命周期，对封装红外焦平面探测器的微型金属杜瓦和整体式封装壳体的主要要求有：

(1) 封装的气密性通常要求对氦气的漏率小于 1×10^{-14}cc. Torr/s。

(2) 微型金属杜瓦壳体和冷指内管主要用金属和玻璃材料，整体式封装壳体采用金属和陶瓷材料。

(3) 窗口采用红外光学材料锗或硒化锌，镀涂层减反射薄膜。

(4) 穿过封装壳体的电气引出线一般采用玻璃烧结工艺或陶瓷金属布线丝网印刷烧结工艺。

(5) 陶瓷-金属、半导体-金属、金属-金属等异质或同质材料连接采用钎焊和激光焊接。

(6) 低热导率的电气引出线。

(7) 真空表面吸附气体少，需要特种表面处理工艺技术，如量子机械微加工工艺技术。

(8) 高强度和刚度的薄壁冷指内管材料和精密加工工艺技术。

(9) 优选冷链材料和组装连接，达到减小热阻和热质量的目的，实现快速制冷、恒定温度和温度均匀等热特性的要求。

(10) 背景和杂散辐射冷屏蔽技术，涉及冷屏的设计和加工。

(11) 颤噪效应、噪声和引出线电磁兼容等要求，涉及机械振动、光电子、电子技术、玻璃和陶瓷引线烧结工艺技术等。

(12) 辐射传导控制技术涉及金属结构件的表面粗糙度控制技术、薄壁金属圆柱零件机械研磨抛光工艺技术、电化学表面处理工艺技术、精密合金表面低辐射率金镀涂技术、高性能金镀涂层生长工艺技术、金属镀涂层机械特性控制工艺技术。

参 考 文 献

[1] 蔡毅. 碲镉汞探测器的回顾与展望（特邀）[J]. 红外与激光工程，2022，51（1）：1-13.

[2] King D F, Graham J S, Kennedy A M, et al. 3rd-generation MW/LWIR sensor engine for advanced tactical systems [C]// SPIE, 2008, 6940: 69402R-1-12.

[3] 叶振华，李辉豪，王进东，等. 红外光电探测器的前沿热点与变革趋势 [J]. 红外与毫米波学报，2022，41（1）：15-39.

[4] 柴旭良，周易，王芳芳，等. 面向高工作温度应用的带间级联红外光电器件 [J]. 红外与毫米波学报，2022，41（1）：122-128.

[5] 谭振，聂媛，于艳，等．三维集成技术在红外探测器中的应用［J］．激光与红外，2022，52（2）：163-169.

[6] 张磊，王冠，付志凯．红外探测器杜瓦的小型化设计方法［J］．红外，2020，41（9）：15-19.

[7] 张云胜，冯飞，魏旭东，等．光读出红外成像芯片真空封装研究［J］．传感器与微系统，2015，34（2）：44-46.

[8] 谭淞年，于潇，张洪伟，等．变 F 数红外光学系统的进展和关键技术［J］．红外技术，2016，38（5）：367-373.

[9] 史衍丽．第三代红外探测器的发展与选择［J］．红外技术，2013，35（1）：1-8.

[10] Rogalski A. Infrared detectors：An overview［J］. Infrared Physics & Technology，2002，43：187-210.

[11] Rogalski A，Antoszewski J，Faraone L. Third-generation infrared photodetector arrays［J］. Journal of Applied Physics，2009，105：091101.

[12] 蔡毅，胡旭，红外成像寻的用红外探测器现状和发展趋势［J］．红外与激光工程，2006，35（1）：7-11.

[13] 范永杰，金伟其，刘崇亮．前视红外成像系统的新进展［J］．红外与激光工程，2010，39（2）：189-194.

[14] 龚海梅，张亚妮，朱三根，等．红外焦平面可靠性封装技术［J］．红外与毫米波学报，2009，28（2）：85-89.

[15] 仰叶，朱魁章，刘婷，等．红外探测器封装技术［J］．低温与超导，2010，38（12）：4-8.

[16] 何力，杨定江，倪国强，等．先进焦平面技术导论［M］．北京：国防工业出版社，2011.

[17] 红外与激光工程编辑部．现代光学与光子学的进展：庆祝王大珩院士从事科研活动六十五周年专辑［M］．天津：天津科学技术出版社，2003：365，369.

[18] 陈星．碲镉汞红外焦平面探测器可靠性相关技术研究［D］．上海：中国科学院上海技术物理研究所，2014.

[19] 金宇丰，王志平，陈兢．微系统封装技术概论［M］．北京：科学出版社，2006.

[20] Tai-Ran Hsu．微机电系统封装［M］．姚军，译．北京：清华大学出版社，2006.

[21] 刘之生，黄纯颖．反求工程技术［M］．北京：机械工业出版社，1992.

[22] 姜军，李建林．芯片级的封装技术参加“先进的封装技术研讨会”评述［J］．红外技术，2001，23（4）：4-7.

[23] 李建林，袁欣，蔡毅．焦平面红外探测器的封装设计［C］//第十五届全国红外科学技术交流会暨全国光电技术学术交流会文集，2001.

[24] 李建林，袁欣，李跃庭，等．工程化微型分离式杜瓦瓶封装焦平面探测器的设计和实现［C］//2003 年全国光电技术学术交流会暨第十六届全国红外科学技术交流会文集，2003.

[25] 李建林．焦平面器件用多元金属杜瓦瓶与斯特林制冷器（机）的热耦合技术［C］//

2003 年全国光电技术学术交流会暨第十六届全国红外科学技术交流会文集，2003.
[26] 张雪，梁晓庚．红外探测器发展需求 [J]. 电光与控制，2013，20 (2)：41-45.
[27] 王忆锋，黄江平．红外焦平面探测器阵列规格的发展 [J]. 红外，2013，34 (9)：1-8.
[28] 叶振华，陈奕宇，张鹏．碲镉汞红外探测器的前沿技术综述 [J]. 红外，2014，35 (2)：1-8.
[29] Martyniuk P, Antoszewski J, Martyniuk M, et al. New concepts in infrared photodetector designs [J]. Applied Physic Reviews, 2014, 1 (4): 041102.
[30] 李俊．超大规模线列红外焦平面杜瓦封装关键技术研究 [D]. 上海：中国科学院大学，中国科学院上海技术物理研究所，2021.
[31] Rogalski A. HgCdTe infrared detector material: history, status and outlook [J]. Reports on Progress in Physics, 2005, 68: 2267-2336.
[32] Antoni Rogalski. Infrared detectors: An overview [J]. Infrared Physics & Technology, 2002 (43): 187-210.
[33] Rogalski A. Optical detectors for focal plane arrays [J]. Opto-electronics Review, 2004, 12 (2): 221-245.
[34] Antoni Rogalski. Progress in focal plane array technologies [J]. Progress in Quantum Electronics, 2012, 36: 342-473.

2 微型金属杜瓦设计技术

2.1 杜瓦概述

1893年1月20日英国物理学家和化学家詹姆斯·杜瓦爵士宣布发明了一种特殊的低温恒温器（cryostat），后来称为杜瓦瓶（Dewar flask）。1898年他用杜瓦瓶实现了氢的液化，达到了20.4K。翌年又实现了氢的固化，靠抽出固体氢表面的蒸汽，达到了12K。杜瓦发现了真空中的绝热现象，根据固体传导、气体传导、辐射传导三种热传导原理发明了一种瓶状容器，其是一个双层玻璃瓶，内壁涂上银，两层之间抽成真空，这种结构可大大减小热传导，成为一种较理想的低温容器，人们称之为杜瓦瓶，简称为杜瓦。杜瓦于1906年发明了储藏液态氧的金属杜瓦瓶。

杜瓦瓶是能有效减少辐射、对流和传导传热的具有真空夹层结构的真空绝热容器。杜瓦瓶的结构形式与所封装的红外探测器芯片、配接的制冷方式、系统整机接口等紧密相关，是制冷型红外焦平面探测器不可缺少的重要组成部分，为探测器芯片提供制冷工作环境和光机电接口。解真空杜瓦瓶是真空可修复的杜瓦瓶，其真空寿命为有修理的使用寿命；而非解真空的杜瓦瓶则是真空不可修复的杜瓦瓶，为保证其真空长寿命，对产生真空（获得真空）有苛刻要求，比如零部件组装制造的真空完善性和真空卫生，以及抽气过程除气处理等。非解真空杜瓦瓶的真空寿命为无修理的有用寿命。

非解真空杜瓦瓶用于封装制冷型红外焦平面探测器，为焦平面阵列提供支撑、连接和真空绝热工况，是光机电接口的重要载体，制冷型红外焦平面探测器是由窗口、连接器、内管、外管、制冷器（机）接口等组成的高真空绝热容器，如图2-1所示。红外焦平面探测器杜瓦瓶制冷器（机）组件在工作或非工作过程中气体源逐渐释放气体多余物，非解真空杜瓦瓶的真空度会随时间缓慢降低，导致高真空绝热效率慢慢变差退化，产生降温时间超过规定时间的故障。

封装制冷型红外焦平面探测器的杜瓦瓶真空度和真空保持（真空寿命）要求最高，实现长寿命（10年、15年、20年，甚至30年）需要设计与制造共同努力。常见的不锈钢保温杯是在高温四五百摄氏度下真空封接制造的非解真空金属杜瓦瓶，玻璃热水瓶是在高温二三百摄氏度下真空封接制造的非解真空玻璃杜瓦瓶，可见高温烘烤抽气工艺有利于获得长寿命。但是，制冷型红外焦平面探测

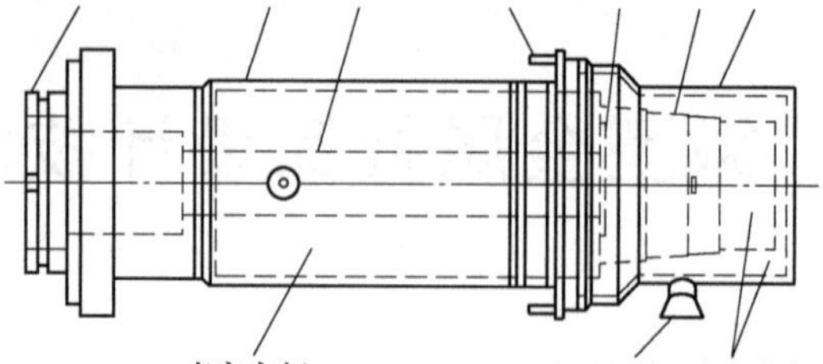

图 2-1 非解真空杜瓦瓶

器不能经受超过 80℃烘烤温度的抽气工艺。它的真空寿命由真空获得工艺质量特性决定，并由终止真空抽气永久性的冷压封接时刻到真空失效经历的时间度量。杜瓦瓶真空度长时间维持在设计允许最低真空度的耐久性能力，一直是用户和制造商关心的急需解决的计量测试和质量与可靠性瓶颈问题。杜瓦瓶腔体必须具有优良的真空完善性和气密性，运用恰当的抽气工艺、正确使用吸气剂，才能有效保证非解真空杜瓦瓶满足用户定制 10 年至 20 年或更长时间真空有用寿命（免维护寿命）的要求。

杜瓦用于红外探测器芯片封装，配接制冷器（机），为探测器芯片提供真空工作环境，保证制冷器（机）制冷量最大限度用于冷却探测器芯片。杜瓦是连接红外焦平面阵列与制冷器（机）的重要部件，其真空寿命是红外焦平面组件的关键可靠性指标之一。当真空度下降时，杜瓦内残气对流换热加剧导致热负载增加，最终使制冷器（机）热负荷过大而无法保证焦平面混成芯片的工作温度，造成红外组件失效。由于杜瓦在正常工作条件下的失效时间一般比较长，因此主要采用加速寿命试验的方法来评价杜瓦的真空寿命。杜瓦的真空寿命主要取决于真空壳体的泄漏率和材料放气。Sofradir 公司在生产过程中对每只杜瓦进行漏率检测，通过严格控制杜瓦的漏率指标可以保证杜瓦的真空寿命超过 20 年。针对由材料放气引起的真空度下降，该公司以温度作为加速应力对杜瓦的真空寿命进行评估，将 11 只杜瓦样品存放在 80℃环境条件下，通过测试杜瓦的热负载表征真空度的变化，经过 405 天试验 11 只样品都未见失效，如图 2-2 所示，从而根据与材料放气相关的加速系数，估算在 40℃条件下杜瓦的真空寿命超过 18 年。

极少数国家目前已经研制出了像素超过 10^7 的红外焦平面器件，在航天导弹预警卫星、天文、战区导弹防御等技术领域实现了红外系统的更新换代。然而，大面阵 HgCdTe 器件势必给器件的封装和真空获得带来困难，新技术、新材料、新工艺的运用势在必行，例如陶瓷装载基板温度控制与挠性冷链设计技术、冷屏蔽罩内外表面发射率控制技术和制造工艺。高效率长寿命产生杜瓦真空是提高生产效率和降低成本的有效途径，例如激光表面处理技术抑制真空表面出气和提高机械强度，等等。

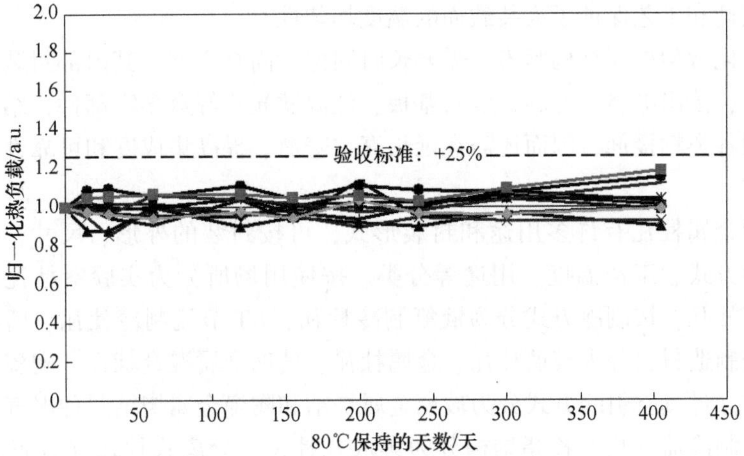

图 2-2 Sofradir 公司杜瓦真空寿命试验结果

2.2 微型金属杜瓦

杜瓦的结构形式与所封装的红外探测器芯片、配接的制冷方式、系统整机接口等紧密相关，按照与制冷器（机）配接的方式可分为集成式、分置式，按照引出线结构形式分类可以分为埋入引线式、侧面引线式、导电带引线结构、复合引线式等。

杜瓦采用真空夹层结构大幅度降低内外胆之间气体的对流传热，通过表面处理降低辐射传热，选用恰当的结构和材料降低传导传热，将环境向内胆的传热控制在工程应用可以接受的程度，保证了杜瓦内胆的长时间稳定低温保持能力，并能够有效保证制冷器（机）的制冷量最大限度用于冷却红外探测器芯片。为实现红外探测器芯片与红外电子学处理系统的输入输出电气连接，可从杜瓦内胆冷端到杜瓦外壳部分设计相应的密封引出线结构；为有效抑制背景辐射，可提高探测器信噪比，在杜瓦内胆冷端安装冷屏蔽装置。

杜瓦的发展和结构演变伴随着红外探测器和制冷器（机）的发展，主要经历了以下几个阶段：第一阶段主要是早期的实验室用相变制冷结构杜瓦，低温冷源从内胆开口处灌入，杜瓦内外胆间保持真空。随着微型制冷器（机）的工程化发展，第二阶段主要是发展玻璃或玻璃金属结构的微型金属杜瓦，采用多种玻璃金属封接引线结构，玻璃结构内管与制冷器（机）配接，以有效减小传导热损耗，主要用于封装一代单元或多元红外探测器芯片。随着二代红外焦平面探测器芯片的发展，第三阶段主要是发展金属陶瓷结构的微型金属杜瓦，采用高强度薄壁金属内胆结构与斯特林制冷器（机）一体式集成，使制冷效率大幅提高；

采用陶瓷结构引线环改善杜瓦的电磁屏蔽性能，提高机械强度和精度；优化的冷头结构设计和工艺保证了大装载面的温度均匀性。

工程化微型杜瓦结构紧凑，需要长时间保持高真空度。其内部封装有红外探测器芯片、读出电路、冷屏、装载基板、低温滤光片等众多零部件，结构复杂且大量使用各类粘接剂，因而还需在延长真空寿命、提高集成度和可靠性等方面进一步改进。

微型金属杜瓦有许多用途和封装形式，可按封装的外形、尺寸、结构、材料、制冷方式、工作温度、用途等分类。按使用场所分为实验室杜瓦、工程杜瓦、工艺杜瓦；按制冷方式分为液氮制冷杜瓦、J-T 节流制冷杜瓦、斯特林制冷杜瓦；按制造材料分为玻璃杜瓦、金属杜瓦、玻璃金属混合杜瓦、陶瓷金属混合杜瓦；按穿过真空引线方式分为玻璃金属烧结和陶瓷金属烧结两种电气馈出引线结构；按制冷器（机）冷指结构分为集成式杜瓦、分离式杜瓦（分置式杜瓦）；按封装探测器类型分为一代单元器件杜瓦、一代多元器件、二代红外焦平面探测器杜瓦、三代高性能大阵列封装箱式杜瓦、制冷型红外焦平面探测器杜瓦、非制冷红外焦平面探测器杜瓦。非制冷红外焦平面探测器整体封装杜瓦，此时封装外壳只有真空绝热特性，没有传统意义上的杜瓦内管，按照 IC 封装技术术语，可以叫做整体封装外壳，既可以是全金属的，也可以是陶瓷的。

微型金属杜瓦外壳一般采用金属材料，冷指内管有玻璃和金属两种，按材料分为玻璃金属杜瓦和金属杜瓦，按穿过真空引线方式分为玻璃金属烧结和陶瓷金属烧结两种电气馈出引线结构，按制冷器（机）耦合方式分为分置式杜瓦和集成式杜瓦，其分类和应用如图 2-3 所示。

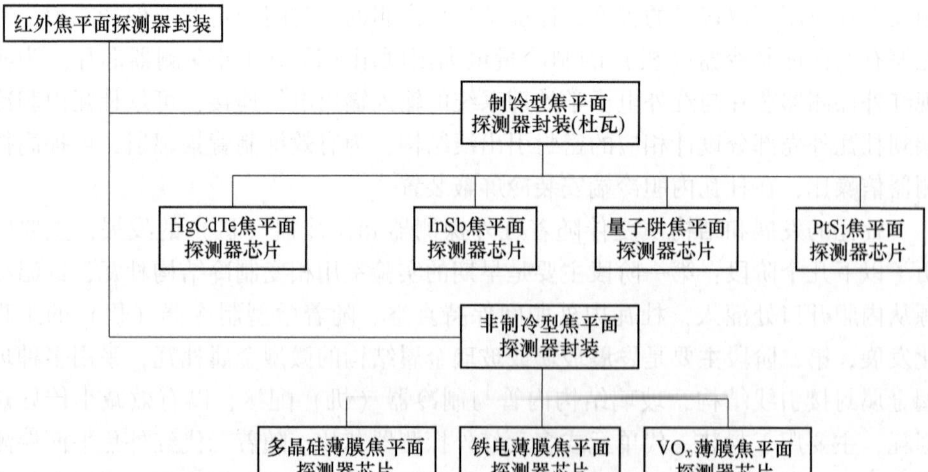

图 2-3　红外焦平面探测器封装分类和运用

杜瓦通常由窗口部件、冷屏部件、主体部件和冷头部件等部分组成。质量在几十克到 500g 之间，漏率小于 1×10^{-12}Pa · L/s，冷屏内表面黑化以降低背景辐射噪声，窗口透过波段应与所封装探测器芯片匹配，寿命周期内其真空度应优于 1.33×10^{-2}Pa。微型金属杜瓦的结构示意图如图 2-4 所示，主要组成部分包括：(1) 外壳；(2) 内管；(3) 窗口；(4) 冷屏；(5) 引出线部分；(6) 装载基板； (7) 排气支管； (8) 吸气剂；(9) 互连引线等。

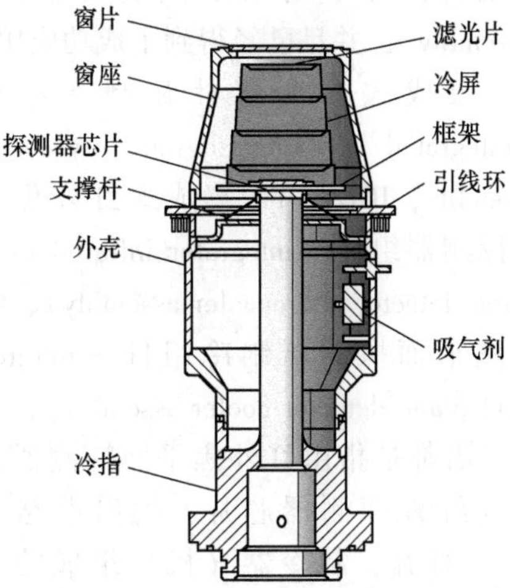

图 2-4 微型金属杜瓦结构示意图

随着红外成像系统在军事红外光电对抗技术中的应用，军事打击的准确性和命中率得到了大幅度的提高，作为红外成像系统的核心器件——红外焦平面探测器不可替代地成为光电信息装备的技术基础和战略资源。采用红外焦平面探测器的成像系统具备如下优点：

(1) 实现了由光机扫描成像向电信息处理成像的革命。

(2) 大大减小了成像系统的体积、质量、功耗。

(3) 系统涉及的专业面变窄，机械复杂程度大大降低，可靠性显著提高。

(4) 系统的工作帧频很高（几百帧甚至千帧以上)，从而减少信息延迟，可适应高速和超高速制导导弹武器系统图像信息获取的需要。

(5) 系统灵敏度大幅度提高，理论上信噪比可提高 $\sqrt{N}$ 倍（其中 N 为探测器元数)。

(6) 由于在杜瓦内芯片上封装了预处理电路（CCD 存储、CMOS 多路传输器等读出电路)，有效减少了杜瓦瓶的信号引线数量，使整个探测器组件的工艺条件大为简化，同时大大提高了系统的可靠性。

为了进一步提高红外焦平面探测器灵敏度和作用距离，增强红外焦平面探测器对战场的适应能力，美、法、以色列等国都投入巨资研制大面阵凝视型红外焦平面阵列（IRFPA）芯片。但是随着芯片像元增加，芯片的功耗增大，使得制冷器（机）和杜瓦的热负载增加，伴随而来的是斯特林制冷器（机）和杜瓦的功率、体积和重量也都相应增加，这成为制约大面阵红外焦平面芯片军事应用的一个重要因素，于是各国都纷纷积极寻求新的芯片、制冷器（机)、杜瓦三者之间一体化组合设计方案，其中比较典型的有法国 Sofradir 公司生产的 128×128 MWIR DDA、128×128 LWIR DDA 器件杜瓦组件和以色列 SCD 公司生产的 K508A

型组件，均采用集成式制冷器（机）/杜瓦方案（Interated Dewar Cooler Assembly），并且已经得到了成功应用。

集成式探测器杜瓦制冷组件（integrated detector dewar cryocooler assembly，IDDCA）、集成式红外焦平面探测器组件（integrater infrared focal plane detector microcooler assembly）、红外焦平面探测器制冷组件（infrared focal plane detector cooler assembly），这些术语都是指由红外焦平面探测器芯片（红外探测器芯片、读出电路芯片）、杜瓦、制冷器（机）组成的产品，是能把接收到的红外辐射转换成一种便于计量的物理量（通常是电量）的器件，简称为红外探测器，如图 2-5（a）所示。

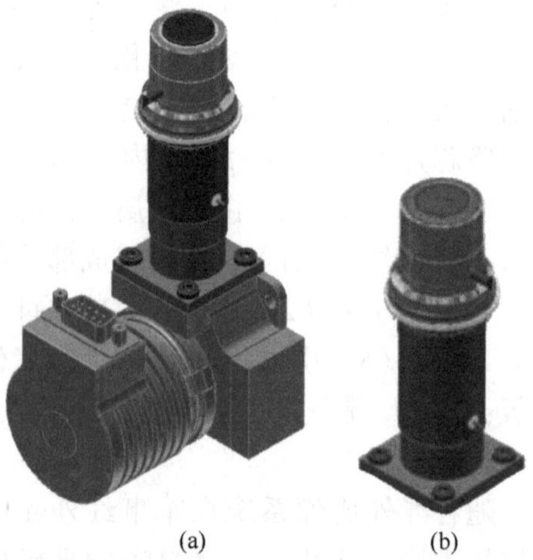

图 2-5　红外探测器
（a）IDDCA；（b）DDA

红外焦平面探测器杜瓦组件（infrared focal plane detector dewar assembly，DDA）由红外焦平面探测器芯片（红外探测器芯片、读出电路芯片）、杜瓦组成，如图 2-5（b）所示。带有读出电路的红外探测阵列器件简称为红外焦平面阵列，或红外焦平面。红外焦平面由红外探测器（敏感元）阵列和读出电路两部分组成。红外焦平面有线列和面阵两种结构，统称为红外焦平面列阵探测器（infrared focal plane array，IRFPA）。

制冷型红外焦平面需要在低温 80K 工作，必须封装在具有良好绝热特性的微型金属杜瓦瓶里。集成式探测器杜瓦制冷组件的杜瓦内管与制冷器（机）蓄冷器的气缸合二为一，同属一个部件，杜瓦的结构、组成基本一致，有尺寸、形状等系列规格差异。零部件组装制造工艺主要包括激光焊接、硬钎焊接、软钎焊接、电阻焊接、扩散焊接等，如图 2-6 所示。红外焦平面杜瓦组件可分为杜瓦真空壳体部分、焦平面冷头部分，以及真空密封剪口部分。冷头部分包括红外焦平面阵列、读出集成电路芯片、陶瓷基板、冷指冷端、冷屏蔽罩、键合引线、粘接剂等，是具有最大温度滞后效应的功能部件。在整个红外成像系统中，杜瓦封装起着非常关键的作用。制冷型红外探测器封装结构与传统封装结构相比，其对温度适配性、热导率、材料强度等都有更高的要求。

红外热成像系统的核心部件有红外传感器，组成红外传感器的关键重要部件有微型金属杜瓦，其主要功能是为红外焦平面探测器提供机械支撑和定位、连接电气传输和隔离环境，是红外焦平面探测器与制冷器（机）冷指实现规定低温

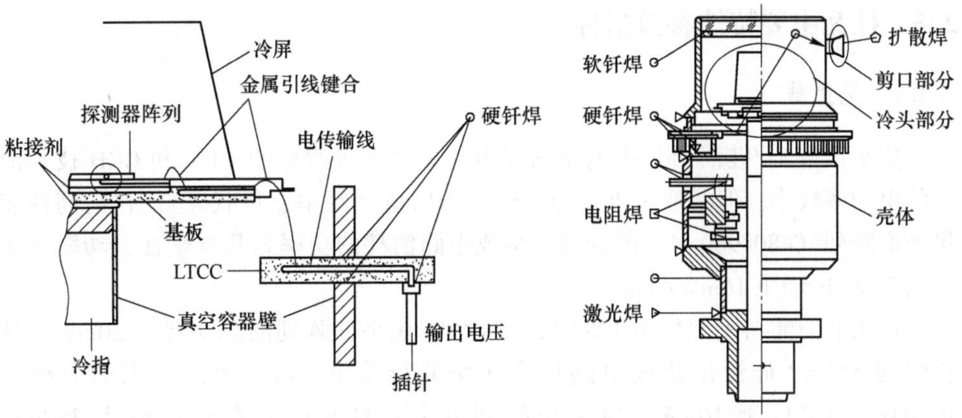

图 2-6 红外焦平面探测器杜瓦组件的结构与工艺

工作的高性能真空绝热装置。红外焦平面探测器封装的重要性体现在多方面：

（1）决定红外焦平面探测器的性能。红外焦平面探测器组件的性能不仅取决于焦平面探测器芯片的技术水平，更取决于组件整体的技术水平。例如，微型金属杜瓦封装的高效率冷屏设计和制造工艺技术影响器件的信噪比（性能）。工程传热学的设计和零部件材料、加工技术限制微型金属杜瓦的固有热负载，直接影响焦平面探测器芯片和制冷器（机）达到规定低温工作的能力。微型金属杜瓦电气传输馈送方式会产生电磁兼容的影响，限制焦平面探测器芯片的性能。

（2）决定红外焦平面探测器组件的体积。高性能先进微型金属杜瓦具有良好的真空绝热特性，其固有热负载得到很好的控制，使产生的无功热损耗减到最小，达到焦平面探测器规定低温需要的制冷量很小，可以减小制冷器（机）的体积、质量。

（3）决定红外焦平面探测器组件的可靠性和寿命。先进红外焦平面探测器对冷屏蔽的要求越来越高，由于探测器芯片尺寸的增大，使得微型金属杜瓦封装的零件和部件增多，多层结构大尺寸冷屏和低温滤光片的应用，产生的微型金属杜瓦内部的各级组装连接应力变化、互连和穿过真空馈线互连的故障问题比探测器芯片自身的故障问题严重得多，已经成为红外焦平面探测器组件失效的主要因素。微型金属杜瓦气密性封装静态真空保持时间的长短，直接影响红外焦平面探测器组件的寿命。满足规定寿命周期，需要高效的真空获得技术和先进的微型金属杜瓦制造工艺技术作保证。

（4）决定红外焦平面探测器组件的成本。半导体制造技术的进步大大降低了探测器制造成本，先进微型金属杜瓦制造工艺技术的成熟，可以选用最小体积、重量的制冷器（机），对红外焦平面探测器组件的成本产生决定性的影响。在微电子、微机械产品封装中，封装成本占50%~90%。

2.3 杜瓦主要特性参数指标

2.3.1 热负载

焦平面阵列/硅读出集成电路消耗电功率是不可避免的，PV 和 CCD 技术消耗的电功率较小，但是取决于系统要求的输出量（频率、负载等）。目前高性能焦平面阵列（480/960×4）的硅读出集成电路消耗的功率为几百毫瓦，功率密度为 0.75W/in^2（1.16mW/mm^2）。

英国菲力浦斯元件公司 128×128 HgCdTe 焦平面阵列的总功耗为 20mW，其长线列 512×2 硅读出集成电路包含 4 个并行输出，每一个的读出能力超过 10MHz，功率低于 10μW，封装长线列分离式杜瓦的固有热负载为 350mW（80K）。法国 SOFRADIR 公司多种焦平面阵列封装在分离式金属杜瓦的热负载为 200~370mW（20℃）、280~480mW（71℃）。InSb/HgCdTe 双色焦平面阵列的热负载约 198mW。一种 256×1 PbSe 焦平面阵列的热负载约 160mW，它包括从焦平面阵列至陶瓷电接插环的金引线热负载 75mW，两个 CMOS 多路传输器热负载 50mW，辐射传导热负载 35mW，PbSe 阵列的热负载 0.5mW。

下列计算给出硅读出集成电路的功耗的量级概念。功耗仅发生在移位寄存器导通的那一级中，可用下式估算：

$$W = CV^2 f \tag{2-1}$$

式中 C——负载电容；

V——脉冲幅值；

f——为时钟频率。

假定采用 10V 脉冲，行扫描器材通常在 10kHz 下驱动 10pF（即每行选址线的电容），产生 10μW 量级。列扫描器一般在 MHz 级速率下驱动 1pF（即 1 个列开关晶体管的栅电容），产生 1mW 量级的功耗。依设计不同，与驱动相连的选址线的电容可能是几十 pF 或几百 pF，由此产生的焦平面外驱动电路的功耗（也由式（2-1）给出）可能为几十毫瓦或几百毫瓦。

2.3.2 降温时间

降温时间的长短同制冷器（机）性能、杜瓦封装的结构参数及环境温度密切相关。

法国 SOFRADIR 公司用于封装 288×4 的杜瓦真空容积 50mL，可用 J-T 节流制冷器和标准斯特林制冷器（机），使用 J-T 节流制冷器的制冷时间小于 3s；用于前视红外系统的杜瓦可以兼容 J-T 节流制冷器和标准斯特林制冷器（机），制冷时间小于 2min。美国德克萨斯仪器公司导弹寻的器的集成式杜瓦的制冷时间小于 9s。Inframettrics 公司的 InfraCAMTM 通用平台使用集成式杜瓦，其制冷时间小于 7min。一般导弹寻的器的制冷时间要求在几秒内，多用途弹要求在 30s 内，前视红外系统要求在几分钟内。

探测器封装技术研究对象里，影响降温时间的零部件主要有冷屏、键合引线、装载基板以及接触界面粘接剂，这些零部件的热物性、形状、尺寸都与传热有关。如表面粗糙度、热导率、比定压热容、发射率、密度、结构形状、几何尺寸等。

要减小冷屏辐射传热，首先要求其发射率低、表面粗糙度小。其次，要求大的热导率及小的比定压热容，还要小的密度，以减小热惯性。要减小稀薄气体对流传热，冷屏必须有最小的表面积。冷屏降温快慢及能达到的最低温度，同样影响 2N2222 的降温时间，因为冷屏与 2N2222 之间具有辐射传热的过程，且 2N2222 看到发射率接近 1 的冷屏表面。影响冷屏传热的因素包括杜瓦传热、陶瓷装载基板与冷屏包裹区域传热的降温时间研究。虽然全面，却问题复杂。

冷屏辐射传热的影响：(1) 冷屏材料，镍钴合金、铜。热导率、比定压热熔。(2) 冷屏形状，圆柱、圆锥台。角系数。(3) 冷屏辐射，发射率。外表面：抛光、镀金——发射率小，喷砂、高发射率镀涂层——发射率高。内表面：低发射率、高发射率。冷屏传导传热的影响：(1) 冷屏结构、尺寸、冷屏与装载基板接触界面。(2) 壁厚影响热流传输截面，冷屏质量影响热惯性。(3) 有利于快速降温的设计考虑。

表征杜瓦主要功能性能的特性参数有光学、电学、热学、真空、机械、几何、质量、制冷、环境适应性、可靠性等多个方面，其功能性能要求可分为定性和定量两大类。

杜瓦瓶真空设计及装配技术。杜瓦设计要求表的主要定性必达要求包括以下几方面：

(1) 主要部件的材料有玻璃、玻璃-金属、金属杜瓦之分；

(2) 结构形式有分置式、集成式、箱式等；

(3) 窗口材料的光学性质规定了杜瓦的工作波段；

(4) 杜瓦侧壁安装窗口或冷指轴向上顶或下底安装窗口；

(5) 适配的制冷器（机）；

(6) 监视或控制工作温度的温度传感器；

(7) 是否安装维持真空的蒸散型吸气剂。

杜瓦设计要求表的主要定量必达要求有：

(1) 窗口工作波段范围；

(2) 窗口峰值透过率；

(3) 窗口平均透过率；

(4) 相对孔径或视场;

(5) 冷屏蔽效率;

(6) 装载面的几何特征尺寸;

(7) 电传输引线数;

(8) 电传输引线电学参数:电阻、分布电感和电容;

(9) 电传输引线绝缘电阻;

(10) 热负载;

(11) 重量;

(12) 制冷温度;

(13) 环境适应性质量特性指标;

(14) 可靠性特性指标。

为了满足超大规模线列红外焦平面杜瓦组件的应用需求,需考虑探测器的规模、探测器的工作温度、温度均匀性及低温形变、探测器的制冷方式及杜瓦重量等主要设计指标:

(1) 探测器模块的拼接数量,双波段或多波段。

(2) 探测器的工作温度、温度均匀性及低温形变。为了使超长冷平台上所有探测器在深低温时具有较好的热学稳定性及较高的温度循环可靠性,一种应用提出了超长冷平台上的5个子基板探测器的温度均匀性≤±1K及探测器衬底热应力≤30MPa,以保证探测器温度循环的可靠性,超长冷平台 Z 向低温形变≤±15μm,以满足整个焦面探测器的光学要求。

(3) 超大规模线列红外焦平面杜瓦的重量,为了满足空间应用轻量化要求,一般超大规模线列红外焦平面杜瓦总重量≤11kg(不含制冷机冷指重量)。

(4) 超大规模线列红外焦平面探测器的制冷方式由于系统重量及相机布局限制,采用超大规模线列红外焦平面杜瓦与单点冷耦合的制冷方式实现所需的工作温度。

(5) 超大规模线列红外焦平面杜瓦组件的环境适应性,要求具有较高的抗力学振动的能力,杜瓦共振频率300Hz以上,需通过30g的空间力学载荷及正弦、随机振动等力学环境试验。在热学试验方面需满足杜瓦组件的-55~40℃的温度循环试验、-55℃的低温存储试验及热真空试验等要求。

2.4 杜瓦传热学数学模型

2.4.1 热质量计算方法

$$Q_m = mC_m(T_a - T_s) \tag{2-2}$$

式中 Q_m ——物体(或探测器芯片)温度从 T_a 降到 T_s 所失去(或损失)的热

量，即热质量（又叫热惯性），kJ；

m ——物体质量，kg；

C_m ——物体的平均比热容，kJ/(kg · K)；

T_a ——环境温度，一般取 T_a = 300K（27℃）；

T_s ——可以制冷到的低温温度，一般取 T_s = 80K。

当涉及降温时间或冷却一个特殊部件所需要抽出的热量时，热容量定义为

$$Q_m = m\int_{T_s}^{T_a} C_m(T)\,\mathrm{d}T \tag{2-3}$$

材料的比热容是温度的函数，多数材料低温下的比热容要小一些。

估算降温时间的方法。设达到规定温度 80K 需要的时间是 τ，则探测器芯片平均温度下降速率为

$$\bar{v} = \frac{T_a - T_s}{\tau} = \frac{Q_m}{C_m m} \tag{2-4}$$

2.4.2 探测器/杜瓦瓶/制冷器（机）组合的热流分析

杜瓦热分析是指分析计算杜瓦本身的固有漏热，以及由于接触热阻的存在导致冷量传递过程引起的温度梯度。而杜瓦的固有漏热有沿杜瓦芯柱轴向的以及沿探测器引线方向的从外壳到低温区的固体导热，从外壳内表面到芯柱外表面的辐射导热，由外壳和芯柱组成真空室内的残余气体的气体导热。主要有以下几个方面：

（1）信号引线、杜瓦内芯柱等固体传导漏热和引线焦耳热；

（2）杜瓦外壳、光学窗口向低温端的辐射传热；

（3）杜瓦内真空夹层的残余气体传热损失；

（4）制冷器（机）与杜瓦内芯柱之间的耦合单元造成的耦合损失；

（5）冷指壁与杜瓦内胆间密封空气引起的漏热。

其中，前三项为杜瓦自身固有漏热，即静态热负载，后两项为非集成式杜瓦的耦合或连接时的热损。

探测器/杜瓦瓶/制冷器（机）组合的热传导有传导、对流、辐射三种途经，通过优化设计导热截面积、选择热导率与辐射率小的材料和利用真空绝热等措施，可以控制探测器/杜瓦瓶/制冷器（机）组合的热负载在设计允许的范围内。图 2-7 给出探测器/杜瓦瓶/制冷器（机）组合的结构示意图。热负载是表征探测器/杜瓦瓶/制冷器（机）组合绝热能力的综合指标，它的大小直接影响探测器/杜瓦瓶/制冷器（机）组合损耗制冷器（机）功率的数量，是红外整机设计人员选择制冷方式和制冷功率的一个重要依据。探测器/杜瓦瓶/制冷器（机）组合的热负载由下式计算：

$$Q = Q_R + Q_S + Q_G + Q_J + Q_C \quad (2\text{-}5)$$

式中 Q——探测器/杜瓦瓶/制冷器（机）组合的热负载，W；

Q_R——辐射传导造成的热量损耗，W；

Q_S——固体材料传导的热量损耗，W；

Q_G——探测器/杜瓦瓶组合真空空间残余气体传导造成的热量损耗，W；

Q_J——探测器工作时产生的焦耳热损耗，W，不工作时 $Q_J=0$；

Q_C——探测器/杜瓦瓶组合与制冷器（机）对接产生的耦合热负载，W。

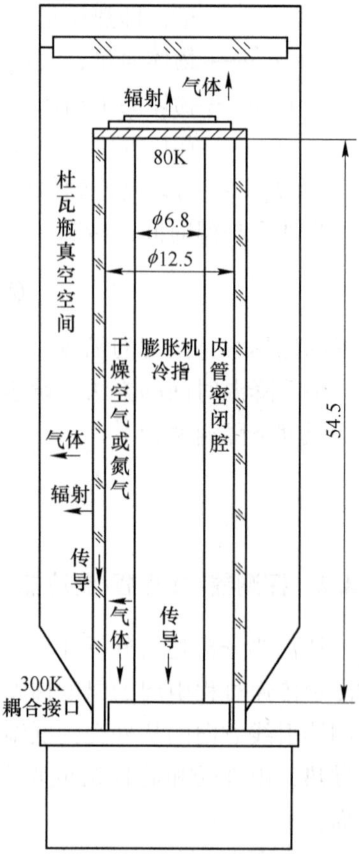

图 2-7 杜瓦与制冷机耦合结构示意图

其中 Q_R 和 Q_S 与探测器/杜瓦瓶组合真空空间的压力无关，与探测器/杜瓦瓶组合的结构、材料、工艺技术等工程因素有关；Q_G 在低压力范围内是压力的函数，通常真空压力小于 10^{-1}Pa 时 Q_G 很小，杜瓦在冷压扩散焊接封离时的真空度通常都远远低于 10^{-2}Pa（通常在 10^{-5}Pa 量级），此漏热可以忽略不计。耦合热负载 Q_C 主要包括膨胀机气缸壁与杜瓦瓶内管壁、冷指端与杜瓦瓶装载平台之间的弹性耦合、杜瓦瓶内管与膨胀机冷指耦合密封和探测器到膨胀机冷指的冷端之间由传导和接触热阻引起的温差等产生的热负载，这部分热负载可以消耗近 1/3 的制冷量，设计师必须有目的地优化杜瓦瓶内管与膨胀机冷指机械接口的设计使其达到最佳效果。

在集成式杜瓦结构中 Q_S 和 Q_C 产生的一部分热负载被消除或减小，膨胀机气缸壁、探测器到膨胀机冷指的冷端之间由传导和接触热阻引起的温差等产生的热负载仍然存在。由热力学第二定理可知，热量总是从温度高的区域流往温度低的区域。杜瓦内管冷装载端处的温度最低，冷端周围的所有组装冷屏、探测器组件和窗口部件等都是热源，包括传导、对流、辐射传导的热流。固体传导热流有杜瓦内管的热传导、互连金属引线的热传导、杜瓦内管支撑杆的热传导。气体对流传导的热流有气体热传导、气体自然对流，辐射传导的热流有通过红外窗口的热辐射传输到芯片表面、杜瓦封装外壳的热辐射传输到内管及冷屏、零件内能变化产生的热。

2.4.3 固体材料传导的热量损耗 Q_S

由于杜瓦内部为真空状态，支撑结构传导的漏热主要包括辐射漏热和传导漏热，一般支撑结构表面发射率较低，且表面积差距较小，引起的辐射漏热量不大，因此主要考虑支撑结构之间的传导漏热。对支撑进行热力学分析发现，支撑两端温差较大，支撑传热面积较小，可以近似简化为一维热传导问题，故根据傅里叶定律，传导的热量按下式计算

$$Q = \frac{\lambda A}{L}\Delta T \tag{2-6}$$

或

$$Q = \lambda(T)A\frac{\mathrm{d}T}{\mathrm{d}x} = \frac{A}{L}\int_{T_1}^{T_2}\lambda(T)\mathrm{d}T \tag{2-7}$$

电传输引线的导热 Q，传导热损失为

$$Q = \frac{\lambda A}{L}(T_2 - T_1) \tag{2-8}$$

式中 λ——$T_2 \sim T_1$间固体材料的平均热导率；

T_2，T_1——热、冷端的温度；

L——导热长度。

可以看出，应选择热导率低的材料做杜瓦内管，内管的截面积越小越好。连接芯片和室温端的电传输引线也按同一原则设计。表 2-1 为几种常见的封装材料的性能参数，其中热导率为 77~300K 之间的平均值。

表 2-1 杜瓦封装材料参数

材料	密度/kg · m^{-3}	热导率/W · (m · K)$^{-1}$	弹性模量/GPa	泊松比	零部件
TC4	4440	4.2	109	0.32	支撑构件装载平台
4J27	8360	17	200	0.3	支撑构件
ZrO_2	5740	3	210	0.3	支撑构件
SiC	3080	490	466	0.32	冷平台

2.4.4 辐射传导造成的热量损耗 Q_R

辐射传热按下式计算：

$$Q_R = \varepsilon_n c_0 A_1\left[\left(\frac{T_2}{100}\right)^4 - \left(\frac{T_1}{100}\right)^4\right]\varphi_{1-2} \tag{2-9}$$

式中 φ_{1-2}——辐射传热的角系数，对于冷表面被热表面包围的情况，可取 $\varphi_{1-2} = 1$；

ε_n——有效辐射系数，$\varphi_{1-2}=1$ 时，ε_n取冷表面不锈钢内胆的辐射率$\varepsilon_1=0.1$ 或 0.2；

c_0——黑体辐射系数，$c_0=5.64\text{W}/(\text{m}^2\cdot\text{K}^4)$；

T_2，T_1——热、冷壁面的温度，$T_2=289\text{K}(16℃)$，$T_1=77\text{K}$；

A_1——辐射传热面积，近似可取冷面（内壁）的表面积，m^2。

经过计算，辐射热传导系数为

$$h_{rad}=4\varepsilon_n\sigma T_m^3\approx 3\varepsilon_n\quad (\text{W}/(\text{m}^2\cdot\text{K}))\tag{2-10}$$

2.4.5　真空空间残余气体传导的热量损耗 Q_G

热量传输有热传导、热对流、与热辐射三种形式，其中热传导与热对流都需要能量传输媒介，引入真空就能阻断热传导与热对流，温度较低时辐射造成的热量传输较小，从而可形成相对绝热的环境。探测器/杜瓦瓶组合真空空间残余气体传导造成的热量损耗 Q_G，在低压强范围内是压强的函数，由下式给出：

$$Q_C=\frac{2\pi\alpha r_2 Lk\Lambda(T_2-T_1)P}{k+\alpha r_2\Lambda P\ln\dfrac{r_1}{r_2}}\tag{2-11}$$

式中　α——适应系数（调节系数）；

k——气体的热传导系数，$\text{W}/(\text{cm}\cdot\text{K})$；

Λ——自由分子热传导系数，$\text{W}/(\text{cm}\cdot\text{K}\cdot\text{Pa})$；

T_1，T_2——外壳和内管壁的温度，K；

r_1，r_2——外壳和内管的半径，cm；

L——内管的长度，cm；

P——真空空间的压强，Pa。

残余气体的导热系数随残余气体压力增大而增加，当气体压力低于 10^{-2}Pa 时可以忽略不计。微型金属杜瓦在封离真空抽（排）气系统时的真空度通常都远远低于 10^{-2}Pa（通常在 10^{-5}Pa 量级），故此项漏热可以忽略不以考虑。

2.4.6　粘接界面对接触热阻的影响

红外焦平面阵列探测器封装粘接技术。在由 CdZnTe 作衬底的碲镉汞探测器芯片、互连铟柱、硅读出电路、低温粘接胶、引线基板（Al_2O_3 陶瓷等材料），以及金属支撑结构组成的多层材料体系的碲镉汞红外焦平面探测器组件中，低温粘接胶是各层材料间机械连接的主要介质，其性能对探测器组件可靠性、性能具有重要影响。

在碲镉汞红外焦平面探测器多层材料体系结构的封装中，低温胶粘接是一道不可或缺的关键工艺，由于深低温工作环境、光学精度等方面要求限制，相对常规的微电子封装，焦平面封装粘接工艺在固化温度、时间，胶层厚度、平整度等方面控制上要更加严格。根据工艺步骤的不同，焦平面封装粘接主要分为底充胶、粘接贴片两种形式。底充胶技术是随着 20 世纪 60 年代倒装焊技术（flip chip technology）的出现而发展起来的一种封装工艺技术，主要用于缓解芯片与基板之间的热失配，改善由于热失配而导致的焊点可靠性问题。如果在倒装焊的芯片与基板之间充入环氧胶，使焊点热循环寿命提高 10 倍以上，就可以使芯片的可靠性提高 5~10 倍。

粘接贴片主要用于实现倒焊芯片与引线基板、探测器与杜瓦冷平台、滤光片与冷光栏之间的机械连接，保证两者之间具有一定的黏接强度，同时具有良好的热传导性。在工艺流程上，主要分为匀胶、排气、对位粘接、固化等工艺步骤，其中排气的目的是为了减小匀胶过程中引入的气泡，从而减小胶层固化后形成的空洞，对位粘接过程中要注意胶层厚度、厚度分布均匀性的控制，防止低温时叠层结构所受应力不匀而出现损坏。低温胶的主要特征是在较低的温度环境下仍然具有良好的性能，满足相应粘接强度的要求。碲镉汞红外焦平面探测器一般在常温下组装、存储，而需要在-190℃深低温的环境条件下工作，因此必须选择使用温度范围与之相当的粘接胶进行封装，同时还要考虑粘接胶介电特性、热传导率、化学稳定性等方面因素的影响。

加工过程中表面层的熵增或表面流动会形成一系列不同幅度和频率的凹凸面，导致固体间的不完全接触。表面凹凸面的分布很大程度上取决于加工的方法和材料的性质，实际粗糙表面相接触时存在许多小的微小接触面积。粗糙表面的接触热导是一个与材料热导率、弹性模量、压力、表面粗糙度等有关的函数，其接触热导 h 为

$$\frac{h}{D_{\mathrm{sum}}} = \sum_{i=1}^{D_{\mathrm{sum}}} \frac{h}{D_{\mathrm{sum}}} = 4\lambda R^{1/2}\sigma_{\mathrm{s}}^{1/2} \frac{1}{\Psi(\varepsilon)} F_{1/2}(d/\sigma_{\mathrm{s}}) \tag{2-12}$$

$$F_{1/2}(d/\sigma_{\mathrm{s}}) = \int_{d/\sigma_{\mathrm{s}}}^{\infty} (x - d/\sigma_{\mathrm{s}})^{1/2}\Psi(x)\,\mathrm{d}x$$

式中 λ——材料的热导率；

$\Psi(\varepsilon)$——轮廓高度分布的概率密度函数（ε 为待定常数）；

D_{sum}——凸峰高度；

R——凸起部分的曲率半径；

d——平均接触面与基准面的距离；

σ_{s}——凸起顶部平均高度的标准偏移。

宝石基片和 HgCdTe 芯片的接触热导可由式（2-12）计算。在理想粘接的情况下，粘接界面的热导是由宝石基片和 HgCdTe 芯片的接触热导与填充未接触空隙的胶粘剂的热导并联构成，其中胶粘剂的热导包括串联的微小空气隙的热导。

所以 HgCdTe 芯片粘接时不可能做到胶粘剂仅仅填充宝石基片和 HgCdTe 芯片未接触部分形成的空隙，且胶粘剂具有一定的厚度，故粘接界面的热导由下式计算

$$h = \frac{\lambda A}{d} \tag{2-13}$$

式中，d、A、λ 分别为胶粘剂的厚度、有效导热面积和热导率。

由此可见，减小粘接界面接触热阻的途径主要有以下几个：

（1）选择热导率较大的导热粘接剂，例如在环氧树脂里加入 25 份银粉，再加入一些炭黑，固化后其热导率为 1.05～1.26W/(m · K)。

（2）粘接剂的黏度和表面能较小，能充分铺展和润湿宝石基片和 HgCdTe 芯片的表面。

（3）减小宝石基片和 HgCdTe 芯片的宏观和微观几何形状误差。

（4）粘接剂固化时，施加合适的压力。

（5）涂覆均匀很薄的胶层，避免涂胶时产生气泡。

（6）在真空条件下完成粘接工艺。

2.4.7　胶层厚度对器件性能的影响

器件的工作温度 T 由下式求得

$$T = T_0 + \Delta T \tag{2-14}$$

式中　T_0——制冷器冷端温度；

ΔT——器件与制冷器冷端之间的温差。

由于器件厚度 D 远小于长度 L 和宽度 W，按一维理论计算 ΔT 为

$$\Delta T = \sum_i \frac{d_i H}{\lambda_i A_i} \tag{2-15}$$

式中　d_i，λ_i，A_i——从器件到制冷器冷端第 i 层物质的厚度、热导率、层之间的有效导热面积；

H——器件的耗散功率，主要由焦耳热决定。

由于粘接剂的热阻一般远大于其他各层的热阻，因而器件与制冷器冷端之间的温差 ΔT 为

$$\Delta T = \frac{2dV^2\sigma D}{L^2\lambda} \tag{2-16}$$

式中　σ——器件的电导率；

λ——粘接剂的热导率，一般为 10^{-2}W/(m · K) 的量级；

V——偏置电压；

d——胶层厚度。

由此可见，胶层厚度直接影响探测器的工作温度，从而影响黑体电压响应

率、黑体探测率和光谱响应。有文献给出了胶层厚度对器件性能的影响实例，通过优化设计认为胶层厚度越小对提高器件性能越有利，一般应控制胶层厚度小于 1μm。

2.4.8 胶层内应力对器件的影响

由于粘接剂、HgCdTe 芯片、硅读出集成电路、陶瓷基片、杜瓦内管端面热膨胀系数的不一致，在温度变化（室温到 80K）的过程中，将在粘接界面产生热应力。热应力与环境温度及其变化速率有关，热应力 τ_T 可由下式求得

$$\tau_T = \Delta T \cdot \Delta\alpha \cdot E/(1 - \nu^2)$$

式中 ΔT——温度差；

$\Delta\alpha$——热膨胀系数；

E——杨氏弹性模量；

ν——泊松比。

2.5 杜瓦工程设计计算实例

工艺杜瓦是红外焦平面阵列探测器研制和生产过程中芯片性能评价的主要低温容器，如图 2-8 所示。它的组装包括杜瓦内胆、主体的激光焊接，以及零部件

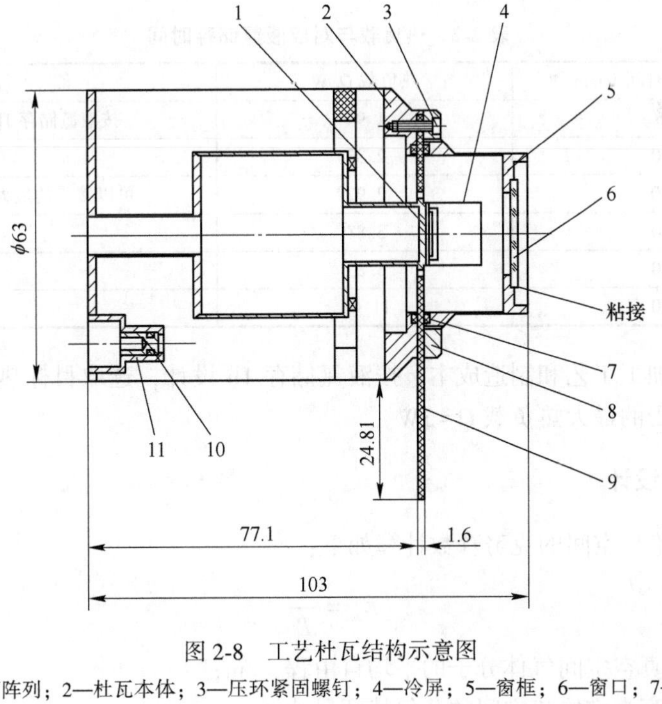

图 2-8 工艺杜瓦结构示意图

1—红外焦平面阵列；2—杜瓦本体；3—压环紧固螺钉；4—冷屏；5—窗框；6—窗口；7—O型密封圈；8—压环；9—电气传输刚性 PCB 板；10—阀芯O型密封圈；11—真空密封阀芯

的真空卫生清洁、窗框部件的粘接、印制板（PCB）连接器的装配、排气接头的装配等。装配质量的好坏直接影响真空气密性，从而难以达到设计的液氮（LN_2）储存时间，不能很好地满足焦平面探测器芯片性能测量的要求。

2.5.1　热设计

允许最大热负载按下式计算：

$$Q = L\frac{M}{t} \approx 1.616 \times 10^8 \frac{M}{t} \tag{2-17}$$

式中　Q——热负载，W；

L——液氮气潜热，$L=1.616\times10^8 \text{J/m}^3$；

M——蒸发的液氮量，m^3；

t——蒸发 M 需要的时间，s。

工艺杜瓦内胆容积 V：

$$V = \frac{1}{4}\pi D^2 h = \frac{1}{4}\pi \times 0.035^2 \times 0.045 = 4.33 \times 10^{-5} \text{m}^3$$

式中　D——内胆直径，mm；

h——内胆长度，mm。

表 2-2 所示为热负载与对应液氮储存时间。

表 2-2　热负载与对应液氮储存时间

液氮储存时间 t/min	热负载 Q/W	备　注
6	1.94	按液氮储存 1h 设计
50	2.33	
40	2.92	可以接受的最大热负载
30	3.88	
20	5.83	
10	11.65	

考虑到加工工艺和制造成本，按液氮储存 1h 设计，选取目标热负载 $Q=2\text{W}$ 时，可以接受的最大热负载 $Q=3\text{W}$。

2.5.2　绝热设计

高真空绝热空间的克努森数计算如下：

$$K_n = \frac{l}{L} \tag{2-18}$$

式中　l——真空空间气体分子的平均自由程，cm；

L——高真空绝热空间的几何特征尺寸，cm。

工艺杜瓦外壳与内胆之间的特征尺寸 $L=0.8\text{cm}$，其对应 300K 空气的克努森数如表 2-3 所示。

表 2-3 工艺杜瓦绝热空间特征尺寸 $L=0.8\text{cm}$ 时对应 300K 空气的克努森数

绝热空间的压强 P/Pa	气体分子的平均自由程 l/cm	克努森数 K_n	气体的流态	
1.333	4.72×10^{-1}	5.9×10^{-1}	$0.1<K_n<10$	转变状态
1.333×10^{-1}	4.72	5.9	$0.1<K_n<10$	转变状态
1.333×10^{-2}	4.72×10^{1}	5.9×10^{1}	$K_n>10$	自由分子状态

考虑到快速接头和抽气系统的流阻较大，在现有抽气系统的情况下，估计工艺杜瓦绝热空间的压强优于 1.333×10^{-1}Pa，按气体分子在转变状态的导热情况计算气体传导的漏热。

自由分子状态的气体导热远小于气体分子在转变状态的导热。可见，工艺杜瓦高真空绝热空间的压强小于 1.333×10^{-2}Pa 时气体传导的漏热较小。所以，提高真空度是设计的目标之一，高真空绝热空间的压强应小于 1.333×10^{-3}Pa。

用机械泵可以获得 1.333×10^{-1}Pa 的粗真空，采用动态抽气的设计思路可以得到的真空度有限，气体分子在转变状态的导热较大，工艺杜瓦的漏热很大。

根据昆明地区的气象参数，可以满足工艺杜瓦在绝大多数时间都能正常使用的不结露温度为 16.7℃。因此，工艺杜瓦外壳的最小目标设计温度选取为 16℃。

内胆热桥结构设计如图 2-9 所示。

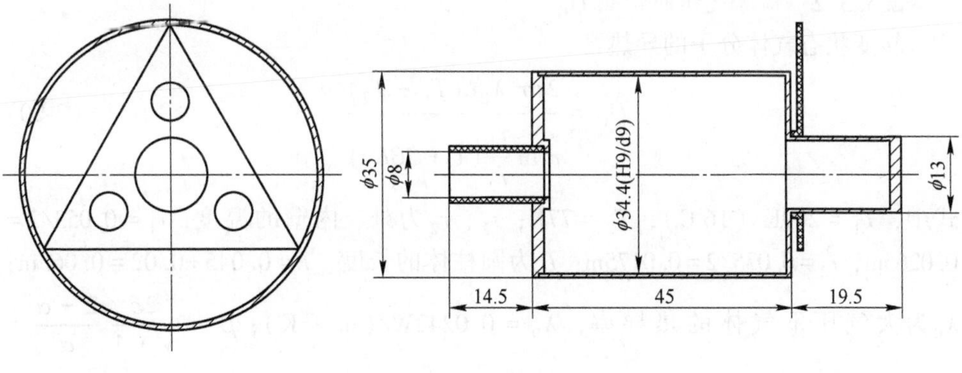

图 2-9 内胆与热桥

内胆表面积 A（没有考虑直径为 8mm 的颈管的面积）：

$$A = \pi \times 0.035 \times 0.045 + \pi \times 0.013 \times 0.0195 + 2 \times \frac{1}{4}\pi \times 0.035^2$$
$$\approx 7.67 \times 10^{-3}\text{m}^2$$

2.5.3　热损失（漏热）计算

2.5.3.1　辐射传热 Q_R

辐射传热按下式计算：

$$Q_R = \varepsilon_n c_0 A_1 \left[\left(\frac{T_2}{100}\right)^4 - \left(\frac{T_1}{100}\right)^4\right]\varphi_{1-2} \tag{2-19}$$

式中　φ_{1-2}——辐射传热的角系数，对于冷表面被热表面包围的情况，可取 $\varphi_{1-2}=1$；

ε_n——有效辐射系数，$\varphi_{1-2}=1$ 时，ε_n取冷表面不锈钢内胆的辐射率 $\varepsilon_1=0.1$ 或 0.2；

c_0——黑体辐射系数，$c_0=5.64\text{W}/(\text{m}^2\cdot\text{K}^4)$；

T_2，T_1——热、冷壁面的温度，$T_2=289\text{K}$（16℃），$T_1=77\text{K}$；

A_1——辐射传热面积，近似可取冷面（内壁）的表面积，m^2。

将数值代入式（2-19），得

$$Q_R = 0.1\times5.64\times7.67\times10^{-3}\left[\left(\frac{289}{100}\right)^4 - \left(\frac{77}{100}\right)^4\right]\times1 = 0.3\text{W}$$

若取 $\varepsilon_1=0.2$，$Q_R=0.6\text{W}$；$\varepsilon_1=0.3$，$Q_R=0.9\text{W}$。考虑到不锈钢内胆表面粗糙度较大，辐射传热的热损失也较大，因此估计可以达到 1W 的漏热。计算时选取辐射传热 $Q_R=0.6\text{W}$。故考虑采用镀铝涤纶薄膜多层绝热结构，来有效地抑制辐射传热的热损失。

2.5.3.2　稀薄气体的传热 Q_G

转变状态气体分子的导热：

$$Q_G = \frac{2\pi r_1\lambda_0 L(T_1-T_2)}{r_1\ln\dfrac{r_1}{r_2}(1+2\beta K_n)} \tag{2-20}$$

式中，$T_1=289\text{K}$（16℃），$T_2=77\text{K}$；r_1、r_2为外、内壁的温度，$r_1=0.053/2=0.0265\text{m}$，$r_2=0.035/2=0.0175\text{m}$；$L$ 为圆柱体的长度，$L=0.045+0.02=0.065\text{m}$；$\lambda_0$为大气压下气体的热导率，$\lambda_0=0.0242\text{W}/(\text{m}\cdot\text{K})$；$\beta=\dfrac{2\varepsilon}{\gamma+1}\dfrac{2-\alpha}{\alpha}=\dfrac{2\times1.9068}{1.403+1}\times\dfrac{2-0.9}{0.9}=1.94$；$\varepsilon=\dfrac{9\gamma-5}{4}=1.906756$；$K_n=6$。

当真空压强<1.333×10^{-1}Pa 时，

$$Q_G = \frac{2\pi\times0.0265\times0.0242\times0.065(289-77)}{0.0265\ln\dfrac{0.0265}{0.0175}(1+2\times1.94\times6)} = 0.208\text{W}$$

当真空压强>1.333×10^{-1}Pa 时，

$$Q_G = \frac{2\pi \times 0.0265 \times 0.0242 \times 0.065(289 - 77)}{0.0265\ln\dfrac{0.0265}{0.0175}(1 + 2 \times 1.94 \times 1)} = 1.03\text{W}$$

稀薄气体的传热 Q_G受真空空间压强的影响很大，减小抽气流阻、有效提高真空度，是真空绝热容器的设计目标。考虑设置活性炭吸气剂，使静态真空的保持时间更长。

计算时选取稀薄气体的传热 $Q_G=1$W，真空压强可以小于 1.333×10^{-1}Pa。

2.5.3.3 电传输引线的导热 Q

PCB 板覆铜线传导热损失：

$$Q = \frac{\lambda A}{L}(T_2 - T_1) \tag{2-21}$$

式中 λ——$T_2 \sim T_1$间固体材料的平均热导率，电解铜的平均热导率 $\lambda_{300\sim77}=4.1\text{W}/(\text{cm}\cdot\text{K})$；

T_2，T_1——热、冷端的温度，$T_2=289$K(16℃)，$T_1=77$K；

L——导热长度，$L=1$cm。

$$Q = \frac{4.1 \times 4.5 \times 10^{-5}}{1} \times (289 - 77) = 0.0391\text{W} = 39.1\text{mW}$$

由表 2-4~表 2-6 可见，覆铜线宽取 0.1mm，长度 10mm，冷端温度控制在-100℃时，电传输引线的导热热损失 0.6W。覆铜线宽取 0.25mm，长度 10mm，冷端温度控制在-100℃时，电传输引线的导热热损失 1.5W。

表 2-4 热、冷端的温度（$T_2=289$K(16℃)，$T_1=77$K）

覆铜线宽/mm	覆铜线厚度/mm	截面积/cm²	导热长度/cm	传导热损失 Q/mW	70 根引线热损失 Q/W
0.25	0.018	4.5×10^{-5}	1	39.1	2.74
0.1	0.018	1.8×10^{-5}	1	15.6	1.09

表 2-5 热、冷端的温度（$T_2=289$K(16℃)，$T_1=240$K(-33℃)）

覆铜线宽/mm	覆铜线厚度/mm	截面积/cm²	导热长度/cm	传导热损失 Q/mW	70 根引线热损失 Q/W
0.25	0.018	4.5×10^{-5}	1	9.04	0.633
0.1	0.018	1.8×10^{-5}	1	3.61	0.253

表 2-6 热、冷端的温度（$T_2=289$K(16℃)，$T_1=173$K(-100℃)）

覆铜线宽/mm	覆铜线厚度/mm	截面积/cm²	导热长度/cm	传导热损失 Q/mW	70 根引线热损失 Q/W
0.25	0.018	4.5×10^{-5}	1	21.9	1.53
0.1	0.018	1.8×10^{-5}	1	8.56	0.599

连接器指形键合区的温度必须得到有效控制，设计目标温度选取 -100℃ (173K)，可使电传输引线的导热热损失小于 0.6W。可通过试验测量确定连接器指形键合区的温度。

2.5.3.4　热桥的导热

没有 RF-4、环氧（酚醛）层压布棒的热导率数据。

2.5.3.5　总的热损失

忽略环氧（酚醛）层压布热桥和连接器 RF-4 的热负载，以及灌注液氮后颈管的热损失。得到试验实测得到工艺杜瓦的热损失见表 2-7。

表 2-7　总的热损失

类　型	热负载/W	备　注
辐射传导	0.6	
稀薄气体传导	1	
覆铜线传导	0.6	
总的热损失	2.2	
允许最大热负载	2	液氮保持 1h
可接受的热负载	3	液氮保持 40min

改进技术途径有以下几个方面：

(1) 球形内胆。储存容积大表面积小，可以减小辐射传导的热损失。

(2) 多层绝热。镀铝涤纶薄膜多层绝热结构，有效抑制辐射传热的热损失。

(3) 活性炭吸气剂。提高静态真空度。

(4) 减小流阻。获得较高真空度。

(5) 采用 0.1mm 线宽的连接器，控制电传输引线的导热热损失。

(6) 增加连接器指形键合区到宝石衬底键合区之间的距离，减小电传输引线的导热热损失。

(7) 有效控制连接器指形键合区的温度大于-100℃ (173K)。减小电传输引线的导热热损失，试验确定可能的温度。

根据热负载的计算分析，考虑到可以采用的减小热负载的技术途径，在现有加工水平和条件下，有可能做出液氮（LN_2）保持 40min 的实用工艺杜瓦。上述减小热负载的几条技术途径除第一条外都可以采用。

2.6　微型金属杜瓦封装出现的突出问题

红外焦平面探测器封装技术随红外探测器发展而发展。先进红外焦平面探测器对冷屏蔽效率的要求越来越高，由于探测器芯片尺寸的增大，使得微型金属杜瓦封装的零件和部件增多，多层结构大尺寸冷屏和低温滤光片的应用，使得产生的微型金属杜瓦内部的各级组装连接应力变化、互连和穿过真空馈线互连的故障问题比探测器芯片自身的故障问题严重得多，已经成为红外焦平面探测器组件失效的主要因素。目前，封装出现的突出问题有：

（1）探测器杜瓦封装内部出现多余物，在成像光路中随机掠过视场形成探测热图像中的“黑斑”（或白斑、黑点、白点）异常现象，严重干扰影响目标探测和识别。

（2）由冷屏、滤光片产生的图像闪烁、水滴和模糊现象，暴露出图像传感器设计、工艺可靠性问题。

（3）交付产品中的部分产品在较短时间里出现杜瓦真空失效问题，真空故障直接影响产品有用寿命与降温时间。

（4）部分产品在进行环境适应性机械应力试验时，出现陶瓷、激光焊缝、冷屏等结构件断裂脱落现象，突出结构和连接强度不够的设计、工艺问题。

（5）因设计或工艺问题造成引线键合、电阻焊接不可靠，出现焊点脱落、引线断开等问题。

（6）高低温环境适应性试验导致光学平行平板产生热应力，由热适配引起成像质量恶化。

现有工艺可靠性水平不高，失效模式凌乱，问题层次低下，如断线、漏气、开裂、沾污、掉片、划伤、多余物等为主要失效模式，工艺质量参数检测控制技术水平低。应加强工艺可靠性研究，运用新技术、新材料、新工艺，针对主要失效机理进行设计、材料和工艺上的控制，达到微型金属杜瓦可靠性增长的目的。

2.7 分置式杜瓦与斯特林制冷器（机）的热耦合技术

2.7.1 内管密闭空间可能获得的真空压力

可以把制冷器（机）的膨胀机冷指看作是一个小型的低温泵，低温泵能够获得的极限真空压力由下式计算

$$P_{\mathrm{ult}} = P_{\mathrm{sat}} \frac{f_{(\mathrm{s-s})}}{f_{(\mathrm{g-s})}} \left(\frac{T_{\mathrm{g}}}{T_{\mathrm{s}}}\right)^{\frac{1}{2}} \tag{2-22}$$

式中 P_{ult}——低温泵可得到的极限压力；

P_{sat}——温度为 T_{s} 凝结体的饱和蒸气压；

$f_{(\mathrm{g-s})}$——温度为 T_{g} 的气体在温度为 T_{s} 表面的吸附系数，气体分子撞击很低温度表面时，$f_{(\mathrm{g-s})}$ 可能很高，达 0.8~1；

$f_{(\mathrm{s-s})}$——温度为 T_{s} 的气体在同温度表面上的凝结系数。

因为只有系统的一部分处于温度 T_{s}，所以极限压力略高于 T_{s} 所对应的饱和

压力。在杜瓦瓶与斯特林制冷器（机）耦合后的内管密闭空间中，因为$f_{(s-s)}$和$f_{(g-s)}$都趋近于1，所在温度$T_g=300K$和$T_s=80K$时，$P_{ult}/P_{sat}=1.94$。当制冷器（机）工作时干燥的空气或氮气的温度会降低，温度T_g是一个难以确定变量，比值P_{ult}/P_{sat}趋近于1。

在液氮温度（77K）下，氮气、氧气和一氧化碳等气体的饱和压力仍处在大气压时的分压力值。大气中氮气占78.08%（体积），分压力为5.95×10^2Torr；氧气占20.95%（体积），分压力为1.59×10^2Torr。根据理想气体的道尔顿定律，杜瓦瓶与斯特林制冷器（机）耦合后内管密闭空间中气体的饱和压力为7.54×10^2 Torr。由此来看，把制冷器（机）的膨胀机冷指看作是一个小型的低温泵，其抽气的能力是很小的。

当制冷器（机）工作时，内管密闭腔里的干燥空气或氮气的温度降低，压力的变化可以由气体状态方程来描述，由于难以知道内管密闭腔里干燥空气或氮气的准确温度，根据查理定律近似得到可能获得的真空压力$P_t=(T_t/T_0)P_0=(80/300)\times760=2.03\times10^2$Torr。可以看出，杜瓦瓶与斯特林制冷器（机）耦合后内管密闭空间中气体压力降低的程度是有限的，仅仅能够获得较好的粗真空（760～10Torr）。

2.7.2　气体热传导耦合热负载的近似计算

在杜瓦瓶与斯特林制冷器（机）耦合后的内管密闭空间中，对于20℃的空气分子平均自由程$\lambda=6.667\times10^{-3}/P=6.667\times10^{-3}/(2.03\times10^2\times133)=2.47\times10^{-7}m=2.47\times10^{-1}$μm。当气体温度降低，分子的平均自由程也随之减小。在分离式杜瓦瓶结构中，制冷器（机）的膨胀机冷指与杜瓦瓶内管之间的耦合间隙不可能做得很小（10^{-1}μm），耦合后内管密闭空间中虽然可以获得一定的真空，但是空气（或氮气）分子的平均自由程还是远小于耦合间隙，仅仅消除大部分气体的对流换热和减小气体热传导，并不具有气体的分子流传热特性，气体热传导与内管密闭空间的压力无关，气体热传导的漏热仍然由常压下（或粘滞态）气体热传导的计算方法来处理，可以由下式计算得到

$$Q=2\pi KL\frac{T_2-T_1}{\ln\frac{r_2}{r_1}}\tag{2-23}$$

式中　Q——制冷器（机）的膨胀机冷指与杜瓦瓶内管壁之间气体热传导的热负载，W；

K——气体的热导率，W/(m·K)，对于0℃的空气，$K=0.0242$W/(m·K)；

L——膨胀机冷指的长度，m；

r_1，r_2——分别为膨胀机冷指和杜瓦瓶内管的半径，m；
T_1，T_2——分别为膨胀机冷指和杜瓦瓶内管的温度，K。

如果将0℃空气的热导率和图2-7中的结构尺寸代入上式，当温度差为10K时，可以计算得136mW的热负载。由式（2-23）可以看出，减小气体热传导的耦合热负载，可以通过减小膨胀机冷指和杜瓦瓶内管的温度差来实现，因而要求分离式杜瓦瓶与膨胀机冷指之间的机械接口具有良好的气密性。其次制冷器（机）的膨胀机冷指与杜瓦瓶内管之间的耦合间隙越小越好，当杜瓦瓶内管直径是膨胀机冷指直径的2倍时，气体热传导的耦合热负载可增加近1.5倍。

2.7.3 内管密闭空间可能的最大升压率与漏气率

杜瓦瓶与斯特林制冷器（机）耦合后内管密闭空间仅仅能够获得较好的粗真空（2.03×10^2Torr）。由于存在密闭空间表面出气和机械接口密封不可靠等气体源，其真空空间的压力随经历的时间而变化，可以由下式描述压力的变化速率：

$$R = \frac{P_t - P_0}{t} \tag{2-24}$$

内管密闭空间可能的最大漏气速率由下式给出：

$$q = RV = \frac{P_t - P_0}{t}V \tag{2-25}$$

式中 q——内管密闭空间的最大漏气率（各种气体源的总和），Pa·L/s；
R——内管密闭空间的最大升压率，Pa/s；
P_0——制冷器（机）工作时内管密闭空间可能获得的压力，Pa，近似的 $P_0=2.7\times10^4$Pa；
P_t——制冷器（机）工作后 t 时刻的压力，Pa；
t——制冷器（机）工作后经历的时间，s；
V——内管密闭腔真空空间的容积，L，按图1中的结构尺寸计算得 $V=4.71\times10^{-3}$L。

如果制冷器（机）工作4h，内管密闭空间气体的压力回升到大气压760Torr，则允许的最大漏气率为1.82×10^{-4}Torr·L/s；如果制冷器（机）工作24h，则允许的最大漏气率为3.04×10^{-6}Torr·L/s。考虑到内管密闭空间仅仅能够获得较好的粗真空和探测器/杜瓦瓶/制冷器（机）组合实际使用的要求，设计允许的最大漏气率可以为10^{-6}Torr·L/s或更低，要求分离式杜瓦瓶与膨胀机冷指之间机械接口具有良好的气密性。

2.7.4 制冷器（机）与杜瓦瓶之间的机械接口设计

制冷器（机）的膨胀机冷指与杜瓦瓶内管壁之间气体热传导的漏热达到几

十或近百毫瓦，这部分热负载不能忽视。减小或消除制冷器（机）与杜瓦瓶之间的耦合热负载，是机械接口设计时必须慎重考虑的技术问题。归纳起来必须注意以下几个方面：

(1) 必须有效地控制内管的热传导，选用热导率小的材料，注意内管与室温零部件的隔热设计。

(2) 有效控制探测器到膨胀机冷指端之间由传导和接触热阻引起的温差产生的热负载。

(3) 要求分离式杜瓦瓶与膨胀机冷指之间的具有良好的气密性。

(4) 制冷器（机）的膨胀机冷指与杜瓦瓶内管之间的耦合间隙越小越好。

(5) 必须考虑制冷器（机）机械振动产生的颤噪，避免探测器耦合机械振动。

(6) 分离式杜瓦瓶内管和膨胀机冷指表面必须清洁无污染物，消除或减小密闭空间的气体源。

(7) 在干燥空气或氮气环境中进行耦合装配，减少内管里的水气。

2.8 高可靠性封装共性技术

2.8.1 红外焦平面探测器的封装结构可靠性设计

红外焦平面探测器的可靠性设计是依据可靠性的相关指标要求和需要实现给定的功能，采用各种方法对封装结构进行设计研究，确定封装的组成形式和材料参数。一般来说，探测器的封装设计需要经过三个阶段：第一阶段是寻找器件产生失效的根本原因，明确可靠性指标；第二阶段是根据已有材料参数进行合理化修正或者更改结构，通过实验进行验证；第三阶段是进一步优化设计并且降低制造成本和难度。基于探测器日益趋向于小型轻量化和大面阵拼接使得其设计和生产过程变得更加复杂，与此同时考虑探测器芯片本身的性能、可靠性和成本，这些都驱使着对可靠性设计尤其是热应力方面提出了更高的要求。

红外探测器封装的可靠性主要用来评价探测器封装体系抵御器件功能退化的能力，可靠性是探测器设计制造过程中的重要研究内容，而不是器件设计制造完成之后的附加研究工作。目前可靠性是要依靠设计、制造出来的观点已经被广泛接受，图 2-10 所示为器件封装可靠性的设计关系图。

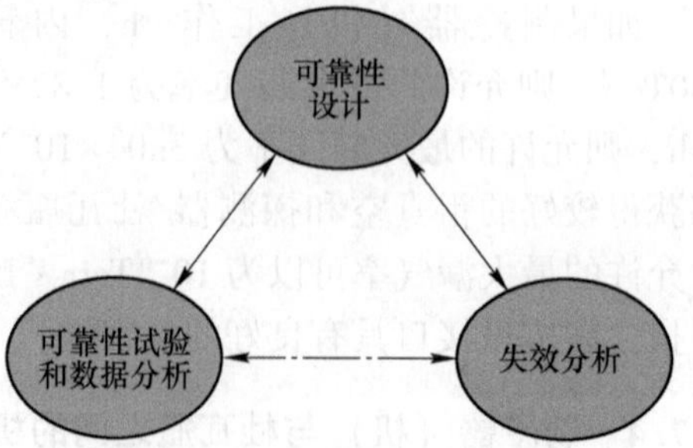

图 2-10　红外探测器封装可靠性设计关系图

红外探测器封装失效的主要模式

见表2-8。比较常见的失效机理有引线键合失效、芯片结温度过高以及芯片发生机械损伤等。碲镉汞红外焦平面探测器通常为多层结构体系，它是由Si、GaAs、CdZnTe基碲镉汞探测器芯片，铟柱互连区，Si读出电路，引线基板（一般是宝石片、陶瓷等）和金属冷平台支撑层组成，其封装热失效问题尤其突出。多层结构体系中HgCdTe探测器芯片与Si读出电路之间的电学、热学以及机械连接是通过倒焊的方式实现的，如此便可以实现红外信号获取和信号处理功能的双重目的。采用这种倒装焊技术虽然缩短了芯片之间互连线的长度，提高了组装的密度，但是却导致功率密度增大；与此同时，探测器芯片和读出电路也朝着超大规模面阵的方向发展，其自身的功率密度就比较大，这就导致多层材料体系的发热量增加，最后将使得组件内部的温度急剧上升；另外，封装轻量化和体积缩小的要求又使得散热面积相对变小，热阻随之增加，如果设计结构和选择的材料不够合理，在器件工作时无法将产生的热量散发出去，其结果必然是组件内部形成过热区域或者过热点集中，最终导致封装失效。多层结构组件体系不合理的设计将引发一系列安全问题，比如由于局部过热使得元器件性能变差，温度分布差异太大影响器件的信号传输特性，以及最为常见的是各层材料热膨胀系数不同所导致的热应力，这将会使得材料层产生翘曲，表面产生裂纹，甚至会破坏电路使其失效。

表2-8 主要失效模式

失效模式	物理失效模式
短路	引线发生位移，电介质击穿，温度过高，腐蚀等
开路	引线键合失效，疲劳裂纹，机械损伤，接触式断裂，内部微小孔洞等
电路带干扰	接触不稳定，温度分布不稳定等

热失配形变现象普遍存在于探测器组件封装过程，热失配现象的宏观表现是材料层发生不同程度的弯曲形变，这和材料层的尺寸结构、材料本身的特性以及环境温度等有关，并且探测器热应力会随着其中某个或者某些因素的改变产生相应的弯曲形变，它们之间通常情况下存在着一定的对应关系。多层结构体系中产生应力的原因比较复杂，但大致可以分为以下三种：

第一种为内应力，在材料生长过程中，由材料的位错和缺陷等问题影响产生。

第二种为热应力，由材料层之间的热膨胀系数的差异产生。

第三种为外应力，主要受外界的环境因素影响。

一般情况下，第一种情况的内应力比较稳定，可以通过优化薄膜制造工艺来去除，通常在应用时不予考虑。第三种情况受外界影响因素太大。由于在红外探测器的制造过程和应用中会处于很大的温度变化环境范围，此时材料层与材料层之间将会发生热失配而产生热应力，因此第二种情况的热应力是红外应用过程中着重考虑的主要应力形式。

由于几十个线列红外焦平面探测器需要在杜瓦内集成，导致组件总规模进一步增大，超大规模线列红外焦平面探测器组件集成封装技术，是红外焦平面技术未来发展的重要方向之一。随着红外探测技术的不断发展，红外焦平面探测器的波段种类、像元规模、杜瓦封装结构以及制冷方式都存在着显著变化，具体包括以下三方面：

（1）从单一的长波红外、小规模线列红外探测器向多波段的线列或大面阵中等规模焦平面探测器发展，并向着多波段、多色、偏振的长线列/超长线列及大面阵/大面阵的超大规模红外焦平面探测器发展。

（2）杜瓦封装方式从玻璃-金属杜瓦、微型全金属杜瓦向全金属的长线列或大面阵的超大规模红外焦平面杜瓦/冷箱发展。

（3）随着探测器规模的增加，探测器的焦耳热以及组件杜瓦的热负载也大幅度增加，对制冷量提出了更高的要求，制冷机也从微型节流制冷器向着大冷量的斯特林制冷机及脉管制冷机发展。

超大规模线列红外焦平面杜瓦封装的关键技术主要包括超大规模线列红外焦平面探测器高精度拼接技术、超大规模线列红外焦平面杜瓦冷平台结构的优化设计及其与制冷机的高效热耦合技术、超大规模线列红外焦平面杜瓦组件轻量化技术等。

红外探测器封装杜瓦结构如图 2-6、图 2-10、图 2-11 所示，红外焦平面探测器芯片一般贴装于杜瓦冷指的冷端之上。杜瓦冷头部分有光阑、探测器芯片、框架、结构件和冷台等多种结构，各部分一般用粘接剂粘接。红外焦平面探测器工作时温度从常温降低到 80K 以下，由于各结构材料间的参数（如线膨胀系数、杨氏模量等）存在差异，各组成材料间会出现低温下的热失配现象，产生较大的内应力。这不仅容易造成红外焦平面探测器芯片损伤，而且还会导致杜瓦冷头部分的结构在低温下的破坏，发生冷头零部件脱落的问题。因此，红外焦平面探测器冷头部分零部件粘接后的低温应力是影响红外探测器组件可靠性的关键因素之一。杜瓦冷头部分与杜瓦冷指之间由于材料性质差异较大，是工程应用中最容易失效的地方。

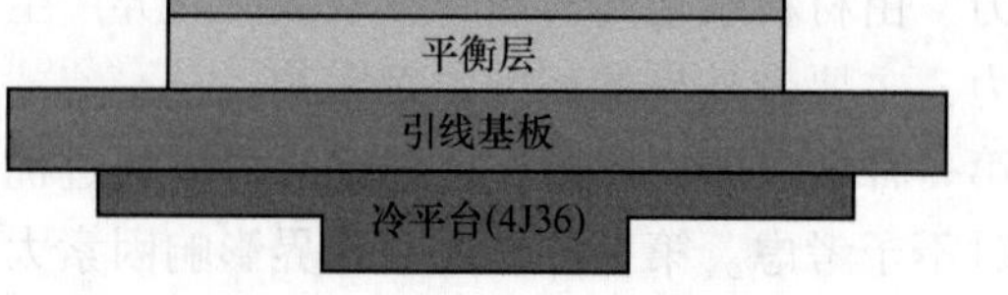

图 2-11 探测器封装结构示意图

无论粘接结构处于何种环境中，其破坏形式主要有三种，即内聚力破坏、界面破坏及混合破坏。而具体发生破坏的主要原因有粘接剂强度、基材本身强度及粘接界面强度。内聚力破坏包括胶层内聚力破坏和基材内聚力破坏；界面破坏是粘接剂与基材之间的粘接失效，而粘接剂和基材本身不发生破坏；混合失效是指同时发生两种及以上的失效形式。红外探测器杜瓦冷头部分的设计需要考虑的因素很多，如探测器芯片低温 77K 下的应力和变形、探测器芯片的温度均匀性、探测器组件的启动时间等。这些会直接影响探测器使用性能的温度均匀性。国内外制造商和实验室大量的实践经验表明，杜瓦冷头部分设计可选用的材料很少。在杜瓦冷头部分的设计中，不仅需要考虑粘接结构的粘接强度，尽量发挥粘接剂的最优性能；同时还需要重点考虑低温下的应力分布情况，防止发生粘接剂和基材本身的内聚力破坏。

2.8.2 基板技术

陶瓷装载基板安装在制冷器（机）冷指端，置于真空、低温 80K 环境使用，温度控制和均匀性要求优于 0.1K，支撑焦平面阵列、Si 读出集成电路、冷屏、滤光片、键合引线、粘接剂等。通常采用粘接剂把陶瓷装载基板粘接在冷指密封金属端面上，粘接剂形成较大的热阻会增加降温时间，且在封装腔体中溢出气体影响真空寿命。蓝宝石陶瓷基板有高的热导率和扩散率，可以使得焦平面阵列与制冷器（机）冷指之间的温度差低于 1K，也有采用 Al_2O_3 和 AlN 陶瓷的。结构连接粘接可靠性设计，粘接工艺，粘接强度，粘接热阻，粘接剂真空出气，出气污染器件、光路。陶瓷装载基板封装具有高可靠、耐高频、耐高低温、高气密性的特性，最常使用的有 Al_2O_3、AlN 和 SiC 等材料。

封装基板作为红外焦平面探测器封装的载体，为焦平面阵列和 Si 读出集成电路芯片提供电连接、保护、支撑和传热。受到电、热、尺寸、功能性以及周期成本的综合驱动，封装基板向着薄厚度、高散热性、精细线路、高集成度、短制造周期方向发展，对先进基板提出了提高布线密度、减小线宽线距、减小尺寸与重量、改善热性能的要求。目前，先进封装基板的研究方向主要有工艺改进、精细线路，以及倒装芯片球栅格阵列封装基板。红外焦平面探测器陶瓷装载基板的设计规则如下：

（1）多种可用材料的比较和热特性理论分析计算。氧化铝（95、白宝石）、氮化铝、金属铝表面陶瓷化技术，氧化铍等电子封装陶瓷，制造工艺技术。

（2）热质量（热容量）、比热容、热导率，这些热物性与温度均匀性和热响应时间相关。热阻有传导热阻、接触热阻。一般设计常数为常温数据，非 80K 测量数据。

（3）加工特性，几何特征要求包括平面度、平行度、粗糙度。

新一代高性能制冷型红外探测器，除了需要设计非常小的像元间距以保证红外焦平面阵列的尺寸足够小，还需要达到降低成本、提高性能的目的。这就对微型金属杜瓦冷端组装技术提出更高要求，封装基板为红外焦平面探测器的低温工作提供良好平台及光、机、电、热传输通道，是高性能焦平面探测器封装的关键工艺技术。减少冷端结构材料和粘接热阻对降温时间的影响，可满足真空完善性要求，达到工程化长寿命的目的。

红外成像制导导引头用探测器的封装要求提供快速启动工作和承受高过载荷的封装结构，降温时间有严格的要求，要求全温区-50～+60℃达到或小于10s，这就对微型金属杜瓦内管冷端组装技术提出更高要求。法国SOFRADIR公司用的杜瓦50mL，可用J-T节流制冷器和标准斯特林制冷器（机），使用J-T节流制冷器的制冷降温时间小于3s；用于前视红外系统的杜瓦可以兼容J-T节流制冷器和标准斯特林制冷器（机），制冷降温时间小于2min。美国德克萨斯仪器公司导弹寻的器的集成式杜瓦的制冷时间小于9s。Inframettrics公司的InfraCAMTM通用平台使用集成式杜瓦，其制冷时间小于7min。

微型金属杜瓦与红外焦平面阵列芯片直接接触的部分是陶瓷装载基板，基板为上层的红外焦平面阵列芯片提供机械支撑、电气互联和热传递等功能，陶瓷装载基板是杜瓦封装的关键部件，对高低温适配性、导热率、结构强度、材料的低放气率要求更为严格，随着电路处理能力提升及数字化电路的发展在高频抗干扰、低介电常数、大功率散热方面也会有更高的要求，性能要求极高。需要满足：

（1）机械强度高，环境适应性强，能够经受一定的机械负载和温度冲击；

（2）电阻率高，绝缘性好，能够在高频环境下满足极高的电绝缘要求；

（3）介电常数小，高频延时对信号影响小；

（4）热膨胀系数与芯片衬底材料相近；

（5）导热系数高；

（6）化学性能稳定。

碲镉汞红外焦平面探测器封装结构由碲镉汞芯片、铟柱互连层、硅读出电路、平衡层、引线基板和金属冷平台组成，封装结构如图2-11所示。红外焦平面探测器通常在室温（300K）下封装和存储，在深低温环境（77K）工作。当探测器的温度由室温快速降到深低温工作环境时，由于不同材料之间弹性模量以及线膨胀系数的差异，将导致相邻材料间变形不协调，使得整个结构内部产生较大的热应力，会严重影响探测器的正常工作状态甚至导致其失效。4J36合金又称殷钢或因瓦合金（Invar），是典型的低膨胀合金，在一定温度范围内具有良好的塑性、韧性和较低的线膨胀系数。该合金能够较好地减少封装结构之间的低温变形，被广泛地用作探测器封装结构的冷平台材料。

碲镉汞焦平面探测器杜瓦组件的物理结构如图 2-12 所示。图 2-12（a）为台面型的光伏探测器单像元结构示意图，图 2-12（b）为封装结构电气互连示意图。碲镉汞焦平面阵列与硅读出集成电路通过铟栅阵列倒装互连，用粘接剂连接到陶瓷基板，形成探测器芯片。探测器芯片用粘接剂连接到制冷器（机）的冷头上。由于这几种材料热膨胀系数的差异，探测器芯片高低温度循环热适配引起的应力会造成碲镉汞材料的损伤或铟栅阵列失效，国内外主要制造商都在研究解决这个问题的办法。因其各层封装材料的热膨胀系数（coefficient of thermal expansion,CTE）不匹配，结构间互相约束而不能自由变形，会在组件中产生一定程度的热机械应力及翘曲变形。芯片尺寸越大，形变越严重，严重时会导致材料出现断裂损坏，加速红外焦平面探测器失效。由于材料热膨胀系数、弹性模量的差异，当探测器模块上的温度由室温降至 80K 的低温工作温度时，材料之间的热失配必然导致在整个模块上产生一定的热应力和低温形变，碲镉汞（HgCdTe）红外探测器的温度循环可靠性因此受到不同程度的影响。杜瓦瓶真空设计及装配技术中，在冷指的冷端加入 AlN 陶瓷平衡层能够有效改善大面阵焦平面阵列探测器芯片的变形和热应力，焦平面探测器芯片的形变量和最大热应力明显降低，通过调节 AlN 陶瓷平衡层的结构，可以进一步优化焦平面探测器杜瓦组件的可靠性。4J36 合金具有极低的膨胀系数且材料焊接性能较好，广泛应用于封装结构中的冷平台部分。

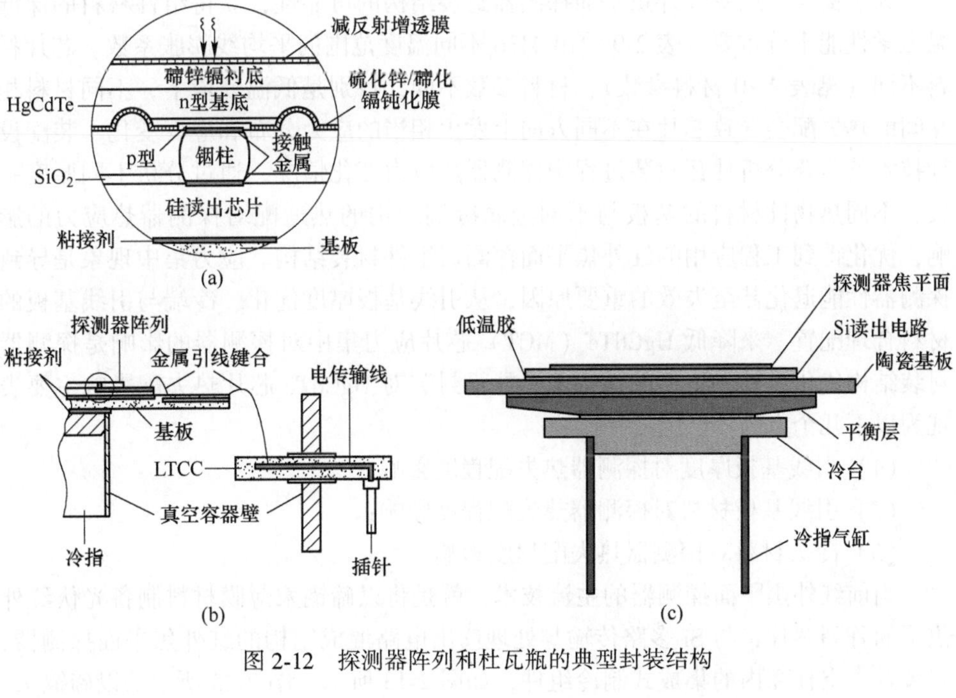

图 2-12 探测器阵列和杜瓦瓶的典型封装结构

红外焦平面探测器制冷组件工作时红外焦平面从自然环境温度降至低温80K，结束工作时红外焦平面从工作温度升温恢复到自然环境温度，在寿命期内将经历数千甚至上万次的温度循环。红外焦平面在室温与工作温度之间变化时（+23℃→-193℃→+23℃），必然会产生热应力，温度变化速率通常都大于40℃/min。冷头部分是由各种材料构成的层状结构，红外焦平面与硅读出电路通过铟栅阵列倒装焊接互连，用粘接剂连接到陶瓷基板形成探测器芯片，探测器芯片与制冷器（机）冷指用粘接剂连接为一体。这些材料的热膨胀系数各异，封装材料、尺寸和结构等设计参数热匹配适当，高低温度循环引起的应力，会造成碲镉汞材料的损伤或铟栅阵列互连失效，导致红外焦平面无效像元递增或破裂。在多次重复的开关机过程中，制冷器（机）会对探测器进行降温和回温，热膨胀系数和导热率不同的多层复合结构组成的探测器由于热失配的作用会经受不断变化的热应力和形变的影响。当热应力超过一定程度时，探测器会发生粘接失效，甚至芯片断裂等失效现象，从而严重影响其使用寿命。

对相同类型红外焦平面进行大量工作温度循环，发现当致冷循环数累积到几百次时，开始频繁失效。在产品出厂前，经历 50 次或 100 次温度循环筛选，红外焦平面探测器制冷组件的性能稳定性会有较大的提高。现有技术水平下，开关机温度循环产生的热应力破坏，具有累积效应的特性，过度温度循环考核不利于产品的长寿命。有标准推荐红外焦平面阵列开关机寿命试验的开关机次数为 300 次。

为了提高碲镉汞红外焦平面探测器封装结构的可靠性，获得组件材料的深低温力学性能十分重要，表 2-9 给出 4J36 不同温度范围的平均线膨胀系数。芯片材料不同（见表 2-10 材料参数），材料参数不同，特别是低温环境下，不同材料相互间的热失配会导致芯片在不同方向上发生相当的应力分布和应变变化。装配设计技术就是要分析杜瓦封装过程中探测器热应力变化情况，通过分析不同厚度基板、不同热物性材料的基板与不同金属冷端结构的热适配对探测器热应力的影响，优化得到工程应用的红外焦平面探测器组件封装结构。应力集中现象是导致探测器性能退化甚至失效的重要原因，从引线基板厚度优化、冷端与引线基板的材料合理配置，来降低 HgCdTe（MCT）芯片应力集中对探测器的影响是探测器封装结构优化设计的重要关键技术。杜瓦封装对 HgCdTe 芯片热失配影响主要表现为以下几个方面：

（1）引线基板厚度对探测器热失配程度影响；

（2）引线基板材料对探测器热失配程度影响；

（3）冷头材料对探测器热失配程度影响。

当前红外焦平面探测器的主流技术，就是将以碲镉汞薄膜材料制备光伏红外焦平面阵列芯片，与 Si 多路传输与处理读出电路混成结构的红外焦平面探测器，封装在真空杜瓦内的集成式制冷组件，如图 2-13 所示。图 2-13 所示的以碲镉汞

表 2-9 4J36 不同温度范围的平均线膨胀系数

温度范围/K	平均线膨胀系数/K^{-1}
300~273	1.82×10^{-6}
300~253	1.89×10^{-6}
300~233	1.95×10^{-6}
300~213	2.05×10^{-6}
300~144	2.33×10^{-6}
300~77	2.08×10^{-6}
300~4.2	1.70×10^{-6}

表 2-10 几种材料的热膨胀系数和弹性模量

材　料	平均单性模量/GPa	平均热膨胀系数/K^{-1}	泊松比	晶格常数/nm
HgCdTe	60	5×10^{-6}	0.3	0.6466
CdZnTe	22	4.62×10^{-6}	0.3	0.6465
Si	130	2.8×10^{-6}	0.28	0.5431
α-Al_2O_3	390	4×10^{-6}	0.25	
GaAs	85	4.07×10^{-6}	0.31	0.5654
In	0.12	30×10^{-6}	0.45	
环氧树脂	38	62.6×10^{-6}	0.3	
粘接剂	3.48	59.8×10^{-6}	0.36	
因瓦（Invar）4J36	200	1.38	0.3	
柯伐（Kovar）4J29	200	7×10^{-6}	0.3	
SiC	4.7	3.7×10^{-6}	0.19	

探测器芯片、互连铟柱、硅读出电路、低温粘接胶、引线基板，以及金属支撑结构组成的多层材料体系为结构特点的线列、面阵碲镉汞红外焦平面探测器通常是在常温（300K）下封装、存储的，其需要在深低温环境条件（80~100K）下工作，材料间热失配是影响探测器响应率、响应率不均性、噪声等性能，以及影响探测器可靠性最为常见，也是最为严重的因素，在失效模式上主要表现为焦平面器件性能下降、互连铟柱脱开和芯片断裂。

在红外焦平面探测器的封装过程中，探测器芯片与硅读出电路首先倒焊互连，然后利用环氧胶将其粘接到引线基板上。Si 基探测器芯片与 Si 电路完全热匹配，可有效解决探测器芯片与硅电路间热失配导致的可靠性问题，是大规模、低成本红外焦平面探测器发展的一个重要方向；CdZnTe 材料与 HgCdTe 材料同为

图 2-13　红外探测器杜瓦封装结构

闪锌矿结构，通过材料中锌组分的调整，可以达到与 HgCdTe 材料晶格的完全匹配，是制备高性能红外焦平面器件的关键衬底材料。硅基探测器中探测器芯片与硅电路间虽然热匹配非常良好，但由于引线基板的影响，探测器结构上的低温形变和热应力大小均发生了变化，调节引线基板热膨胀系数、弹性模量和厚度等参数可在较大范围内改变探测器结构上的形变程度和热应力水平，因此硅基探测器只需通过选择合适的引线基板以及相应厚度上进行控制便可达到结构优化的目的。CdZnTe 基探测器结构上的热应力水平较硅基探测器高得多，这主要源于探测器芯片与硅电路间热失配，同时也与引线基板性能参数、结构尺寸相关，热膨胀系数较大的类 CdZnTe 基探测器结构优化的关键在于调节和控制硅电路与探测器芯片之间的热匹配程度。表 2-10 给出几种材料物性和参数。

HgCdTe/Si/α-Al_2O_3三层结构在低温下沿水平方向的应力分布如图 2-14 所示，其垂直方向的应力和剪切应力比水平方向约小一个量级。图中正值为张应力，负值为压应力，为了显示效果，图中的应变放大了 20 倍。虽然 HgCdTe 的热膨胀系数大于 Si，但由于 α-Al_2O_3的热膨胀系数和 HgCdTe 接近，其弹性模量大于 Si 和 HgCdTe，故在低温下使整个结构产生了中间向上的应变，HgCdTe 全部受到张应力，除了两端外，水平方向应力分布基本上是均匀的。在这 3 种材料中，HgCdTe 强度最低，极易受到损伤，实验结果表明，这种结构往往经过一次或多次高低温循环后，HgCdTe 就发生裂片或互联失效现象。

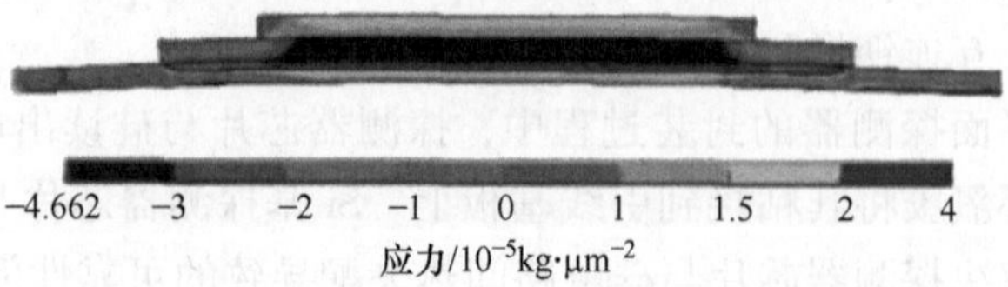

图 2-14　HgCdTe/Si/α-Al_2O_3三层结构在低温下的沿水平方向的应力分布

混合式红外焦平面器件是在室温下将 HgCdTe 探测器倒装对焊在 Si 读出集成电路上，利用铟凸点的冷压焊接（或热压焊接）实现电气和机械的连接。工作时器件的温度由室温下降到液氮温度 77K，有 200K 左右的温度差。由于 Si 在 40℃时热膨胀系数为 $2.6\times10^{-6}K^{-1}$，20℃时铟热膨胀系数为 $33.0\times10^{-6}K^{-1}$，而在 27℃时 HgCdTe 的热膨胀系数为 $5.1\times10^{-6}K^{-1}$。在 77K 时，Si 的热膨胀系数为 $4\times10^{-7}K^{-1}$，而 HgCdTe 的热膨胀系数为 $1.2\times10^{-6}K^{-1}$；在 150K 时，HgCdTe 的热膨胀系数为 $5\times10^{-6}K^{-1}$，300K 时 HgCdTe 的热膨胀系数为 $5.3\times10^{-6}K^{-1}$，因而热膨胀失配将使铟焊接点经受剪应变的作用。器件频繁地工作应变实际上是周期地起作用，周期作用的应变易导致焊接点可靠性失效。如果增大器件尺寸，位于芯片边缘处的焊接点将受到更大的剪应变。剪应变是限制器件成品率和芯片尺寸的主要因素。

Si 读出集成电路和 HgCdTe 芯片温度下降时引起的伸长或缩短，由膨胀定律求得

$$\Delta l = \alpha \Delta T L \tag{2-26}$$

式中 Δl——温度引起的伸长或缩短；

α——热膨胀系数；

ΔT——温度差；

L——Si 读出集成电路和 HgCdTe 芯片常温下的长度。

器件工作时铟柱的受力如图 2-15 所示，平衡时总的力和力矩为零。剪应变由下式确定

$$\gamma = \lambda / h \tag{2-27}$$

式中 γ——剪应变；

λ——铟柱的切变位移，$\lambda = (\Delta h_{HgCdTe} - \Delta h_{Si})/2$；

h——铟柱的高度。

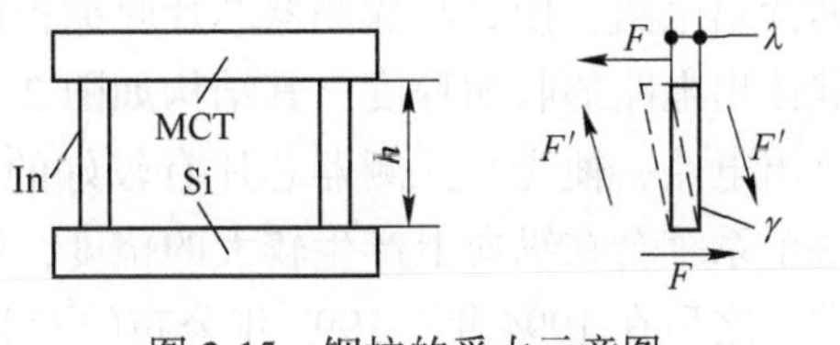

图 2-15 铟柱的受力示意图

固体在破碎之前理论上能被伸长（应变）大约 11%，如果固体的伸长刚好小于上述应变，那么当外力被移走时固体会回复到初始状态。在实验上观察到的情况并不完全是这样。多数多晶材料的弹性限度仅为 0.2%，超过这个范围便发生塑性变形。在弹性变形范围内忽略铟柱热膨胀的伸长或缩短变形，由式（2-26）可以求得热膨胀失配条件下的最小铟柱高度 h。

铟在低温下仍能保持良好的延展性、柔韧性，适合探测器芯片与读出电路之间的互连，但机械强度较低。在不填充低温胶情况下，高度高的铟柱可以缓和探测器芯片与硅读电路之间的热失配，但较高的铟柱会使机械连接强度较低，使得整个探测器模块不符合振动可靠性的要求，同时也增大了连接铟柱上的寄生电

容，不利于后端读出电路的设计和正常工作。目前红外焦平面探测器中铟柱高度均较小，一般约为 10μm，且在铟柱区填充入低温胶以增强探测器芯片和读出电路之间的连接强度，适当改变铟柱高度和互连铟柱结构可以提高红外探测器温度可靠性。

随着红外探测器的高速发展，红外探测器芯片的像元规模也越来越大。由于红外探测器芯片尺寸越来越大，芯片在受到温度冲击后更容易产生损伤，影响探测器性能，甚至导致芯片失效。这是因为各种材料的热膨胀系数存在差异，以及红外探测器芯片在同一水平面内的温度不均匀。当红外探测器上的温度由室温降低至 80K 低温工作环境时，材料之间的热膨胀系数不匹配产生的热应力或者同一水平面的温差较大，会导致整个装载冷头结构产生低温形变。在多次高低温循环冲击作用下，红外探测器芯片由于受到较大且不断交变的热应力和形变的影响而容易疲劳断裂失效。针对热适配的有效解决方法是设计多层结构的装载冷头，通过金属、陶瓷结构件的材料、形状、尺寸和功能匹配来降低红外探测器芯片上的热应力和热变形。在长线列、大面阵的碲镉汞红外焦平面探测器中，热失配导致的失效现象会更加明显。对于探测器封装结构热失配情况的定量化表征、控制和调节是第二、三代碲镉汞红外焦平面探测器发展过程中面临的关键技术问题。

在 1991 年公布的一个美国专利中提出，在探测器芯片和硅读出电路倒焊好之后，在硅读出电路背面引入一层高热膨胀系数的材料，低温时（80K）用于压缩读出电路，使之与探测器芯片收缩程度相匹配，通过改变引入层的厚度来调节硅读出电路的收缩程度，其结构如图 2-16（a）所示，此方法可以有效地压缩硅读出电路，使之与探测器芯片有较好的热匹配。但因为各层热膨胀系数的差异，整个系统会在纵向上产生较大的挠度，可能会无法满足探测器模块最小挠度的要求。之后在 1994 年、1997 年公布的专利中这个问题得到了解决，这两个专利不仅引入了高热膨胀系数的压缩层，还在压缩层的底部又引入了一层平衡层，使之与硅读出电路形成对称，在温度变化时系统不产生挠度，且可以有效地对硅电路热收缩程度进行控制，如图 2-16（b）所示。通过在硅读出路背面引入一层高热膨胀系数的压缩层，用其压缩硅读出电路，使之与探测器芯片收缩相一致，并在高热膨胀系数压缩层的底部引入一平衡层来减小系统挠度的平衡复合结构方法可以有效提高背入射红外焦平面探测器温度循环可靠性。美国 Rockwell 公司的 1024×1024 短波红外焦平面阵列通过在其宝石片处延衬底底部引入一层复合平衡层，在光电性能保持不变的情况下经受住了几百次的温度循环，此方法也成功地应用于该公司更大规模 2048×2048 红外焦平面探测器上，其结构如图 2-17 所示。

因此，要解决热适配问题，就要对红外探测器的结构进行优化设计和改进。通过对器件结构增添新的材料层或者更换材料层的厚度和材料本身等参数可以改变应力在探测器中的分布情况。在结构优化过程中，根据实际情况寻求降低热失

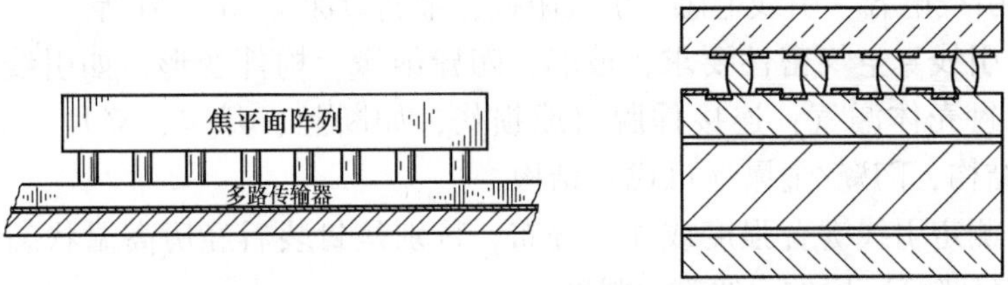

(a) (b)

图 2-16 加入压缩层或加入压缩层、平衡层示意图

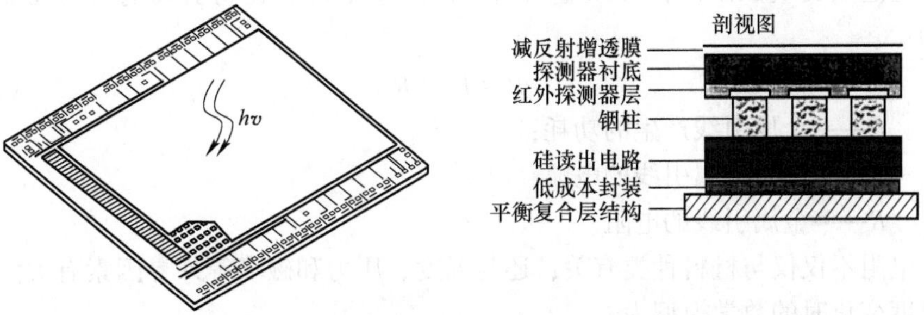

图 2-17 Rockwell 公司 1024×1024 短波焦平面阵列增加复合平衡层结构

配的最佳方案可使得其可靠性在温度循环试验中得到提高。比较典型的结构优化方案是增加复合平衡层，该方法在硅读出电路背面引入具有高热膨胀系数的压缩层以及在压缩层底部引入平衡层。压缩层主要用于压缩读出电路，使得其在温度下降过程中和衬底的收缩程度相近；平衡层主要是用来平衡温度变化时压缩层产生的挠度，从而有效控制硅读出电路的弯曲程度。结构优化的优势在于可以不改变器件原有工艺并且能够从根本上将芯片和互连铟柱之间的应力减小，但是当探测器的尺寸增加到一定规模时，仅仅依靠该方法完全解决由热应力引起的可靠性问题比较困难，此时可将前几种解决方式结合起来综合考虑。

2.8.3 电气互连技术

电气互连金属引线是微型金属杜瓦的重要组成部分，其作用是将外部的数字信号、模拟信号引入，并将探测器组件的输出信号引出，承担了连接微型金属杜瓦真空内红外焦平面阵列芯片和外部接口电路的桥梁作用。

电气连接可靠性设计包括电特性参数、结构、真空气密性、出气等的健壮设计，可靠性预计、可靠性指标分配和可靠性设计研究，输入、输出信号特征，低噪声、电磁兼容性设计。应特别关注以下几方面：

(1) 引线键合强度、最大的许用电流，导电金属引线、导电金属薄膜，引线电阻、引线电容、引线电感，引线阻抗，金属镀涂层 Au、Ni 等。

（2）引线真空气密性要求，玻璃、陶瓷绝缘。构件变形，如引线、壳体等变形、密封壳体漏气；连接件脱落或损伤，如断丝、开裂、碎片。玻璃/金属（可伐）结构，陶瓷/金属（可伐）结构。

（3）测定引线键合强度或强度分布，特别是封装后经历高温状态（稳态寿命、高温存储等）后的引线键合强度。

在探测器组件正常工作时，电气互连金属引线上会流过电流，而金属引线存在的电阻，会导致金属引线发热；同时由于金属引线在真空环境内，发出的热量无法通过热交换散出，将导致金属引线的热量上升。金属引线电阻的耗散电功率为

$$P = I^2 \times R \tag{2-28}$$

式中　P——金属引线产生的功耗；

I——流过金属引线的电流；

R——金属引线的电阻。

电阻不仅仅与材料种类有关，还与温度、压力和磁场等外界因素有关。电阻随温度变化时的数学模型为

$$R = R_0(1 + \alpha t) \tag{2-29}$$

式中　R——金属引线的电阻；

R_0——金属引线在常温下的电阻；

α——电阻变化率；

t——变化的温度。

根据引线流过电流产生的功耗，计算其发热量为

$$W = C \times M \times \Delta T \tag{2-30}$$

式中　W——金属引线产生的功耗；

C——金属引线的比热容；

M——金属引线的质量；

ΔT——金属引线的温升。

虽然互连引线熔断模型可以很好地解释引线熔断现象，但是互连引线的熔断电流与电流大小、丝长、丝截面积、电流脉冲宽度、丝材质、真空度、熔断时间、环境温度、热辐射和热对流等因素都有关系。现有的计算公式无法精确计算每种规格引线的熔断电流，因此一般采用 Raytheon 公司经验公式计算引线在标准大气压下的熔断电流。

$$I = Ad^C \tag{2-31}$$

式中　I——4~9s 的引线熔断电流；

A——熔断系数，硅铝丝 9989，金丝 12675，铜丝 20500；

d——引线直径；

C——常数，硅铝丝为 1.45，金丝为 1.46。

引线长度为 10mm。

杜瓦封装中的电气传输引线键合，包括芯片到陶瓷衬底，陶瓷衬底到基板的键合。红外焦平面阵列芯片用环氧树脂粘接在陶瓷基板上，陶瓷基板的设计包括引线键合输出结构、小的热质量、低的接触热阻、高的热导率和扩散率、温度均匀性、机械强度-刚性、金属布线电磁兼容等。读出电路中存在着几种可能的随机噪声源，包括热噪声、电荷俘获噪声和复位噪声；还有一些与交叉串扰、时钟干扰和电磁干扰（EMI）有关的噪声源。

电气传输馈线环采用多层陶瓷金属化共烧工艺进行生产，它有环体积小、导热性好、密封性好、机械强度高、封装可靠性高的特点，其以优良的性能被广泛应用于航天、航空、军事电子装备的红外探测器微型金属杜瓦封装。在封装结构设计中，电气传输互连设计是将红外焦平面阵列混成芯片的电学信号引出到杜瓦内部接口键合区焊盘，再由杜瓦内部接口键合区焊盘转接到外部接口连接器插针(座)，实现红外探测器组件电气性能引出。装载基板作为与红外焦平面阵列混成芯片直接接触的部分，其对电学性能、导热、力学强度等都有极高的要求，是杜瓦封装的关键部件。

电气传输馈线环的可靠性设计包括：

（1）机械强度设计。应确保陶瓷外壳通过相关规定的机械试验，如恒定加速度、机械冲击、扫频振动等环境适应性试验。

（2）绝缘电阻设计。应确保多层陶瓷外壳的绝缘，绝缘电阻要求 $\geqslant 2\times10^{10}\Omega$。

（3）电气传输馈线环通断的可靠性设计。应确保馈线的电连接符合设计要求，包括引线的断、短路可靠性设计。

（4）有引线的抗拉强度和无引线的焊盘可靠性设计。应保证电气传输馈线环外引线（插针）的抗拉强度及无引线端焊盘的可焊性要求。

（5）电镀层的可靠性设计。应保证电镀层的可靠性，确保镀层通过相关规定的镀金质量考核。

（6）密封性可靠性设计。应确保外壳的漏率 $\leqslant 1\times10^{-14}$ cc. Torr/s。

（7）金属环剪切可靠性设计。应保证外壳的焊接和剪切通过考核。

（8）使用可靠性设计。应保证顾客在使用中不出现失效，防止在存储、封装使用、检测、试验过程中造成破坏性失效。

杜瓦中的电学引线是低温系统中最大的热耗源。由于热导率和电阻率是相互联系的，它们随温度而变，所以必须谨慎确定电学引线的材料、适当的电阻和电容负载、屏蔽和选定线路。焦平面阵列具有非常高的数据率，所有的类型都有共平面电气互连布线，这些金属布线靠近焦平面阵列芯片，以减小内部金属布线的电容和电感。

电气互连引线的主要设计参数应包括：

（1）使热传导和辐射损耗减至最小；

（2）为临界电学接地提供小于 1Ω 的接地导线；

（3）为高性能焦平面阵列提供高达 10MHz 的数据速率；

（4）支持需要 10~80 根引线数的应用；

（5）在硅读出集成电路一端支持常规的引线键合；

（6）漏气率低，以便延长杜瓦的真空寿命。

在大过载、强振动的工作环境中应用的红外探测器，对杜瓦电气传输引线键合质量、可靠性提出了很高的要求，要求引线在 28g 的过载和 2500Hz 振动频率下保持质量稳定可靠。在导弹用红外探测器杜瓦封装中，芯片到陶瓷基板，陶瓷基板到陶瓷馈线环的电气传输引线键合，对焊点形变和抛丝幅度一致性要求较高，键合焊点拉力需满足国标要求，同时还要保证这些键合焊点必须能够经受高强度振动和大加速度冲击，这无疑增加了对键合焊接的高可靠性和高质量要求。互联引线不但要满足诸多的电学性能要求，还要有一定的刚度和强度等机械性能。经历环境适应性试验和应力筛选试验时，引线应不易变形、下垂，造成短路失效；受到高低温冲击时，引线热胀冷缩，经受多次反复弯曲后，不能疲劳失效；振动时可能产生谐振，损伤键合点而失效。

电气互连引线键合是微型金属杜瓦封装中的一个非常重要的环节，引线键合工艺是一种对工艺参数和操作要求都很严格的焊接工艺，稍有不慎就会引入质量问题，引线键合的好坏直接影响红外焦平面探测器使用后的稳定性和可靠性。引线键合不再是简单意义上的电气互连引线键合点的连接，而是要通过这种连接，确保在承受高的机械冲击时的耐受能力，保证红外探测器在各种恶劣环境下性能的稳定性和可靠性。引线键合作为红外焦平面探测器封装工序中的关键工艺，随着焦平面阵列的不断发展以及封装新材料、新封装形式的应用，对引线键合提出了更高的要求。引线键合是当前主要的微电子封装技术之一，根据能量不同分为热压键合、超声键合和热超声键合。超声键合具有对被焊件无热影响区、焊接质量好、焊接可靠性高及适应性强等优点。红外焦平面探测器互连引线键合采用超声键合工艺，第一焊点又分为球形和楔形两种。球形的键合速度快，可以从球的任意角度进行键合，对焊盘冲击作用小；楔形的能够实现超细间距键合，对表面污染物不敏感，引线键合温度低。杜瓦陶瓷电极与冷指陶瓷装载基板电极之间通常采用超声球形键合，硅读出集成电路芯片焊盘与冷指陶瓷装载基板电极之间通常采用超声楔键合。

随着红外探测器组件的不断发展，人们对探测器封装的光学、电学、力学和热学等方面的要求越来越高。红外焦平面阵列芯片信号引出工艺是器件封装过程中的关键工艺技术，关系到红外焦平面探测器杜瓦制冷组件的电学、力学和热学性能及可靠性，主要与引线的材料、直径和长度有关。微型金属杜瓦对馈出真空引线有严格的传导传热控制要求，为了达到降低无功热损耗，真空中的金属互连引线长度近 10mm，应采用 PtIr 金属互连引线。第二焊点采用导电粘接剂加强，可满足高可靠要求难度大，是微型金属杜瓦制造工艺中的关键核心工艺。微型金属杜瓦可采用金丝（311.42W/(m·K)）、硅铝丝（276.29W/(m·K)）、铂铱丝（71.6W/(m·K)）、锰铜丝（17.83W/(m·K)）和铜丝（414.1W/(m·K)）等低传导漏热的金属丝，实现 Si 读出电路与陶瓷装载基板之间和陶瓷装载基板与真空密封陶瓷电气传输馈线环一之间的电气互联。金丝、硅铝丝、铂金丝和铜丝在电学、力学、热学以及工艺可行性方面各有特色，针对红外探测器封装中的不同应用场合，需要根据引线互连的具体要求进行合理的引线选择。封装用引线的熔断受材料、线径、环境温度、热辐射和热对流等多种因素的影响。在封装中常用的引线规格中，熔断电流从高到低依次为铜丝、锰铜丝、硅铝丝、金丝和铂金丝，真空环境下的引线熔断电流远小于大气环境下的熔断电流，这主要是因为真空环境下引线电阻的焦耳热无法通过空气对流的方式进行散热。

在红外技术领域，红外探测器从一代发展到二代，一个显著的特点就是像元数越来越多，像元间距越来越小，一部分信号处理电路移到芯片中完成。第一代探测器如 SPRITE、32 元等采用光导探测机理，由于像元数较少、引出线数量有限、焦耳热负载相对较小，采用传统的金丝互连就能满足要求。后来发展到288×1 线列，采用金丝互连就有很大的技术困难。现在占主流地位的 288×4、128×128、256×256、320×256、640×512 等 HgCdTe 焦平面阵列，就只能采用更先进的电气互连方式，即倒装焊技术。

红外焦平面探测器是一种可处理大量并行信号的器件，在一帧周期内，焦平面阵列上的每个像元都在处理入射到探测器上的光子信号。对于像元数量巨大的大规格焦平面阵列，所有像元同时工作的这种机制只能通过在像元级将光电二极管和读出电路进行垂直互连来实现。图 2-18 所示为最简单的垂直集成，即焦平面阵列堆叠在单片硅读出集成电路之上，这也是传统的混合式红外焦平面探测器互连形式。

红外焦平面探测器芯片由光电二极管阵列和 Si 读出集成电路芯片互连组成。根据互连形式分为两种：一种是采用 In 柱的互连结构，该结构是国内外绝大多数研究机构的技术方案；另一种是采用通（环）孔的互连结构，是美国 DRS 公司独有的技术方案，称为 HDVIP（high density vertical integrated photodetector）。HgCdTe 材料的热膨胀系数与 Si 材料的很接近，HgCdTe 探测器列阵芯片通过 In 柱列阵倒装或环孔互连在 Si 基读出电路芯片上，即制备成混合式焦平面探测器。HgCdTe 材料的热膨胀系数为 $5.0\times10^{-6}K^{-1}$，Si 材料的为 $2.8\times10^{-6}K^{-1}$，两者很接

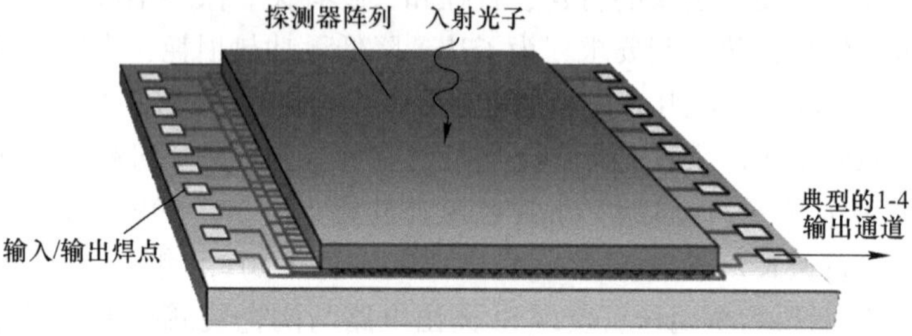

图 2-18 混合式红外焦平面阵列探测器结构示意图

近，故能将大尺寸面阵（例如 4096×4096）HgCdTe 探测器列阵芯片互连在 Si 读出电路芯片上（图 2-19），而不会在制冷过程中因热胀冷缩应力使探测器列阵芯片破裂。

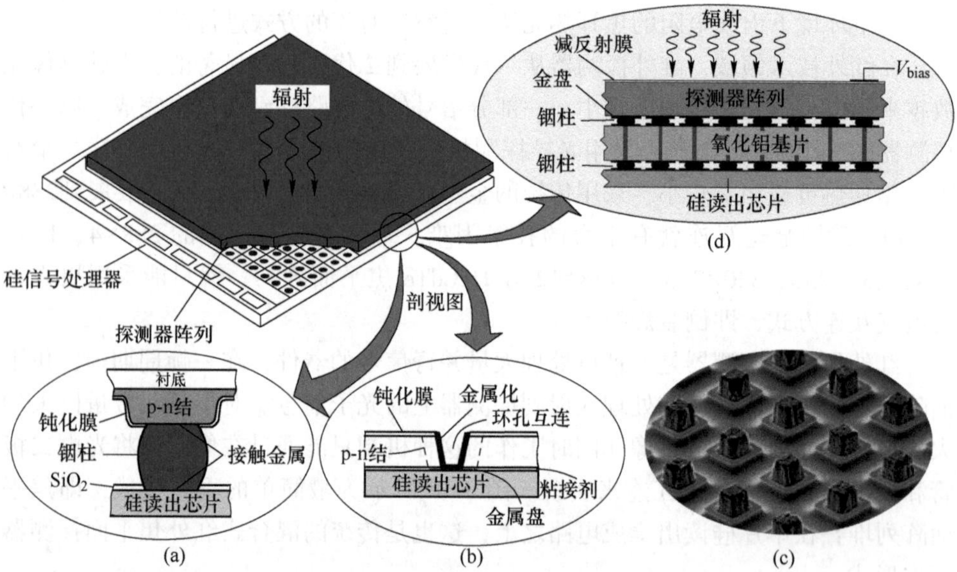

图 2-19 混合式红外焦平面探测器
（a）铟柱倒装互连；（b）环孔互连；（c）带铟柱的台面光电二极管阵列的 SEM 图片；
（d）适用于远红外和亚毫米大阵列的叠层混成设计

对于凝视面阵红外焦平面探测器，由于其像元数均较多，一般采用直接倒焊的结构形式，探测器芯片通过铟柱直接倒扣在硅读出电路上实现信号的输出输入，具有引线短、封装密度高和寄生电容小的特点。直接倒焊的红外焦平面探测器结构，是将探测器芯片通过倒焊的方式实现与硅读出电路之间铟柱互连，并在铟柱区填充低温胶以增强两者之间的机械强度，然后将倒焊好的模块通过特定低温胶贴接在宝石或陶瓷基板上，便于后端引线的引出。

2.8.4 冷屏蔽技术

红外焦平面阵列已广泛应用于热成像技术，为了减少光学视场外热背景（如腔体）无规则辐射在焦平面阵列上产生的噪声，往往在红外焦平面阵列外加一个冷却的辐射屏蔽罩，限定工作在背景限红外光子（BLIP）模式的红外探测器的视场（FOV）角，冷光阑能有效地减少投射到探测器上的背景光子通量，从而提高背景限探测器的比探测率 D^*。但是，这并不意味红外焦平面阵列本身性能的提高；而是，红外焦平面阵列视角的减小。冷光阑，即为传统意义上的冷屏，它被封装在杜瓦瓶之内，表面镀有低反射率、高吸收率的材料涂层，并经过发黑处理。冷光阑通常位于光学系统的出瞳位置，可以直接作为光学系统的孔径光阑，或者可以作为孔径光阑的像方共轭匹配，使得整个系统在没有渐晕的同时，减少到达像面的视场外杂散光。冷光阑不仅对抑制背景辐射有较大作用，同时决定了探测器焦平面能接收到的信号辐射。当冷屏蔽效率为100%时，探测器焦平面接收到的能量理论上全部来自目标辐射，而没有杂散辐射。系统的冷光阑效率越高，冷光阑的作用就越理想。在设计红外探测器的过程中，通常会根据杂散辐射的抑制原理对冷屏的结构进行适当的优化，既要保证红外探测器焦平面接收到足够的目标信号辐射通量，又要减少杂散辐射对系统的影响，提高红外探测器的冷屏蔽效率。

从探测器响应元中心向冷屏孔所张的角叫作探测器视角，就是可接收探测器外面辐射的立体角。探测器视角的边界是由像元中心无弯曲地通向无穷远处的射线，以平行于探测器平面的冷屏孔封闭曲线（例如圆、椭圆等）为导线运动形成的锥面。以像元中心为球心，这些连续相邻的射线为法线作任意球面，则它与锥角边界面的交线呈闭合曲线。锥角在闭合曲线内球面上投影区域的面积占该球面总面积的比例的大小，就确定了该锥面的立体角的大小。

冷屏限制探测器可接收辐射的视角，其立体角涉及复杂的积分计算，很难给出形式简单的解析计算公式，必须进行数值计算。在冷屏几何特征尺寸设计中，需要精确计算各像元透过冷屏孔观察到的景物立体角。目前，工程设计中依据的计算公式，只能计算圆形或矩形对称冷屏孔轴上像元的立体角，没有轴外像元立体角的计算公式。焦平面阵列像元对冷屏孔的有效权重立体角，随像元物理位置从视场中心向外径向对称地减小，使得响应率、均匀性和 NETD 等灵敏于像元位置的变化。冷屏设计就是优化特征尺寸，使得冷屏孔大小和高度满足100%冷屏效率的要求。国内外很多专家在研究冷屏设计理论和方法，技术掌握以后秘而不宣。国外已经发展了可变视角冷屏，用于第三代热成像。

冷屏既有光学系统光栏的作用；也有提高探测器性能，使其达到背景限的作用。需要光学、器件共同的分析计算，是一个红外系统特有的元件。冷屏设计需要考虑光学、器件、热学、机械等技术门类的因素，是一个值得深入研究、掌握设计方法的重要课题。可从精确计算各像元立体角入手，着重研究系统输入参数（如探测率、F数）和焦平面阵列像元特性（大小、中心距）与冷屏特征尺寸（孔大小、高度）的关系，建立冷屏设计理论模型；依据冷屏提高探测率的倍数关系，研究评价立体角非均匀性指标，结合光学系统F数，研究冷屏效率计算方法；研究冷屏设计过程和方法，以及约束条件，优化折中冷屏特征参数；研究有效权重立体角的精确计算方法，以得到各像元立体角的精确值；研究评价冷屏优劣的方法，建立非均匀性和冷屏效率的约束模型。

冷屏蔽的结构设计、热力学计算和光学设计是高性能焦平面探测器封装非常关键的零部件之一，需要解决冷屏温度均匀性、热响应时间、热形变、可加工性、真空完善性等工程化、实用化的关键技术，满足真空完善性要求达到工程化长寿命的目的。冷屏的设计包括光学设计，以及热质量、热导率、发射率和温度均匀性的热设计，足够的刚性和小的机械惯性有利于减小振动噪声。一个好的冷屏能冷屏蔽90%的不希望的辐射，而大多数工程应用的冷屏蔽仅有50%~70%的效率。

冷屏效率主要是指冷屏对于杂散光的屏蔽程度。如果焦平面阵列的任何像元只能向外接收到目标景物能量，根本接收不到系统内部的能量，该系统具有100%的冷屏蔽效率。图2-20所示为冷屏效率小于或等于1的示意图。冷屏孔的大小决定了焦平面阵列接收背景辐射的数量。如果冷屏孔太小，焦平面阵列不能被会聚光束完全覆盖，像元得不到充分有效利用；如果孔径太大，会引入较多的杂散热辐射，从而降低了系统的灵敏度和动态范围。一个设计较为理想的冷屏应将不需要的辐射屏蔽90%，而大多数冷屏仅有30%~50%的效率。

探测器的有效权重立体角Ω_e用下面的物理测量来确定，即对来自方向θ的辐射用$R(x, y, 0, \varphi)$来表示在探测器的选用响应平面S上的点(x, y)处的响应率。角θ和φ分别是球坐标系的极角和方位角，坐标系的轴线垂直于响应平面。以球面度为单位的探测器的有效权重立体角Ω_e表示为

$$\Omega_e = \iint_S \mathrm{d}x\mathrm{d}y \int_0^{\pi/2} \cos\theta\sin\theta\mathrm{d}\theta \int_0^{2\pi} R(x, y, \theta, \varphi)\mathrm{d}\varphi / [A_e R_{max}(0, 0)] \quad (2\text{-}32)$$

式中，$R_{max}(0, 0)$为$R_{max}(x, y, 0, 0)$的极大值。

当然，没有一个实验室打算去测量作为4个变量的函数的$R(x, y, \theta, \varphi)$，然后再去完成四重积分。但是Ω_e的上述表达式确实表达了有效权重立体角的准确概念。

在计算有效冷屏时，可将探测器表面理想化为朗伯面，其接收的辐射遵循朗

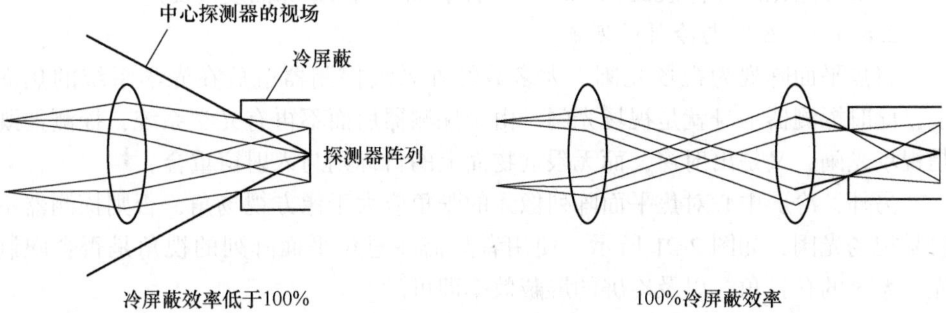

图 2-20 冷屏效率的示意图

伯余弦定律。未加冷屏时探测器的响应率与角 θ 和 φ 无关，探测器在整个半球接收光子，$\Omega_e=\pi$ 是半球立体角。

通常希望知道可接收探测器外面的辐射的立体角。至少对于下面两种实际情况的 D^* 计算需要立体角：即装有冷辐射屏的制冷探测器；响应元浸没在高折射率透镜中的室温探测器。对一个平滑探测器，人们希望知道的立体角实际上是每一角度处以入射角的余弦为权重的立体角。这就是所谓权重立体角，标记为 Ω。必须区别几种权重立体角：

（1）探测器的标称权重立体角 Ω，可以是探测器的技术要求中所用的值，也可以是为了识别探测器所用的值。

（2）探测器的选用权重立体角 Ω_a 是检测实验室为了计算 D^* 值而选用的立体角。

（3）探测器的有效权重立体角 Ω_e 是用物理测量来确定的。

（4）如果探测器的响应率与角 θ 和 φ 无关，则该探测器称为朗伯型探测器。

（5）有些探测器的响应率基本上与方位角无关，我们说这些探测器具有圆对称。

（6）对于具有圆对称的探测器，可以用总锥角 θ 来代替权重立体角 Ω。用 Ω 来定义的总锥角 θ 为：

$$\Omega=\pi\sin^2\left(\frac{\theta}{2}\right) \tag{2-33}$$

总锥角与普通的未加权立体角之间的关系为：

$$\omega=2\pi[1-\cos(\theta/2)] \tag{2-34}$$

如果方程中的立体角 Ω 是用标称的选用的或有效的权重立体角来表示，则该方程也就分别定义了标称的选用的或有效的总锥角。

立体角的一般定义：由单位球体上被锥体截取的面积所量度的锥顶三维分

布。量度立体角大小的单位球面度，表示立体角时锥体截取的球体表面面积与球体半径平方之比。球体表面积 $4\pi r^2$，球体表面对着 4π 球面度（sr）。

2.8.4.1　出瞳与冷屏的匹配

将焦平面阵列为视场光阑，大多数红外系统探测器就放在光学系统的焦面上，此时探测器本身就是视场光阑。由于探测器后面不再有光学系统，探测器既是视场光阑，又是出射窗，而无限远物面上的目标则与入射窗重合。

另外，冷屏中心对焦平面阵列像元的张角应大于像方视场角，否则探测器不再是视场光阑，如图 2-21 所示。使用者只需注意焦平面阵列的视角是否会限制光学系统的孔径角，以及冷屏的屏蔽效率即可。

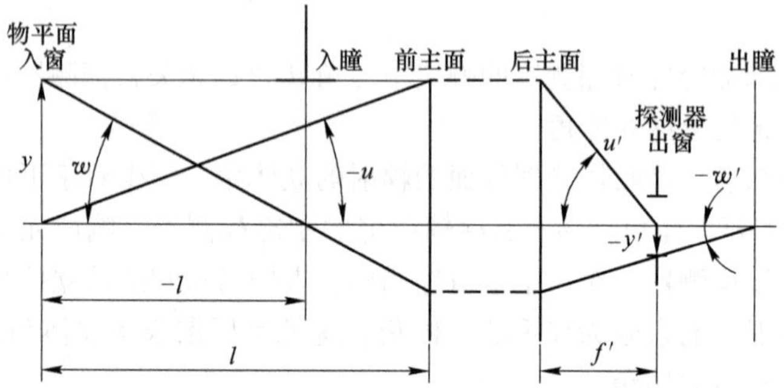

图 2-21　探测器作为视场光阑的光学系统图

视场光阑能限定成像范围，但不能保证轴外光束的所有光线通过系统。视场内轴外点发出充满入瞳的光束中仍有部分光线会被其他光孔遮挡，这种现象称为渐晕。

红外光学系统出瞳与冷屏完全匹配的方式有两种，一种是将冷屏直接作为光学系统的孔径光阑（相当于将光学系统光阑直接放置在探测器的冷屏处），此时冷屏即为系统的出瞳，当光学系统的 F 数与探测器的 F 数相等时，出瞳与冷屏的匹配效率为 100%。如图 2-22 所示，在系统焦距较长时另一种出瞳与冷屏的匹配方式采用二次成像的方式来实现。如图 2-23 所示，二次成像方式匹配光瞳使得光学系统增加了转向镜组及场镜，导致系统复杂化，透镜的透过率降低。

2.8.4.2　利用冷屏以降低背景的光子通量

冷屏设计实际上就是光学系统设计的内容，冷屏角的取值应根据光学系统最后一个面至探测器张角确定。冷屏角确定以后，探测器的制冷装置应据此设计冷屏蔽。核心功能设计主要包括光学接口的特征尺寸，即开口形状、大小和高度，有效权重立体角计算方法，评价指标体系非均匀性和冷屏效率。应着力研究系统输入参数（如探测率、F 数）和焦平面阵列像元特性（大小、中心距）与冷屏

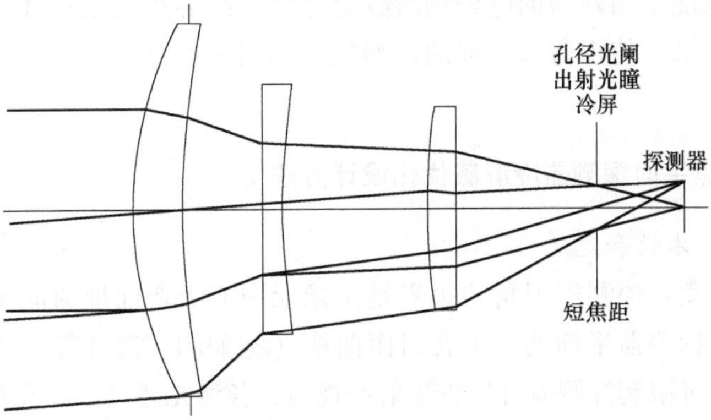

图 2-22　冷屏为光阑的匹配方式示意图

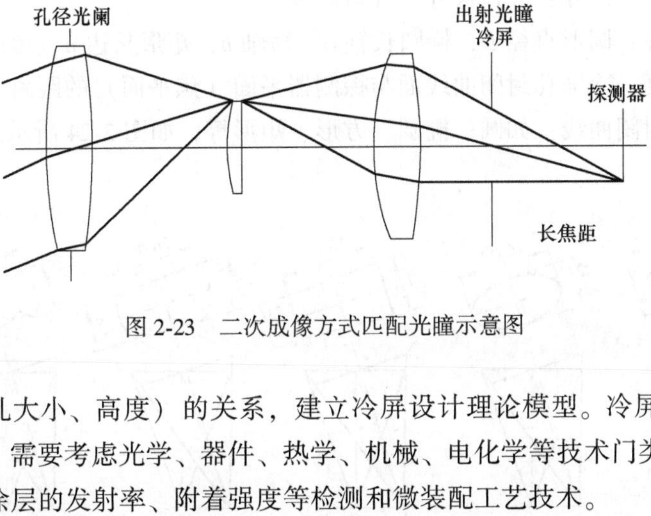

图 2-23　二次成像方式匹配光瞳示意图

特征尺寸（孔大小、高度）的关系，建立冷屏设计理论模型。冷屏结构和安装可靠性设计，需要考虑光学、器件、热学、机械、电化学等技术门类的因素，以及高发射率涂层的发射率、附着强度等检测和微装配工艺技术。

杂散辐射多级冷光阑抑制优化设计方法的研究，对具有挡光结构的立体式冷屏设计，主要是在圆形冷屏内添加一系列的挡光环，使进入冷屏内的杂散光在这些挡光环之间来回反射达到衰减效果，挡光环和冷屏的几何结构由数值计算确定，运用 ASAP 软件的蒙特卡罗法计算，对内壁散射的杂散光做分析，对设计结构的合理性进行仿真验证。

冷屏部件作为红外探测器杜瓦的主要部件之一，不仅具有保护探测器芯片的功能，同时也起到限制视场角、屏蔽杂散光、改善组件性能的作用。随着大阵列焦平面探测器组件应用的不断增加，对冷屏的要求也越来越高，如冷屏结构越来越复杂，同时要求其壁薄、强度高、热质量低，满足高强度、快速启动等使用要求，传统的冷屏在热负载、热导率、高低温冲击稳定性等方面已无法满足设计要求，只能采用新型的电铸铜/镍/金冷屏。冷屏热质量小和异形孔径多层结构的特殊要求，使得薄壁冷屏的成型加工和组装焊接成为加工制造的关键和核心工艺。

2.8.5　红外焦平面探测器冷屏蔽优化设计方法

2.8.5.1　术语和定义

冷屏立体角：探测器视角的边界是由像元中心无弯曲地通向无穷远处的射线，以平行于探测器平面的冷屏孔封闭曲线（例如圆、椭圆等）为导线运动形成的锥面。冷屏限制探测器可接收辐射的视角，各像元透过冷屏孔观察到的景物立体角。普通无权重立体角。

有效权重立体角：每一角度处以入射角的余弦为权重的立体角。

冷屏孔特征尺寸：开口尺寸，开口高度。

开口尺寸：圆形直径 D，椭圆长轴 a、短轴 b，矩形长边 a、短边 b。

开口高度：冷屏孔封闭曲线面与探测器平面（焦平面）的距离 h。

冷屏孔封闭曲线：如圆、椭圆、方形、矩形等，如图 2-24 所示。

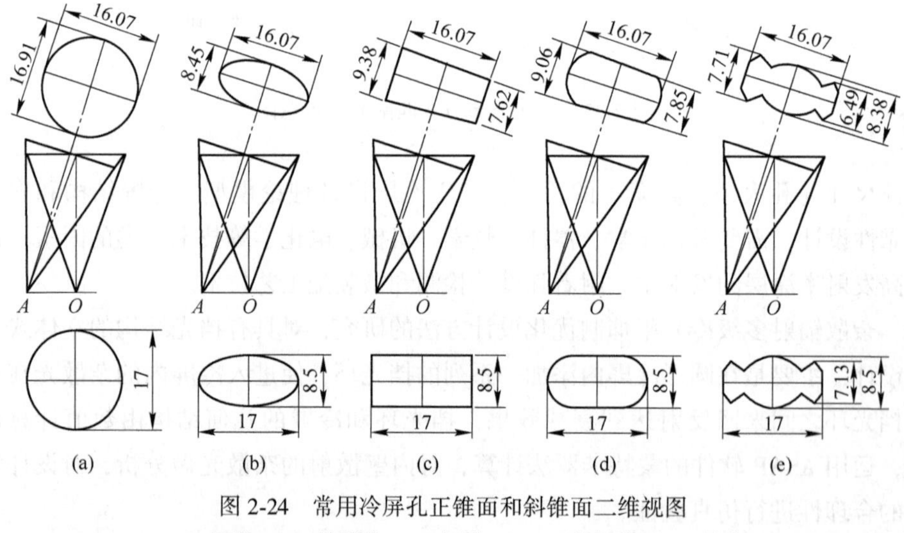

图 2-24　常用冷屏孔正锥面和斜锥面二维视图

（a）圆形；（b）椭圆形；（c）矩形；（d）田径场形；（e）异形

冷屏效率：如果焦平面阵列的任何像元只能向外接收到目标景物能量，根本接收不到系统内部的能量，则该系统具有 100%的冷屏蔽效率，红外光学系统的集光效率，用探测器的冷光阑 F 数平方与光学系统 F 数平方的比值表示。

有效权重立体角非均匀性：焦平面阵列像元对冷屏孔的有效权重立体角，随像元物理位置从视场中心向外径向对称地减小。

正锥面：轴上像元透过冷屏孔观察景物立体角的边界。

斜锥面：轴外像元透过冷屏孔观察景物立体角的边界。

轴上像元：物理位置在光轴上的探测器响应元。

轴外像元：物理位置不在光轴上的探测器响应元。

2.8.5.2 冷屏用途、功能及组成

冷屏是用于减少杂散热辐射在焦平面阵列上产生噪声的低温屏蔽罩，能有效地减少背景光子通量，提高背景限探测器的探测率。制冷型红外探测器通常都安装有冷屏，其结构如图 2-25 所示，有圆柱、正锥和倒锥等类型，包括冷光阑(封闭曲线开孔挡板)、屏蔽筒和基座等构件。

冷屏应具有下列功能：

(1) 机械支撑、安装和定位；

(2) 无遮拦通过目标景物能量，屏蔽和吸收杂散热辐射；

(3) 内壁表面高比发射率，外壁表面低比发射率；

(4) 快速达到或持续稳定在低温 80K（-193℃）；

(5) 低出气率。

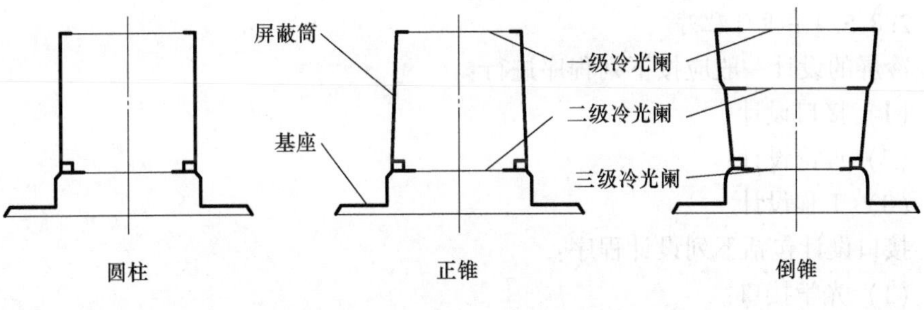

图 2-25 冷屏结构类型示意图

一般屏蔽筒壁厚典型值为 0.1mm。冷屏内壁表面必须涂覆高比发射率 $\varepsilon \to 1$ 涂层，抑制杂散热辐射；冷屏外壁表面必须涂覆低比发射率 $\varepsilon \to 0$ 涂层或者减小粗糙度，抑制冷指无功热损耗。冷屏安装在静态真空空间中，必须考虑真空寿命要求，这些涂覆材料必须具有低出气率的特性。

抑制冷屏内壁一次、二次或多次反射的一级、二级或多级冷光阑，大多数应用仅有二级冷光阑。

传热，冷指上的低温部件，消耗冷量，比发射率涂层，传热结构。功能，限制探测器视角，屏蔽杂散热辐射。提高探测率。

2.8.5.3 性能指标

凝视红外成像探测器的响应模型为 Mooney 模型，给出了有光学系统的情况下 IRFPA 中第 i 个单元在一个有效积分周期内全部响应的电荷数 $N_i(T_i)$：

$$N_i(T) = \left[\tau_{\text{off}}\tau_{\text{int}}\int_{\lambda_1}^{\lambda_2}\eta_i(\lambda)L(\lambda,\ T)\mathrm{d}\lambda\right]A_i\Omega_i + D_i \tag{2-35}$$

热成像系统要求探测器有效权重立体角 Ω_i 。

光学系统 F 数的要求：

$$F = f/D_0 \tag{2-36}$$

系统对低频空间噪声的要求。在红外图像中，人们可容忍与场景有关的非均匀性远大于可见光，这个允许的误差范围严格地规定在平均值的 10%左右。

（冷屏表面涂覆）内壁比发射率 $\varepsilon \to 1$。外壁比发射率 $\varepsilon \to 0$。

接口要求包括：机械接口应不干涉探测器电气互联和安装，满足冷指传热要求，以及连接强度要求。一般机械接口横（径向）截面形状为环形或对称弓形。光学接口应符合光学系统 F 数和冷屏效率 η_{cs} 要求，以及满足探测率 D^* 和固有空间噪声要求。冷光阑形状（冷屏孔封闭曲线）常用对称圆形、椭圆形和矩形等，焦平面阵列一般采用对称圆形和方形。

环境适应性要求工作温度范围：+70～−193℃。符合探测器组件制造验收规范规定的环境条件。

2.8.5.4 设计程序

冷屏的设计一般应按下列程序进行：

（1）接口设计；

（2）理论设计；

（3）工程设计。

接口设计包括下列设计程序：

（1）光学接口；

（2）机械接口。

理论设计包括：

（1）确定结构形式、特征尺寸；

（2）有效权重立体角计算；

（3）冷屏效率计算；

（4）非均匀性评估；

（5）折中优化。

工程设计包括：

(1) 确定各零部件材料，涂层材料；

(2) 绘制冷屏部件和零件工作图样。

2.8.5.5 接口设计内容和方法

明确系统要求 Ω_i 和 D^* ，满足系统视场规定；确定光学系统的光学特性，如焦距、视场、出瞳和 F 数等。

光学系统光轴通过红外探测器中心，并垂直于像元平面。像元平面与该光学系统的焦平面重合。

光学系统 F 数应等于红外探测器的冷屏 F 数。冷光阑的位置应与光学系统的出瞳位置相匹配。

目标、作用距离、探测器像元规格与光学系统焦距受下式约束：

$$A/R = nd/f \tag{2-37}$$

式中 A——目标尺寸，m；

R——作用距离，km；

n——像元数；

d——探测器像元尺寸，μm；

f——系统焦距，mm。

2.8.5.6 工程设计内容和方法

冷屏材料要求具有以下理想特性：

(1) 低的热膨胀系数；

(2) 低的比热容；

(3) 高的热导率；

(4) 采用低密度材料以减轻质量；

(5) 具有高弹性模量，减小结构变形；

(6) 尺寸稳定性；

(7) 容易发黑，以减小杂散光；

(8) 镍/铜/镍电铸成型（标枪弹冷屏壁厚 3mil）。

冷屏设计包括光学接口、机械接口，其中机械接口包含传热学设计内容，核心功能设计主要是光学接口的特征尺寸设计，即开口形状、大小和高度，涉及整机光学和电子系统、探测器和封装、制冷器多个专业领域。

首选，分析确认约束条件，系统约束 NU_δ、η_{cs} ，探测器约束 D^* ，制冷器约束 T（温度）、启动时间（t）。其次，采用类比同类产品冷屏特征尺寸，计算 Ω_{ec} ，验证 NU_δ、η_{cs} ，优化冷屏特征尺寸，直到获得满意 NU_δ、η_{cs} 结果；或者，采用设定 Ω_i、D^* 以及 NU_δ、η_{cs} 等输入参数，计算目标冷屏特征尺寸，计算 Ω_{ec} ，验证 NU_δ、η_{cs} 。

优化冷屏特征尺寸，圆形直径 D，椭圆长轴 a、短轴 b，矩形长边 a、短边 b。

注意区分探测器立体角是普通未加权重立体角，还是有效权重立体角。明确设计任务、系统要求 Ω_i、探测器要求 D^*、制冷器要求热质量。

2.8.5.7　设计方法

A　有效权重立体角

在球坐标系中，轴上像元相关正锥面所截取的球形表面对应的立体角为

$$\Omega \equiv \iint_S \sin\theta \mathrm{d}\theta \mathrm{d}\varphi \tag{2-38}$$

式中　θ，φ——极角、方位角。

有效权重立体角 Ω_e 为

$$\Omega_e = \int_\varphi \int_\theta \sin\theta\cos\theta \mathrm{d}\theta \mathrm{d}\varphi \tag{2-39}$$

对于广义的对称孔

$$\Omega_e = 4\sum_{x=0}^{a}\left[\frac{y/z}{2(1+2x^2/z^2+y^2/z^2)}+\frac{1}{2(1+x^2/z^2)^{3/2}}\arctan\frac{y/z}{(1+x^2/z^2)^{1/2}}\right]\frac{\Delta x}{z} \tag{2-40}$$

式中　x，y——冷屏孔封闭曲线决定的函数变量；

z——焦平面阵列到冷屏孔平面的距离。

B　轴上像元立体角

圆形对称冷屏时

$$\Omega = 2\pi[1-\cos(\theta/2)] \tag{2-41}$$

对于具有圆对称的探测器，其响应率基本上与方位角无关，可以用总锥角 θ 来代替权重立体角 Ω_e。用 Ω_e 来定义的总锥角 θ 为

$$\Omega_e = \pi\sin^2(\theta/2) \tag{2-42}$$

总锥角 $\theta \leqslant 58.2746°$ 时，用普通的未加权重立体角 Ω 代替有效权重立体角 Ω_e 的相对误差≤1%。

C　轴外像元立体角

轴外像元 A 为定点，直母线 AB 以平行于 Oxy 平面的冷屏孔封闭曲线（例如圆、椭圆等）为导线运动形成的锥面，其轴线倾斜于冷屏孔封闭曲线面。对于圆对称冷屏，垂直于轴线的平面与锥面相交所得正截交线为椭圆，像元 A 可接收外面辐射的立体角，为一斜椭圆锥面（图 2-26 中 BAC 空间区域，图 2-24（a））所截取的球形表面对应的立体角。为简化立体角计算，将斜椭圆锥面转换成长轴在冷屏孔封闭曲线面上的正椭圆锥面，长轴在距离 Oyz 平面 s 的平行平面上，长半轴按式（2-43）计算

$$a_{ro} = \sqrt{(a/2)^2 - s^2} \tag{2-43}$$

短轴在 Oxz 平面，短半轴按式（2-44）计算

$$b_{ro} = t_a \tan(A/2) \tag{2-44}$$

注意到任意三角形 ABC，其角分线和中线按式（2-45）和式（2-46）计算

$$t_a = \sqrt{bc[(b+c)^2 - a^2]}/(a+c) = 2bc\cos(A/2)/(b+c) \tag{2-45}$$

$$m_a = \sqrt{2(b^2+c^2) - a^2}/2 = \sqrt{b^2+c^2+2bc\cos A}/2 \tag{2-46}$$

$$s = nd - \sqrt{t_a^2 - h_c^2} \tag{2-47}$$

式中 s——角分线和中线与冷屏孔平面相交点的距离；

n——像元数；

d——像元大小；

h_c——冷屏孔平面到像元平面的距离。

a、b、c 和角 A 如图 2-26 所示。

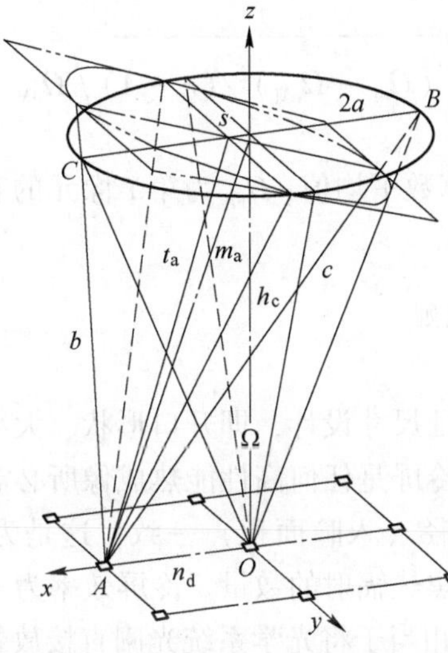

图 2-26 像元对冷屏孔立体角 Oxz 平面的几何关系示意图

D 冷屏效率

对于很小的单个探测器，理想冷屏的冷屏接收立体角等于光学系统出射光束的立体角。圆对称的光学系统的会聚光束有效权重立体角是

$$\Omega_0 = \pi(NA)^2 = \pi\left(n\sin\frac{\theta}{2}\right)^2 = \pi\left[n\frac{D/2}{\sqrt{(D/2)^2+f^2}}\right]^2 \approx \frac{\pi}{(2F)^2} \tag{2-48}$$

式中 D，f——孔径直径和焦距；

NA——数值孔径；

n——折射率；

F——F 数。

如果 $F \gg 0.5$，对于齐明系统而言，有很好的近似。冷屏效率定义为

$$\eta_{cs}=\frac{\Omega_0}{\Omega_{ec}}\approx\frac{\pi}{(2F)^2\Omega_{ec}},\qquad \eta_{cs}=\frac{F_{cs}^2}{F_2} \tag{2-49}$$

式中　Ω_{ec} ——冷屏有效权重立体角；

F_{cs}^2 ——等效冷屏蔽 F 数。

E　非均匀性

为便于比较冷屏特征尺寸的影响，定义非均匀参数 NU_δ：

$$NU_\delta=\sum_{i=1}^{n}(\delta_i-\delta_c)/n\delta_c \tag{2-50}$$

其中，$\delta = D^*/D^{**}=\sqrt{\pi/\Omega_{ec}}$。轴外像元对轴上像元归一化。有效权重立体角非均匀性为：

$$S=\sqrt{\sum_{i=1}^{n}(\Omega_{ei}-\Omega_{eM})^2/(n-1)}\Big/\Omega_{eM}\times 100\% \tag{2-51}$$

式中，$\Omega_{eM}=\sum_{i=1}^{n}\Omega_{ei}/n$ 为算数平均值；Ω_{ei} 为第 i 像元的有效权重立体角；n 为像元数。

2.8.5.8　通用设计原则

A　光学设计

主要是光学接口的特征尺寸设计，即开口形状、大小和高度。

光学要求，高效率的冷屏是任何高性能热成像所必需的。冷屏的尺寸一般设计成与光学系统的相对孔径（入瞳面积）一致，这是为了减少发生在传感器内作用于焦平面阵列上未聚焦热辐射的数量。冷屏效率为 1（100%冷屏效率，假定没有离散的热辐射）时，相当于将光学系统光阑直接放置在焦平面阵列的冷屏孔处，即冷屏直接作为光学系统的孔径光阑，系统出瞳和冷屏孔重合，中心像元对冷屏孔的张角与 F 数（或数值孔径）匹配。

完全匹配的两种方式：系统焦距较短时，将冷屏直接作为光学系统的孔径光栏；系统焦距较长时，出瞳与冷屏的匹配方式，采用二次成像的方式来实现。不完全匹配的两种情况：完全匹配方式在出射光束立体角小于焦平面阵列有效权重立体角时，出瞳与冷屏的匹配效率达不到 100%，但其几何位置是完全匹配的。

冷屏立体角确定以后，探测器的制冷装置应根据此设计冷屏蔽。

B　结构设计

（1）对机械接口的要求。满足支撑、安装和连接需要。折中连接强度、惯性矩等机械特性，获得高可靠连接，满足环境适应性要求。传导和热质量满足制冷量和制冷器启动时间要求。

(2) 真空要求。低的出气速率，避免或减小狭小空间。

C 传热设计

受制冷器（机）制冷功率的约束，热质量约束，薄壁，小比热容，高热导率，热质量小，达到规定低温所需时间短，设计合理的传导截面积、外表面低的发射率，抑制热辐射传热损耗。

计算实例：

表2-11 给出几种冷屏孔立体角的计算实例。已知冷屏孔特征尺寸如：圆半径、椭圆长半轴、矩形半长 $a=4.25$；椭圆短半轴、矩形半宽、田径场形直边半长和圆半径 $b=2.125$；异形孔边界 $x \in [-2.45+0.56(1-\cos(0.49y^2)), 2.45-0.56(1-\cos(0.49y^2))]$，$y \in [-4.25, 4.25]$。冷屏孔封闭曲线面与探测器平面的距离 $z=11.5$，像元数 $n=288$，像元几何特征 $d=0.028$。用 MATLAB 积分函数 int( )，按式（2-35）和式（2-38）计算普通未权重和有效权重立体角的精确值。比较圆形和矩形冷屏孔时，像元 O 按式（2-33）、式（2-34）和式（2-35）、式（2-36）的计算值与式（2-35）和式（2-38）的计算值相一致。像元 O 近似值按式（2-40）计算。像元 A 相对应的斜锥面转换成正锥面后，仍按像元 O 的方法处理计算。图 2-27 给出前述圆形、椭圆形、矩形、田径场形和异形冷屏孔时，288×1 焦平面线列普通未权重立体角精确值的变化趋势。计算结果表明按式（2-34）计算像元 A 的近似值与式（2-35）精确值的相对误差≤0.5%，在大多数工程计算中应用式（2-34）能够得到很好的近似值。

表 2-11 扫描型焦平面线列像元 O 对常见冷屏孔的立体角

圆形	0.3896	0.4291	10.14	0.3775
椭圆形	0.2019	0.2272	12.53	0.1979
矩形	0.2521	0.2892	14.72	0.2457
田径场形	0.2277	0.2604	12.82	0.2227
异形	0.2412	0.2605	8.00	0.2353

2.8.6 光学（元件）设计

2.8.6.1 光学窗口（光学平板）

杜瓦光学窗口组件作为红外探测器封装杜瓦内部与外界的光学接口，如图2-28 所示，由两个相互平行的折射平面构成，是接收目标辐射的唯一通道，不仅作为压力气密隔离与温度隔离窗口，起到保护探测器芯片、隔离外界环境的作用，保证杜瓦高真空环境的气密性，而且作为通光窗口是入射光束的必经路径，其光学性能直接影响检测结果的准确性。因此，光学窗口组件在设计过程中不仅

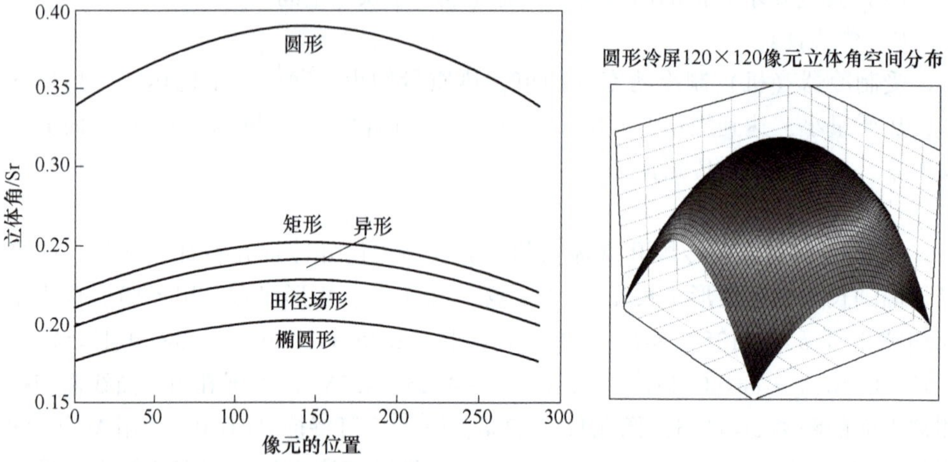

图 2-27　288×1 红外焦平面阵列像元立体角变化趋势

需要考虑光学窗口组件的强度、刚度及气密性，还需要考虑安全可靠性要求以及检测过程中其光学性能对检测结果的影响。

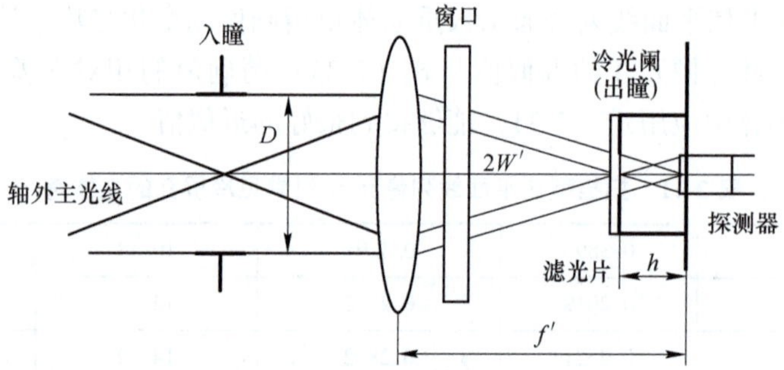

图 2-28　红外探测器窗口、冷屏示意图

制冷红外探测器一般封装在真空杜瓦瓶内，在红外焦平面阵列前放置光阑、滤光片，有时还需要对冷屏筒壁、光阑和滤光片进行冷却，其作用都是尽量降低来自视场外的背景辐射，如图 2-28 所示。冷光阑的大小一般设计成与光学系统的相对孔径（入瞳面积）一致，这是为了减少发生在红外探测器内作用于焦平面阵列上未聚焦热辐射的数量。冷屏效率为 1（100%冷屏效率，假定没有杂散的热辐射）时，相当于将光学系统光阑直接放置在焦平面阵列的冷屏孔处，即冷屏直接作为光学系统的孔径光阑，系统出瞳和冷屏孔重合，中心像元对冷屏孔的张角与 F 数（或数值孔径）匹配。

为提高冷屏的屏蔽效率，可将冷光阑选作孔径光阑（即出瞳），即使出瞳与冷光阑重合，也就是红外焦平面阵列中心对冷光阑孔的张角应与 F 数（或数值孔径）匹配。另外，冷光阑中心对探测器的张角应大于像方视场角，否则探测器不再是视场光阑。红外光学系统出瞳与冷屏完全匹配的两种方式：

（1）系统焦距较短时，将冷光阑直接作为光学系统的孔径光阑，出瞳与冷光阑的匹配效率为100%。

（2）系统焦距较长时，出瞳与冷光阑的匹配方式采用二次成像的方式来实现，光学系统增加了转向镜组及场镜，导致系统复杂化，透镜的透过率降低。

不完全匹配的情况是上面完全匹配方式在出射光束立体角小于红外焦平面阵列有效权重立体角时，出瞳与冷光阑的匹配效率达不到100%，但其几何位置是完全匹配的。

光学窗口主要参数和结构的总体设计必须满足应用需求，包括辐射能量（信噪比、信号动态范围等）、空间特性（视场覆盖、空间分辨率）、时间特性（电子带宽、数据率等）和光谱特性（波段、光谱分辨率）等。光学元件设计主要包括光学接口的特征尺寸设计和光学性能设计，即窗口形状、大小和光学间隔，以及决定窗口的有效孔径、视场、焦距、后截距、工作波段、透过率等主要参数。红外探测器的光谱响应范围由探测器芯片、滤光片和窗口共同决定，结合探测器芯片的光谱响应范围并对滤光片和窗口的光谱进行组合设计，使组件整体的光谱响应范围满足要求。因此，透过率和截止波长是滤光片与窗口的主要光学性能参数。

光学窗口有以下几项设计原则：

（1）光学窗口作为内部元件和外部环境间的一种透明界面，需要允许所希望的辐射光通过，并对成像质量和光强度影响最小。

（2）光学窗口安装设计主要需考虑由于机械和热产生畸变的程度，密封措施以及在光学系统中的位置。

（3）平面光透射通过光学窗口后，成像质量会有所下降，根据所允许的最小下降来规定光学窗口的光学性能。透过波前误差包括由材料不均匀或加工造成的表面残留形状误差以及装配或环境影响造成机械变形等原因而导致的误差。

（4）高真空气密窗口应能满足长寿命气密性要求。

根据光学窗口的设计原则，可以明确光学窗口设计的关键设计要素，即材料、尺寸、镀膜、气密设计和力学特性等。根据光学指标要求，对光学窗口的设计要素进行计算。光学窗口设计方法包括以下几个方面：

（1）选择光学窗口材料，针对光学系统不同的应用环境及探测波段，窗口材料的选取标准不同。光学窗口材料的选取主要考虑两方面的因素，物理性能和机械性能。物理性能主要是指材料的光学性能，例如材料的体吸收率、光学波段透过率等。机械性能是指窗口材料的力学性能等。

（2）确定光学窗口厚度，窗口采用简单支撑的侧边固定的方式，在承受压差的情况下光学窗口的最小厚度 h 为：

$$h = 0.5D\frac{K_{\mathrm{W}}F_{\mathrm{S}}\Delta P_{\mathrm{W}}}{\sigma_{\mathrm{F}}} \tag{2-52}$$

式中　D——光学窗口直径，方形窗口取对角线长度；

ΔP_{W}——光学窗口表面法向压差；

K_{W}——支撑条件系数，受到夹持的窗口取 $K_{\mathrm{W}}=0.75$；

F_{S}——安全系数，一般取 $F_{\mathrm{S}}=4$；

σ_{F}——光学材料的断裂应力。

（3）压力对光学窗口的影响，光学窗口工作过程中，一侧是高真空，另一侧是一个大气压，两侧的压差使得窗口趋于凸向杜瓦内，这种变形将会使通过窗口的波前光程差发生变化，在整个通光口径内压差为 ΔP_{W}，则圆形窗口形变带来的光程差 L_{OPD} 为：

$$L_{\mathrm{OPD}} = \frac{0.00899(n-1)\Delta P_{\mathrm{W}}^{2}D^{6}}{E^{2}h^{5}} \tag{2-53}$$

式中　n——红外窗口的折射率；

E——窗口材料的弹性模量。

（4）光学窗口镀膜设计，光学窗口外表面镀增透膜、硬质保护膜，光学窗口内表面镀增透膜和硬质保护膜。增透膜用来减少光的反射及增加穿透强度，硬质保护膜可以增加光学镜片表面的硬度，对窗口起到保护的作用。根据窗口材料和厚度尺寸参数，可以计算得到光学窗口的体透过率为：

$$\tau = \mathrm{e}^{-\alpha h} \tag{2-54}$$

式中　τ——窗口体透过率；

α——窗口体吸收系数。

（5）确定各光学元件的公差，绘制窗口组件图和窗口、滤光片零件图。

2.8.6.2　光学系统的有效孔径和聚光能力

在考虑光学系统接收的总辐射量时，无遮挡地通过系统的最大光束直径（效孔径）很重要。限制此光束的物体称为孔径光阑，如图 2-29 所示。在孔径光阑前若有光学零件，它形成的光学像称为入瞳，入瞳孔径即光学系统有效孔径。例如：在照相物镜中，光圈就是孔径光阑，从物镜前方看到的光圈的像就是入瞳。光阑可分为：有效光阑、视场光阑、渐晕光阑、消杂散光光阑等。

我们用光学系统的 F 数或数值孔径来表述光学系统对辐射的会聚能力。

系统的等效焦距与入瞳直径（有效孔径）之比为 F 数，记作 F 或 F 数：

$$F = \frac{f}{D} \tag{2-55}$$

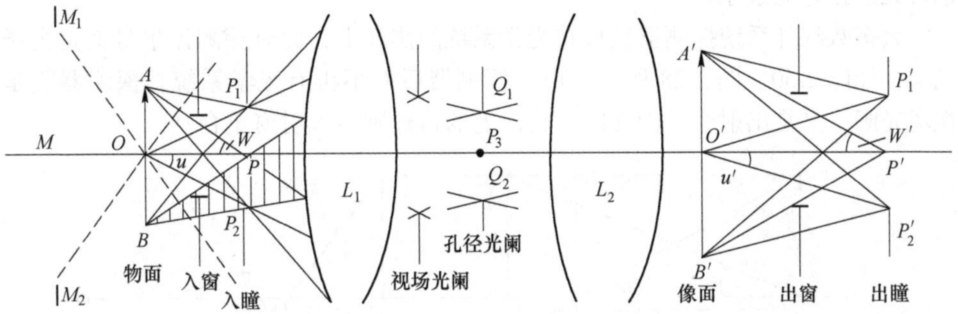

图 2-29 孔径光阑和视场光阑

F 数的倒数也称相对孔径。

数值孔径定义为：

$$NA = n'\sin u' \tag{2-56}$$

这里 n'是最后一个光学表面与后焦点间介质的折射率，u'是会聚在焦点的光锥的半角。数值孔径和 F 数都可用来表示物镜的聚光能力。物在有限远时，如显微系统，较多用数值孔径表示。物在无穷远时，如望远系统，较多用 F 数表示。

若光学系统在空气中使用，$n'=1$，在高级理论中，主平面是一个中心在焦点的球面。故 F 数和数值孔径可通过以下关系换算：

$$F = \frac{f}{D} = \frac{1}{2\sin u'} = \frac{1}{2NA} \tag{2-57}$$

理论上数值孔径的最大值为 1，即 F 数为 0.5，其物理意义是在焦点形成的光锥具有 180°的角度。由于像质太差，F 数为 0.5 的光学系统是没有实用价值的。

2.8.6.3 光学系统的视场

A 视场光阑

物空间可以被光学系统成清晰像的范围称为光学系统的视场，有物方视场和像方视场之分。孔径光阑限制的是轴上点发出光束的孔径角，而另一类限定物平面上或物空间可成像范围的光阑，我们称之为视场光阑。视场的大小用线视场和视场角表示。前者适用于物体在有效距离时，用所观察到的物体的直径来表示视场的大小；后者适用于物体在无限远时，用物体边缘对入射光瞳中心的张角来表示视场的大小。

视场光阑对前面部分光学系统所成的像叫入射窗，对后面部分光学系统所成的像叫出射窗。入瞳中心对入射窗边缘所张的夹角叫物方视场角，出瞳中心对出射窗边缘所张的夹角叫像方视场角。由图 2-29 可见，物面上可成像范围被视场光阑限定在 A、B 之间，位处边缘的轴外点 A、B，发出的中心光线（主光线）

也可无遮拦地通过系统。

大多数红外系统探测器就放在光学系统的焦面上，此时探测器本身就是视场光阑，如图 2-30、图 2-28 所示。由于探测器后面不再有光学系统，探测器既是视场光阑，又是出射窗，而无限远物面上的目标则与入射窗重合。

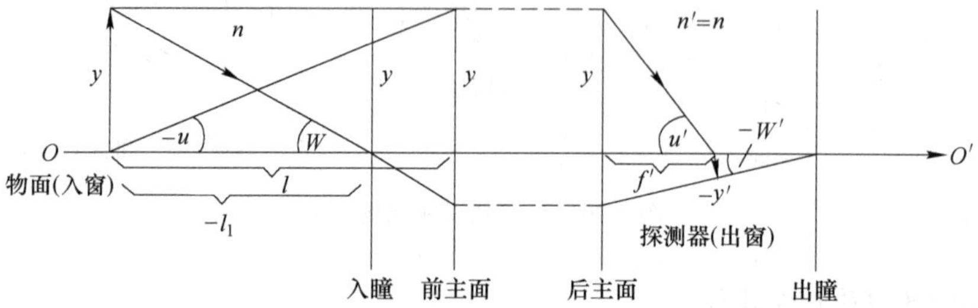

图 2-30　探测器作为视场光阑的光学系统图

需要强调说明的是：视场光阑能限定成像范围，但不能保证轴外光束的所有光线通过系统。视场内轴外点发出充满入瞳的光束中仍有部分光线会被其他光孔遮挡，这种现象称为渐晕。

图 2-29 中 B 点发出光束中画有阴影部分就由于入射窗的遮挡而不能进入系统。渐晕会减小像面上轴外点的照度，为消除渐晕，除了使入射窗和物面重合外，还应使其他光栏和透镜框做得足够大。

B　瞬时视场和扫描视场

设光学系统以探测器为视场光阑。如系统焦距为 f'，有效孔径为 D，探测器尺寸为 l，则物方半视场角 W 为：

$$\tan W = \frac{l}{2f'} \tag{2-58}$$

上式是一个简化的表达式，任何光学系统的视场都是两维的。如探测器尺寸为 $l \times d$（垂直×水平），则垂直和水平视场角可分别表达为：

$$W_{\mathrm{V}} = \arctan \frac{l}{2f'} \tag{2-59}$$

$$W_{\mathrm{H}} = \arctan \frac{d}{2f'} \tag{2-60}$$

对于由多个探测元组成的线阵或面阵探测器，我们将单个探测元所对应的视场称为瞬时视场，而将线阵或面阵探测器所对应的视场称为光学视场。

由于瞬时视场很小，正切值可用弧度代替，如光敏元尺寸为 $a \times b$（垂直×水平），瞬时视场 IFOV 为：

$$\mathrm{IFOV}_V = \alpha = \frac{a}{f'} \tag{2-61}$$

$$\mathrm{IFOV}_H = \beta = \frac{b}{f'} \tag{2-62}$$

使用单元探测器的系统光学视场和它的瞬时视场是一致的。具有多个光谱辐射通道的探测系统，如多光谱遥感仪器，往往也有多个探测元。为了保证它们能同时“看到”同一块地物，需要视场配准。解决方法通常是在共用光路中设置系统的视场光阑，这样各个通道的探测视场不是由各自的探测器所决定的，而是取决于共同的视场光阑。

2.8.6.4 光学元件的反射损失

红外光学系统的能量损失应包括光学元件介质吸收和在界面反射两部分，由于红外材料的折射率较高，反射引起的损失不可低估。光在两种不同介质界面上的（能量）反射率为：

$$R = \frac{1}{2}\left[\frac{\sin^2(I - I')}{\sin^2(I + I')} + \frac{\tan^2(I - I')}{\tan^2(I + I')}\right] \tag{2-63}$$

当 $I \approx 0$ 时，式中的正弦和正切可用弧度表示，再利用小角度的折射定律 $n'I' = nI$ 可得：

$$R = \left(\frac{n' - n}{n' + n}\right)^2 \tag{2-64}$$

利用上式可分别计算光从空气正入射到玻璃（$n=1.5$）、锗片（$n=4$）和硅片（$n=3.42$）时的反射率：

$$R_{玻璃} = \left(\frac{1.5 - 1}{1.5 + 1}\right)^2 = 0.04$$

$$R_{锗片} = \left(\frac{4 - 1}{4 + 1}\right)^2 = 0.36$$

$$R_{硅片} = \left(\frac{3.42 - 1}{3.42 + 1}\right)^2 = 0.3$$

以上推导只考虑了一个折射面，对于有两个平行平面的平板，正入射时平板的透过率计算如下：

设平板的折射率为 n，平板两侧为空气，平板与空气之间的反射率记作 ρ，平板厚度为 x，吸收系数为 α，平板透过率 T 是多次透射的结果，每次透射的能量百分比为 T_0, T_1，…，如图 2-31 所示。

第一次出射的能量的损失应包括两次反射和一次路程为 X 的吸收，故

$$T_0 = (1 - \rho) \cdot \mathrm{e}^{-\alpha x} \cdot (1 - \rho) = (1 - \rho)^2 \cdot \mathrm{e}^{-\alpha x} \tag{2-65}$$

经过一次来回反射，第二次出射相对于第一次出射的能量衰减是二次反射和一次长度为 $2x$ 的路程吸收引起的。

$$\frac{T_1}{T_0} = \rho^2 \cdot \mathrm{e}^{-2\alpha x} \tag{2-66}$$

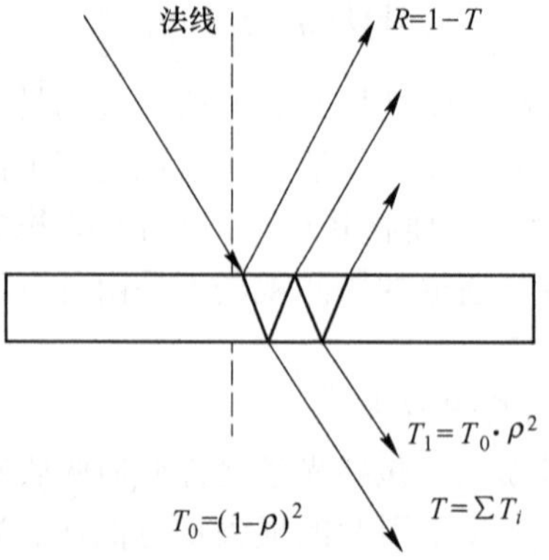

图 2-31　光通过平板时的能量损失

以后各次出射能量均较前一次衰减同样倍数。总透过率为：

$$T = T_0 + T_1 + T_2 + \cdots = \frac{(1-\rho)^2 \cdot e^{-\alpha x}}{1-\rho^2 e^{-2\alpha x}} \tag{2-67}$$

如忽略材料吸收，$\alpha \approx 0$，并将 $\rho = \left(\frac{n-1}{n+1}\right)^2$ 代入，可有：

$$T = \frac{(1-\rho)^2}{1-\rho^2} = \frac{2n}{n^2+1} \tag{2-68}$$

$$R = 1 - T = \frac{n^2-2n+1}{n^2+1} \tag{2-69}$$

对锗片可算得透过率约为 0.47，硅片约为 0.54。以上是在正入射前提下推导出来的结论，当入射角达 45°时也能应用，而且没有显著误差。

锗单晶是一种闪耀着幽蓝金属光泽的半导体，它在可见光波段是不透明的，在红外波段却有着良好的透过率，即吸收系数小。对于各向同性的完善晶体材料，如不计其反射损失的话，透过率可表示为：

$$\tau = \frac{I}{I_0} = e^{-\alpha t} \tag{2-70}$$

式中　τ——透过率；
I——入射辐射强度；
I_0——透射辐射强度；
α——吸收系数；
t——被测材料样品厚度。

晶体透过率在其短波区主要取决于本征吸收，即引起电子从价带激发到导带的光电子吸收；在其长波区主要取决于晶格振动吸收。当红外锗窗口的温度升高，会引起锗单晶的本征吸收和晶格振动吸收增加，使锗窗口的透过率显著下降。

2.8.6.5 光学元件的增透

红外材料的折射率都较高，为了消除在给定波长上的反射，红外光学元件的表面都要用真空蒸发的方法镀上一层或多层薄膜，我们称之为增透膜，或减反射膜，如图 2-32 所示。

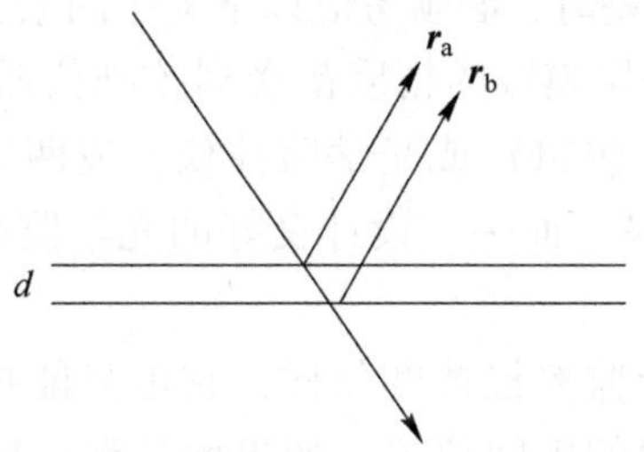

图 2-32 单层增透膜原理

设入射介质、膜层、基片的折射率分别为 n_0、n_1、n_2，δ 为膜层的相位厚度，即光通过膜层的相位差：

$$\delta = \frac{2\pi n d\cos\theta}{\lambda} \approx \frac{2\pi n d}{\lambda} \tag{2-71}$$

膜层的两个界面的反射矢量分别可表达为 r_a 和 $r_b e^{-2i\delta}$。2δ 为两束反射光相位差。如两束反射光振幅相等，相位相反，就能完全相消。于是有 $r_a = r_b$，$2\delta = 4\pi \frac{n_1 d}{\lambda} = \pi$。根据相位条件，膜层的光学厚度（折射率和实际厚度的乘积）必须等于 1/4 波长，即 $n_1 d = \frac{\lambda}{4}$。

根据振幅条件，要求两个界面的反射率相等：

$$\left(\frac{n_0 - n_1}{n_0 + n_1}\right)^2 = \left(\frac{n_1 - n_2}{n_1 + n_2}\right)^2 \tag{2-72}$$

即

$$n_1 = \sqrt{n_0 n_2}$$

推出结论是膜层的折射率应为基片和膜层折射率乘积的平方根。

由于光学厚度随入射角变化，增透膜对会聚光束的所有光线不是等效的。但当会聚角小于 30°时，这种影响可以忽略。

单层增透膜由于折射率和厚度不能任意选择，因此只能使某一波长的反射率为零，或使一有限波段的反射率较低、其他波长的反射率仍很高。为得到较宽的增透带宽，必须采用二层膜或多层膜。红外系统的折射元件，如窗口、透镜、棱镜等，均需采取镀膜增透措施。

设计规定膜层结构、厚度和折射率等指标，制造工艺包括设备硬件、控制软件和一组使机器实现设计要求的指令。在工艺/设备中存在着许多变量，而其中有些不可能被完全控制。这些不可完全控制的变量提高了系统的制造公差，降低了控制膜层厚度的能力，造成标准输出相对于设计的偏差。为了保证工艺的持久性，标准输出应在大多数时间内达到预期效果，即满足用户对薄膜光学性能和耐久性的具体要求。在评估工艺公差时，必须考虑以下几个因素：

（1）厚度监控，设计中每一层膜厚的精度都受到控制仪器本身精度的限制，控制仪器是石英晶体微量天平（QCM）或光学监控仪，或两者同时使用。石英晶体微量天平的精确度大约是 2%，而一个设计良好的光学监控仪，精度能达到千分量级。

（2）膜厚的不均匀性，无论监控仪精度怎样，它也只能控制真空室里单点位置的膜厚，一般来讲是工件架的中间位置。如果此位置的膜厚不是绝对均匀的，那么远离中心位置的基片就无法得到均匀的厚度。虽然屏蔽罩能消除表现为长期的不均匀性，但有些膜厚度的变化是由蒸发源的不稳定或膜材的不同表现而引起的，所以几乎是不可能消除的，但对真空室的结构和蒸发源的恰当选择可以使这些影响最小化。

（3）时间变量，真空室里的沉积条件随着时间发生改变是常见的现象。在一轮运行过中，蒸发源的特性会随着膜材的消耗而改变，尤其是设计中涉及多层镀膜时，如果工艺过程需持续数个小时，真空室的热梯度也会上升。同时，当真空室内壁发生沉积变脏时，不同轮次的工效逐渐产生差异。这些因素虽然是渐进的并可以进行补偿，但依然应该将其视为系统公差的一部分。

（4）薄膜一般多孔，使得它们的属性在诸多方面低于块状材料。其中一点就是在潮湿条件下，薄膜的微观空间充满水蒸气，而在相对湿度降低时变干。水分的存在与否改变了薄膜的有效折射指标，产生了众所周知的湿度转换现象，即薄膜的光谱改性。

（5）沉积条件对镀膜的多孔性具有很大的影响，人们早就通过基片的高温（~300℃）来增加薄膜的密度。而近年来，离子束辅助沉积（IBAD）法也被用来在环境温度下提高基片的密度。显然，对设备/工艺因素的考虑不应仅仅停留在部件基本功能的水平。在考虑基材的基本成分之外，还应考虑工艺设计上的元素。对每一部件的选择都应首先仔细评估其对制造误差和工艺控制的影响。

2.8.6.6　光学窗口的强度设计

光学窗口作为 0 光焦度的光学元件，是入射光束的必经路径，其光学性能直接影响光学系统的分辨力和成像质量。为了保证光学系统成像清晰，光学窗口不能翘曲变形，因为形变会引入光学像差，影响光学系统的传递函数，这就要求窗口具有足够的机械强度，并且不会产生应力集中。窗口材料受到压力作用时会使通过窗口的光波产生误差。当光学窗口材料没有足够的塑性变形时，在外界压力和温度变化等影响下可能会遭到破坏，表面会出现裂纹或断裂损坏窗口。因此，需要对窗口进行强度分析，以确定可靠的窗口材料厚度。

光学窗口所用的红外光学材料均属于脆性材料，压力作用下其表面会发生塑性变形。红外光学材料表面变形会导致光学性能下降，变形严重时甚至会损坏光学窗口。当光学材料表面塑性变形小于压力引起的变形时，其表面就会出现裂纹或者断裂。因此，十分必要对光学窗口进行强度分析，进而确定光学窗口是否具有足够的强度。

简单支撑的圆形红外光学窗口在压力条件下产生的应力为：

$$\sigma = \frac{3\Delta p(3+\nu)}{32}\left(\frac{d}{h}\right)^2 \tag{2-73}$$

式中 σ——窗口材料产生的应力；

d/h——光学窗口直径厚度比；

Δp——光学窗口内外表面承受的压力差，为确保窗口材料的可靠性，取 Δp 为一个大气压 1.013×10^5Pa；

ν——光学窗口材料的泊松比。

判定光学窗口具有足够强度的条件为：

$$\sigma \leqslant \frac{\sigma_F}{F_S} \tag{2-74}$$

式中 σ_F——光学窗口材料的断裂应力（锗 90~100MPa 硅 70~340MPa）。

F_S——安全系数（光学机械工程中通常采用的安全系数为 4）。

由式（2-73）、式（2-74）得窗口纵横（直径厚度）比 d/h

$$\frac{d}{h} \leqslant \left[\frac{14\sigma_F}{\Delta p(3+\nu)F_S}\right]^{1/2} \tag{2-75}$$

式中 Δp——窗口的轴向压差，1 个标准大气压为 0.101325MPa；

d——窗口直径，锗、硅直径都是 20mm；

h——窗口厚度，锗、硅厚度分别大于 1.62mm、1.99mm；

F_S——安全系数，通常为 4；

σ_F——最大允许抗拉应力（断裂强度），锗 100MPa、硅 150MPa；

ν——泊松比，锗、硅的泊松比均为 0.28。

红外光学窗口强度核算：

$$\mathrm{M.S.} = \frac{[\sigma]}{\sigma_{max} f} - 1 \tag{2-76}$$

式中 M. S.——安全裕度；

$[\sigma]$——许用应力；

σ_{max}——计算应力；

f——安全因子，屈服极限一般取 1.2；破坏载荷一般取 1.35。

2.8.6.7　光学窗口的温度稳定性

红外锗窗口的温度效应，即温度对其光学、物理性能的影响。标准的光学锗在 10μm 和 25℃时，折射率温度系数为 $(3.92\pm0.04)\times10^{-4}$℃，故锗窗口加热可能对红外光学系统成很大的影响。在 10μm 时，锗的折射率与温度的关系为 $dn/dt=2.7\times10^{-4}$℃，当 $f=100$mm，温度变化±20℃，轴上色差为 $\Delta P=0.86$mm。对于平面单晶锗窗口不会引入像差，可不考虑热色散问题。

锗的导热率为 0.14cal/(s · cm · K)，锗的导热性能优良，锗窗表面温度均匀，热稳定系数是表征材料经受急冷急热的能力。锗窗口可能承受 40℃以上的温差骤变，易于产生较大的热应力，造成窗口的破裂失效。锗的热稳定系数 K 为：

$$K=\frac{\sigma}{\alpha E}\sqrt{\frac{\lambda}{c\rho}} \tag{2-77}$$

式中　σ——抗张强度极限，MPa；

α——线膨胀系数，cm/K；

E——杨氏模量，MPa；

λ——导热率，J/(s · cm · K)；

c——比热，J/(g · ℃)；

ρ——密度，g/cm³。

经计算，锗单晶的热稳定系数为 7.57×10^{4}，由此可见锗窗口的热稳定性能极好，通过实验证实，锗窗可耐受 60℃以上的温差骤变。

光学薄膜器件在环境温度 300K 降低到 85K 下工作，其波长会漂移，光谱特性会发生变化，严重影响红外探测系统的性能，甚至使光电系统失效。影响光学薄膜器件稳定性的各种因素包括水汽、环境温度和辐照等，它们通过改变光学薄膜材料的光学常数 n、k、d，从而改变光学薄膜器件的光学性能。在大气环境下水汽是影响光学薄膜器件稳定性的主要因素，在低温或真空环境中温度对薄膜器件性能的影响占主导地位。

温度差对红外窗口热变形的影响。如果窗口的内侧和外侧存在一定的温差，则径向和轴向都会产生温度梯度，称为径向温度梯度和轴向温度梯度。

（1）轴向温度梯度是红外窗口中温度场沿着窗口玻璃厚度方向的温度分布。一般情况下窗口表面变为球面形状，曲率半径为：

$$R=k/(\alpha q) \tag{2-78}$$

式中　α——单晶锗玻璃的热膨胀系数；

q——单晶锗玻璃单位面积上的热通量；

k——热导率。

在轴向温度梯度下锗玻璃会变成一个弯形球面透镜，光焦度为：

$$\frac{1}{f_{\mathrm{w}}}=\frac{(n-1)^2}{n}t_{\mathrm{w}}\left(\frac{\alpha q}{k}\right)^2 \tag{2-79}$$

式中 f_{w}——透镜焦距；

t_{w}——热传导时间。

光焦度 Φ 表征光学系统（或透镜）对光线汇聚或发散的能力，其值为像方介质折射率 n'与对应像方焦距 f'之比值,其表达式为

$$\Phi = n'/f' \tag{2-80}$$

（2）径向温度梯度是红外窗口中温度场从窗口中心到窗口边缘的温度分布。有下面两种情况，如图 2-33 所示。图 2-33（a）中的变形表明玻璃平板的中心温度高，越接近边缘温度越低；图 2-33（b）中的变形表示边缘温度高，越接近中心温度越低。图中 d 为玻璃板的厚度，d'为变形后表面轮廓形变量最大处。

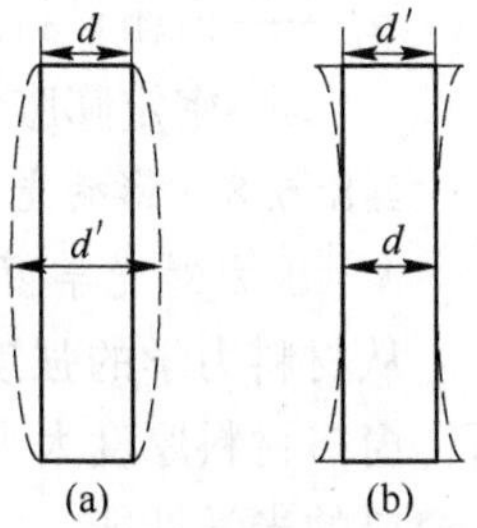

图 2-33 径向温度差对窗口玻璃的影响

假定热光系数是一个定值常数，则边缘效应带来的光程差为

$$L=\left[(n-1)(1+\mu)\alpha+\frac{\mathrm{d}n}{\mathrm{d}T}\right]t\cdot\Delta T \tag{2-81}$$

式中 μ——窗口玻璃材料的泊松比；

$\frac{\mathrm{d}n}{\mathrm{d}T}$——热光系数；

ΔT——温度梯度（中心到边缘）。

平行平板厚度 d 产生的波像差

$$\delta=\pm\frac{d}{8\lambda}\cdot\frac{n^2-1}{n^3}u^4=\pm\frac{d}{8\lambda}\cdot\frac{n^2-1}{n^3}\left(\frac{1}{2F}\right)^4 \tag{2-82}$$

压力对平行平板窗口的影响

$$\mathrm{OPD}=8.89\times10^{-3}\left[\frac{(n-1)\Delta p^2 d^6}{E^2h^5}\right] \tag{2-83}$$

式中 OPD——压力差引起的最大光程差；

n——窗口材料的折射率，硅 3.4255（4μm），锗 4.0032（10μm）；

Δp——窗口的轴向压差，1 个标准大气压 101325Pa；

d——窗口直径，18mm；

h——窗口厚度，2.5mm；

E——窗口材料的弹性模量，硅 131GPa，锗 83GPa。

窗口与窗座之间的初始间隙

$$e \approx \frac{1}{2}\Delta T(d_m\alpha_m - d_G\alpha_G) \tag{2-84}$$

式中　e——最小径向间隙，mm，约 0.003、0.009；

ΔT——温度变化量，制造环境温度 25℃、200℃，使用环境温度 -40～+50℃，典型温度变化量 25～65℃、200℃；

d_G——窗口外径，mm，$20^{-0.1}_{-0.15}$；

α_G——窗口材料热膨胀系数，硅 3.05×10^{-6}/K，锗 6.1×10^{-6}/K；

d_m——窗座内径，mm，$20^{+0.1}_{+0.05}$；

α_m——窗座材料热膨胀系数，4J34 精密定膨胀合金 7.5×10^{-6}/K；4J36 精密定膨胀合金 0.54×10^{-6}/K(+50℃)。

2.8.6.8　影响光学性能的因素

A　压力对光学窗口光学性能的影响

从材料力学的强度分析，要求窗口材料具有足够的厚度；从热光学方面分析，窗口材料厚度太大会加重由温度场引起的折射率梯度变化和热变形，降低光学窗口的光学性能。因此，对光学窗口组件进行光机热设计显得尤为重要。除了考虑强度因素之外，光学性能也是光学窗口必须考虑的因素。当光学窗口内外存在压力差时，压力差会使得光学材料表面发生变形影响其光学性能，光学性能的改变又直接影响检测结果的准确性。因此，有必要验证光学窗口组件在内外压力差下是否满足光学性能要求，成像用的杜瓦光学窗口选择波形差 PV 值为光学性能评价指标，选择光程差作为其光学性能评价指标。有光学窗口组件在一个标准大气压 1.013×10^5Pa 的压力差下，波像差 PV 值优于 $\lambda/5$。

光学窗口的曲面形状、透过率及曲率半径都会因温度变化而受到影响，导致整个光学系统的成像质量变差。使用过程中和制造过程中都有红外窗口热变形问题，平行平板光学窗口、低温滤光片等热设计必不可少。平行平板光学零件焊接变形会产生弥散斑，影响会聚光束成像质量。红外焦平面探测器杜瓦组件的窗口部件，既是透射红外辐射的平板光学元件，也是杜瓦真空腔体的结构件，具有光学和真空的质量特性要求，硅（锗）平板位置形状必须符合光学成像要求，硅（锗）平板与定膨胀合金焊接焊缝必须符合真空长寿命要求。其焊缝为圆环形平面结构，由硅（锗）-金属化层-焊料-定膨胀合金构成异种材料层合结构。受热膨胀和刚度失配影响，窗口部件中存在着较大的残余热应力，使得硅（锗）平板产生变形，引入硅（锗）平板像差，可改变焦平面上的光场分布，影响会聚光束成像质量。陶瓷、金属和焊料之间的膨胀系数差异大，连接接头应力大、强度低，必须考虑应力缓解问题。

非金属窗口与金属的钎焊需要匹配金属过渡层才能实现高强度的焊料附着，钎焊温度过高匹配金属层被浸蚀，影响真空气密性，焊接工艺过程的操作和控制要求高，其工艺成品率直接影响气密性和成本，也是微型金属杜瓦制造工艺中的关键工艺之一。

B 锗或硅厚度对可靠性的影响

原始的窗口尺寸 15.9mm×14.5mm×0.7mm，优化的窗口尺寸 20.3mm×16.7mm×0.7mm。锗窗口的厚度分别为 0.3mm、0.5mm、1.0mm，硅窗口的厚度分别为 0.3mm、0.5mm、0.7mm、1.0mm。在 500g 半正弦波冲击振动环境激励的等效应力水平和最大形变的情况如图 2-34（a）、（b）所示。锗窗口厚度从 1.0mm 减薄到 0.3mm，红外窗口受到的最大等效应力由 2.31MPa 增大到 6.68 MPa，最大形变从 380nm 增大到 2500nm。硅窗口厚度从 1.0mm 减薄到 0.3mm，红外窗口受到的最大等效应力由 1.47MPa 增大到 3.08MPa，最大形变从 176nm 增大到 874nm。两种材料的红外窗口厚度由 1.0mm 减薄到 0.3mm 过程中，最大等效应力和最大形变均满足材料要求。当窗口厚度相同时，硅材料窗口受到最大等效应力和产生的最大形变都较小。在特定波段红外辐射透过率满足要求的前提下，应优先考虑硅材料来制作红外窗口，同时可适当减薄窗口厚度。

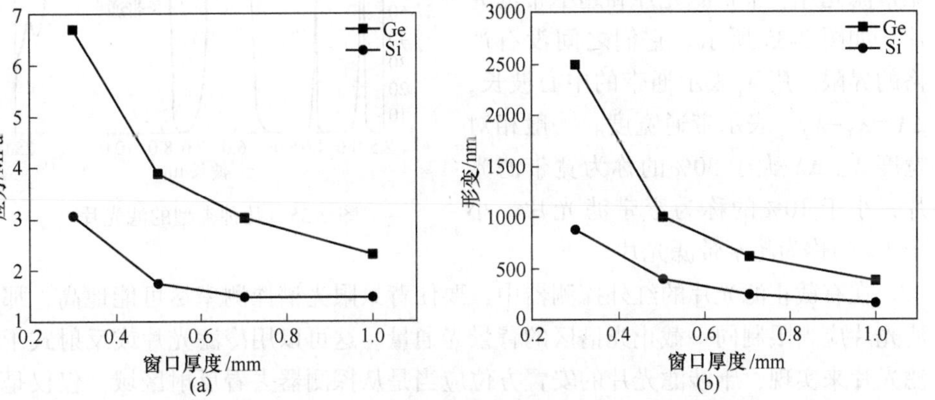

图 2-34 半正弦波冲击振动环境对不同材料红外窗口的影响

（a）Z 方向最大应力；（b）Z 方向最大形变

C 工艺公差（光学制造疵病）对光学性能的影响

在红外光学系统中，由于加工水平和装配工艺技术等限制，光学元件表面存在污染、麻点、划痕等疵病不可避免，红外探测器光学元件表面疵病对杜瓦光学特性影响的不能忽视。在红外探测器杜瓦中，窗片、滤光片表面均可能出现不同程度的疵病，可能会降低红外系统的成像质量。不同的窗片、滤光片表面疵病等级、不同滤光片封装位置对杜瓦光学特性的影响，包括杂散辐射、信噪比、像面响应率非均匀性等。研究表明，杜瓦内窗片表面疵病限制在Ⅳ级内、滤光片表面疵病限制在Ⅲ级内，疵病对杜瓦光学特性影响不大；但随窗片、滤光片疵病等级增加，探测器接收到的有效光信号变弱，像面响应率非均匀性增大，因此会导致成像质量变差、探测能力减弱。所以综合考虑光学元件的加工难度、成品率和产品一致性，建议窗片疵病容限设为Ⅳ级、滤光片疵病容限设为Ⅲ级。另外在相同疵病等级情况下，滤光片与芯片距离越近，像面杂散辐射系数越高、噪声越大，因此在杜瓦封装时最好将滤光片封装在冷屏开口处。

2.8.6.9　滤光片

根据滤光片分光的性质，可分为以下几类：

（1）低通滤光片，也称长波通滤光片和前截止滤光片，即让振动频率比较低的也就是波长比较长的光通过滤光片，短波被反射。

（2）高通滤光片，也称短波通滤光片或后截止滤光片。它的作用与低通滤光片刚好相反，短波透射通过，长波被反射。

（3）带通滤光片，它要求让某一波段的光通过，不让该波段两边的光通过。根据选择波段的宽窄，又可以分为宽带滤光片、窄带滤光片和超窄带滤光片，如图 2-35 所示。它们之间没有严格的界限。用 λ_c 表示通带的中心波长，$\Delta\lambda=\lambda_1-\lambda_2$，表示带通宽度。一般相对宽度 $\lambda_c/\Delta\lambda$ 大于 30%的称为宽带滤光片，小于 10%的称为窄带滤光片，小于 1%的称为超窄带滤光片。

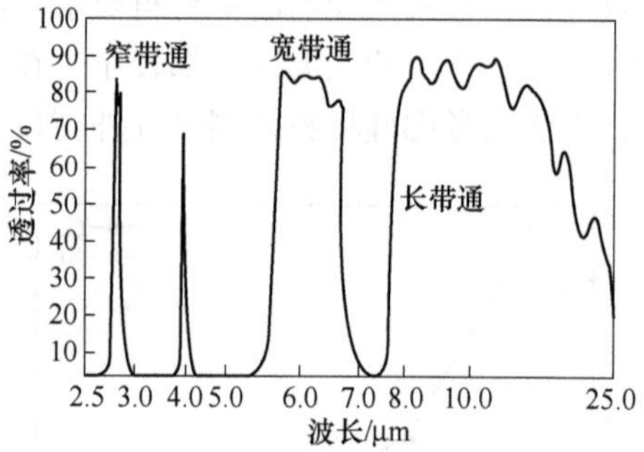

图 2-35　几种类型的滤光片

在有截止滤光片的红外探测器中，要使背景限光谱探测率尽可能地高，那么滤光片应当限制同一截止光谱区的背景光通量。这可以用冷滤光片或反射式干涉滤光片来实现，干涉滤光片的安置方位应当是从探测器去看反射区域，仅仅是冷表面对着滤光片背面。

红外滤光片的应用存在着一定的不确定性。在透过波段，红外滤光片对红外辐射具有高透过率，其发射率与反射率之和必定接近于 0；在截止波段，红外滤光片对红外辐射具有低透过率，其发射率与反射率之和也必定接近于 1。在透过波段，红外滤光片基本不具备自身辐射与反射辐射的特性；而在截止波段，情况恰好相反。在实际应用中，红外滤光片的部分截止波段包含于红外探测器的响应波段，则对于成像系统而言，红外滤光片在截止波段的自身辐射或反射辐射属于杂散辐射。在系统设计阶段，特别是对于有暗弱目标探测需求的红外系统，必须对红外滤光片的杂散辐射进行量化分析；开展量化分析的前提是掌握红外滤光片截止波段的发射率和反射率。

滤光片厚度会影响有效视场光线在探测器上的会聚位置。如图 2-36 所示，滤光片厚度为 T，入射光线视场角，滤光片折射率 n，入射到光敏面的光线相比无滤光片时的位置偏移量为 Δd，偏移量系数 α，则有：

$$d = T\left\{\tan\theta - \tan\left[\arcsin\left(\frac{\sin\theta}{n}\right)\right]\right\} = \alpha T \tag{2-85}$$

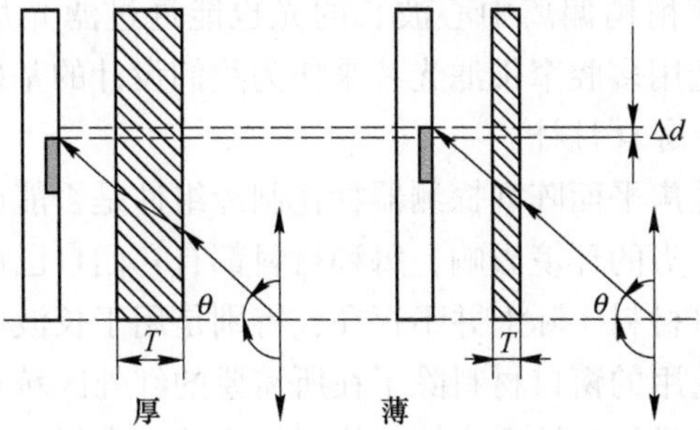

图 2-36 滤光片厚度对有效视场光线偏移量的影响

图 2-37 中，当成像视场角 θ 较大时，偏移系数 α 急剧增大，这种情况下滤光片厚度 T 对光线会聚位置偏移量 d 的影响不可忽略。

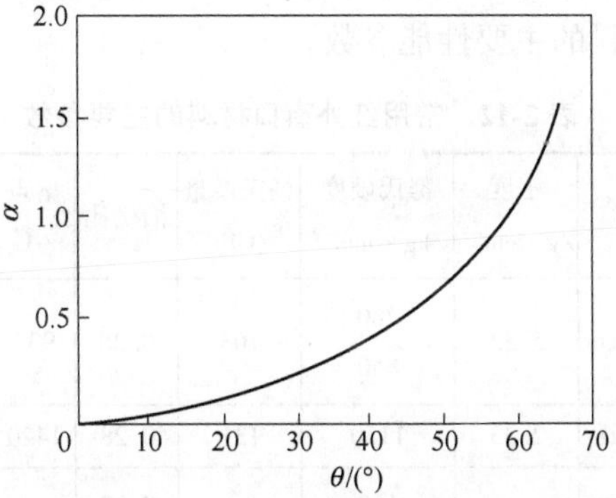

图 2-37 滤光片为蓝宝石($n=1.6$)时，视场角 θ 与偏移量系数 α 的关系

在红外探测器设计中，不仅要考虑光谱响应特性，还要考虑窗口或滤光片综合叠加使用后的光谱响应特性。为满足使用的波段要求，要对滤光片的设计提出不同的要求，如对材料的耐高温、高强度、尺寸、化学及物理性能的稳定性等方面。

窄带滤光片是一种应用非常广泛的薄膜元件，其主要作用是对光进行光谱选择，使需要的光通过，不需要的光截住。它满足一定的带宽、透射率、截止度、温漂、位相和化学稳定性、机械牢固度等特性。窄带滤光片作为滤光和选择谱线的光学元件，它的主要性能参数包括透射带的中心波长、通带半宽度、矩形度、陡度、峰值透射率、透射率和截止率。

法布里-珀珞滤光片是一种比较简单也是较为常用的窄带干涉滤光片。法布里-珀珞滤光片具有近乎三角形的通带。

法布里-珀珞型多腔窄带滤光片是将两个以上的单腔窄带滤光片用光学厚度为 1/4 中心波长的低折射率层（称之为匹配层或耦合层）串置起来。

与单腔窄带滤光片相比多腔窄带滤光片的透射带不再是一个尖峰，通带形状更接近于矩形，这使稍稍偏离中心波长的光也能透过滤光片而不会引起大的损耗。所以我们通常选用多腔窄带滤光片来作为我们设计的基础。

2.8.6.10　红外窗口材料

窗口是保证红外焦平面阵列探测器杜瓦制冷组件是否能够正常工作的关键部件。窗口会遭受到恶劣的环境影响，每种材料都有它们自己的局限性，能够满足所有要求的理想窗口材料实际上并不存在，特别是用于长波红外的窗口材料的选择性更小。因此所选用的窗口材料除了在所需要的红外区域透明外，同时还应当坚硬、耐用，具有优异的环境适应性，能抵抗环境应力侵蚀以及抗热冲击，并且最大限度地传递来自目标的辐射。必须考虑的重要参数包括可用性、透射性、应力对折射率的影响、化学稳定性、热特性和价格等。常用的红外窗口材料有 MgF_2、α-Al_2O_3、ZnS、ZnSe、Ge、和 Si 等。约有 250 种光学玻璃可用来制作可见光透镜，能用作红外透过元件的材料还不到 25 种。表 2-12 和表 2-13 中列出了几种常用红外窗口材料的主要性能参数。

表 2-12　常用红外窗口材料的主要参数

材料	工作波段 /μm	折射率	密度 /g·cm^{-3}	努氏硬度 /kg·mm^{-2}	杨氏模量 /GPa	泊松比	熔点 /℃	线膨胀系数 /10^{-6}K^{-1}	吸收系数
锗	1.8~23	4.02@4μm	5.33	780 850	103	0.28	937	6.0@300K	1.3×10^{-3} @3.8μm
硅	1.1~9	3.42@4μm	2.33	1150	131	0.28	1420	2.6@300K	1.6×10^{-3}@3μm
多光谱硫化锌	0.35~14.5	2.25@4μm	4.09	160 150	88	0.32 0.28	1830	7.0@300K 6.3@273K	0.2@10.6μm
标准硫化锌	1~13	2.25@4μm	4.09	250	74	0.29	1830	6.8@300K 6.6@273K	—
蓝宝石	0.17~6.5	1.68@4μm	3.98	1500~2200	344	0.27	2050	5.0@300K（平行） 4.4@300K（垂直） 5.3@298K（c面）	0.92@5μm

续表 2-12

材料	工作波段 /μm	折射率	密度 /g · cm^{-3}	努氏硬度 /kg · mm^{-2}	杨氏模量 /GPa	泊松比	熔点 /℃	线膨胀系数 /10^{-6}K^{-1}	吸收系数
碳化硅	0.4~4	2.492@ 4μm	3.21	2500 2540	466	0.21	2600 2797	0.09@75K 6.5@1800K 1.9	20@4μm
氟化镁	0.11~9	1.35@4μm	3.18	415 640 580	142 114	0.25~ 0.36	1255	10.4@300K 13.7 (平行 c 轴) 8.48 (垂直 c 轴)	<0.1@5μm

表 2-13 常用红外窗口材料的主要参数

材料	热容量 /J · (g · K)$^{-1}$	热导率 /W · (m · K)$^{-1}$	弹性模量 /GPa	热光系数 (dn/dt) /10^{-6}K^{-1}	断裂韧度 /MPa · m$^{1/2}$	断裂强度 /MPa	强度 /MPa
锗	0.31@300K	59.9@300K	103	424	0.7 0.43	90~100	90
硅	0.75@298K	148@300K	164 130.91	159	0.74 0.9	70~340	120
多光谱硫化锌 ZnS-ms	0.51@298K 0.46@300K	27@298K	88.3 73.8	43 39	1.0 0.91	69	55.15 68.94
标准硫化锌 ZnS-std	0.47@300K	19@298K	74.5	43	1.0	97.95	100
蓝宝石	0.78@300K	35@300K (平行) 33@300K (垂直)	340~460	6~12	2.2 1.7 2.0	784±35% (a 轴, 四点) 1055± 34% (c 轴, 四点)	300~ 1000
碳化硅	0.7	144 214@300K	386 465	—	4	—	600 500
氟化镁	1.02@300K	21@300K	114 139	1	1.0	50 150	100~ 150

在选择红外光学材料时，需综合考虑材料的光学、力学、热学等物化性能。红外光学材料可分为透明陶瓷、晶体、热压多晶、玻璃和塑料等 5 类。常用的红外单晶材料包括 Ge、Si、α-Al_2O_3、ZnS、ZnSe、MgF_2等，具有熔点高、热稳定性好、硬度高、折射率和色散变化范围大等优点，但晶体尺寸受限、成本相对较高。短波红外光学系统可以选择卤化物、氟化物、ZnSe、ZnS 等光学材料，但是由于机械特性、化学持久性等的限制，卤化物不作为候选材料，又由于材料的可获得性，加工及镀膜经验的限制，可选择的材料限制在氟化物、ZnSe、ZnS 等几种材料上。

A　锗（Ge）和硅（Si）

锗和硅同属Ⅳ族元素半导体材料。锗单晶为金刚石结构，不溶于水，化学性能稳定，在红外波段有良好的透明性，在透射波长 1.8~25μm 范围内其折射率 $n\approx4.0$，色散很小，是一种优良的中远红外材料，具有足够的硬度，且其机械性能和导热性良好，在 10.6μm 处的吸收很小，可用于窗口和整流罩的制造。但锗的光学特性受温度影响较大，随温度升高则透过率下降。在 300℃ 条件下，8~12μm 几乎完全不透，3~5μm 透过率仅为 25℃的 20%左右，故锗不宜在高温下使用。单晶锗根据吸收机制的不同（电子和空穴）分为两种，即 n 型锗（n-Ge）和 p 型锗（p-Ge）。锗中电子吸收截面仅为空穴的 1/20，这样对于同样的掺杂浓度，n 型锗杂质吸收仅为 p 型锗的 1/20，故在红外应用中大多使用 n 型锗单晶。光学用的锗有单晶和多晶两种。光吸收和纯度有关，纯度又与电阻率有关。n 型锗电阻率为 10Ω/cm 为以上。实际的单晶体为 40Ω/cm 以上，多晶体为 10Ω/cm 以上。与锗类似，硅也是一种金刚石结构的半导体晶体材料，导热性好，密度低，机械强度较好，化学性能稳定，且不溶于大部分酸类，但溶于氢氟酸、硝酸和醋酸的混合物（CP-4）。硅的折射率比较恒定，$n\approx3.4$。红外透射性能良好，且受温度影响小于锗，在 3~5μm 波段，即使在 200℃下，虽然透过率有所下降，但吸收系数仍然较小，完全可用于窗口和整流罩的制造。但硅在 9μm 附近有很强的吸收峰，这个吸收峰与氧有关，即使改变工艺条件制备出低氧甚至无氧硅晶体，其在 8~12μm 范围内的透过率距离理论透过率还是有较大的差距。因此，按照目前的硅单晶制备技术，硅不宜作长波窗口和整流罩使用。

B　硫化锌（ZnS）和硒化锌（ZnSe）

ZnS 和 ZnSe 均是Ⅱ-Ⅵ族化合物，属于宽禁带（3.72eV）材料，化学性能稳定，具有纯度高、环境适应性强和易于加工等特点，其光传输损耗小有良好的透光性能，在近红外（1~3μm）、中红外（3~5μm）、远红外（8~12μm）等多个光谱波段具有较高的光学透过率。两者相比，ZnS 的价格低，硬度高，断裂强度是 ZnSe 的两倍，抗恶劣环境的能力在 ZnS 之上。依制备方法的不同，ZnS 分为标准（也称红外，呈深橘黄色）、元素（elemental，呈浅黄色）和多光谱（也称水透明，呈无色透明）ZnS 三个种类。标准 ZnS（ZnS-std）在中波区域具有相对较大的光学散射，在经过一次热等静压（hot isostatic pressing）处理后的 ZnS 称为多光谱 ZnS（ZnS-ms），多光谱 ZnS 的光散射较低，不仅在中波波段具有优良的光学特性，在 0.4~12μm 的宽光谱范围内也有很高的透过率。但同标准 ZnS 相比，多光谱 ZnS 相对较软，抗热冲击性稍低，因而限制了它的应用，特别是限制了空中军用系统的应用。虽然如此，多光谱 ZnS 仍是目前从可见光至远红外区透明的窗口和整流罩的最佳材料。鉴于目前光电系统向多波段共轴发展的趋势，多光谱 ZnS 的应用也呈上升趋势。ZnS 在生长过程中需要充入 H_2S 气体，雷声公司为了替换存在较大危险性的 H_2S 气罐，试着用硫蒸汽和 H_2 反应产生小量的 H_2S。结果惊喜地发现，用此方法生长的 ZnS 由原来的深橘黄色变为浅黄色。雷声公司将其冠名为元素（elemental）ZnS。元素 ZnS 的透过率（尤其是在 3~5μm 波段）优于标准 ZnS，完全满足红外中波的应用，其机械性能在本质上和标准 ZnS 相同，比多光谱 ZnS 要好得多。ZnSe 的性质与 ZnS 相似，透射范围更广，在0.48~14μm 范围内均有较好的透射性，长波限达 21μm。与 ZnS 相比，它具有较高的折射率 2.44（5μm 处），较小的色散和较低的吸收系数等一系列特性。但由于 ZnSe 的硬度和抗弯强度只有 ZnS 的一半左右，这就使它的应用受到了限制。

C 蓝宝石（α-Al_2O_3）

蓝宝石是一种纯度极高的氧化铝单晶，其主要成分为 α-Al_2O_3，它的透过范围跨越了紫外、可见光、红外三个波段。蓝宝石有很好的机械性能，具有高抗热冲击性、高硬度和抗磨损等优良特性，除了金刚石外，几乎没有什么其他物质能在其表面产生划痕。此外，蓝宝石的化学性质非常稳定，不溶于大多数酸类溶液。更由于其高强度，用蓝宝石制造的窗口比其他材料的窗口更薄，是制造窗口和整流罩的一个很好的选择，但蓝宝石是一种非均匀材料，不能满足制作复杂光学元件的要求。美国军事部门在 20 世纪 60 年代就开始了对蓝宝石作为一个性能优良的宽波段光学材料在军用光电设备上的应用研究，经过 Harris 和其他人的努力，蓝宝石的制造和加工技术已经基本完善（包括生长成型技术和抛光等加工技术）。一种材料的应用，各种性能数据的收集是非常重要的，而蓝宝石拥有近乎最全面的特性描述数据库，其他现有的和潜在的窗口材料，如多数可用的红外材料的特性描述与蓝宝石相比就显得相当贫乏。

材料的抗热冲击性一般由抗热冲击品质因子来衡量，抗热冲击品质因子直接与材料的固有强度相关。Gerlilman 利用这一定义测量 3~5μm 波段窗口材料的抗热冲击性，如氟化镁、蓝宝石、铝酸镁尖晶石（$MgAl_2O_4$）、氮氧化铝（AlON）、氧化钇和氧化镁（Y_2O_3-MgO）等。结果表明，蓝宝石的抗热冲击品质因子仅次于金刚石。因此，蓝宝石可以说是能同时透紫外、可见光和中波红外的最理想的窗口材料。Y_2O_3-MgO 纳米复合材料，结晶粒度约为 200nm，其在 3~5μm 的透明性接近了理论值，比蓝宝石要好，且这种材料有较高的强度。

D　氟化镁（MgF_2）

MgF_2属碱土—卤族化合物晶体，在自然界就有单晶存在（氟镁矿），人工也可制备单晶，是一种四方晶系，具有双折射特性的晶体材料。在 3～5 μm 范围内，具有良好的光谱性能。其透射长波限较短，一般在 10μm 左右，折射率也比较低，反射损失小，红外透过率受温度影响较小，可在较高温度下使用。MgF_2有硬度高，抗机械冲击能力较强和耐化学腐蚀，以及各向同性等特性，广泛用于激光、红外光学、紫外光学等科技领域。MgF_2的抗热冲击特性不够高，限制了它在更高马赫数导弹方面的应用。

2.8.7　绝热设计技术

杜瓦就是能有效减少辐射、对流和传导传热的具有真空夹层结构的真空绝热容器，它的结构形式与所封装的红外探测器芯片、配接的制冷方式、系统整机接口等紧密相关，是制冷型红外焦平面探测器不可缺少的重要组成部分，为探测器芯片提供制冷工作环境和光机电接口。采用焦平面阵列的前视红外系统要求减少系统准备时间，提高工作和储存寿命，增强电磁兼容性，以及光学对抗的能力，因而要求制冷降温时间短、制冷效率高、真空寿命长（10 年或 20 年）。

高真空绝热可靠性设计，包括真空完善性、真空气密性、残余气体分析、吸气剂性能筛选和应用研究、真空材料的放气率测试方法、材料的真空除气、真空表面清洗、真空表面电化学和化学处理、真空寿命加速试验等。真空表面处理技术值得深入研究和创新工艺，在现状基础上减小辐射传热 5%～15%；还能够减小表面出气率、缩短排气时间。微型金属杜瓦高效率获得真空可提高批量生产的效率和降低制造成本。

红外探测器封装杜瓦提供低温工作环境，杜瓦高真空绝热设计制造技术，不同于冷指端探测器封装技术，陶瓷装载基板与冷屏包裹区域属于探测器封装技术。探测器封装技术涉及探测器组装连接、传热、背景辐射抑制、电气连接、电磁兼容等内容，与探测器杜瓦组件降温时间有关的零部件包括冷屏与杜瓦壳体辐射传热、电气传输引线传导传热、接触界面粘接传导传热、各组成部分的热惯性等。

国内外研究杜瓦传热的文献很多，针对陶瓷装载基板与冷屏包裹区域的传热研究并不多见，可遴选探测器封装技术深入研究其传热问题，提供封装结构、材料、组装等特征参数优化依据，以解决快速制冷工程需求。

探测器封装技术研究对象里，影响降温时间的零部件主要有冷屏、键合引线、装载基板以及接触界面粘接剂，这些零部件的热物性、形状、尺寸都与传热有关。如：表面粗糙度、热导率、比定压热容、发射率、密度、结构形状、几何尺寸，等等。

减小冷屏辐射传热，首先要求其发射率低，表面粗糙度小。其次，要求大的热导率及小的比定压热容，还要小的密度，以减小热惯性。要减小稀薄气体对流传热，冷屏必须有最小的表面积。冷屏降温快慢及能达到的最低温度，同样影响2N2222的降温时间，因为冷屏与2N2222之间具有辐射传热的过程，冷屏域与2N222连线构成的空间，就是2N222看到的冷屏表面。

杜瓦传热、陶瓷装载基板与冷屏包裹区域传热的降温时间研究，虽然全面，却问题复杂。

冷指内管设计原则包括材料、热导率、强度、刚度。振动特性对支撑设计要求、工艺制造要求。热负载涉及传导热负载、传导热损耗、加工特性、形状位置要求。冷指内管薄壁零件制造工艺从坯料到零件涉及热处理、精密机械加工、特种研磨、专用表面处理等加工工艺技术，制造工艺流程长，零件加工精度要求高，尤其形状公差难以保证，与管座的组装焊接形变难以满足制冷器（机）位置公差的要求，制造工艺成品率相对较低，是微型金属杜瓦制造工艺技术的关键工艺之一。

杜瓦产品不仅结构形式比较复杂，而且工作环境恶劣，要承受包括热、振动等各种复杂载荷。杜瓦是由复杂的隔热、支撑、电路等系统组成，包含不锈钢、陶瓷、绝缘材料、芯片材料等各种新型、复杂材料；杜瓦对热特性要求非常高，通常主要为芯片提供低温工作环境，所以存在热传导、辐射等传热方式。在一定温度情况下，杜瓦结构各部件会发生热变形，产生热应力，需要对芯片、陶瓷以及其他主要部件进行有效控制，避免对芯片的损坏。另外，杜瓦还将承受外部环境、基础传递来的振动，需要进行有效隔离和控制，减少振动对芯片等的影响。

三代红外探测器的主要发展方向是长线列和大面阵，杜瓦尺寸也相应增加，对于探测器组件在高低温、振动、冲击等恶劣环境下的可靠性有更严苛的要求。

探测器在恶劣环境下工作时，若杜瓦薄壁内管的一阶共振频率较低且振幅过大，会导致探测器芯片的振动位移过大、引入振动噪声，从而影响成像质量和目标精度，也会影响引线键合的牢靠性和粘接层的强度，使探测器组件封装质量难以保证。对于长线列、大面阵红外焦平面杜瓦组件，其装载面需要承受更重的负载，该问题会更加突出。

所以，在杜瓦结构设计时，需考虑杜瓦整体的模态振动频率，以此为依据提高冷头部位的结构刚度，加大冷头结构的振动频率与探测器组件工作频率之间的隔离度，控制振动噪声，减小探测器芯片的振动位移，从而增强杜瓦的整体抗振可靠性。但是杜瓦薄壁内管刚度的增加通常需要增加薄壁管壁厚以及对薄壁管端部增加支撑，这都需要以牺牲杜瓦热负载为代价，从而增加制冷器（机）负担，因此，需要做到杜瓦热负载与薄壁内管刚度的优化折中，这就需要在优化设计的基础上再通过大量的测试实验来加以验证，购置振动模态分析系统测量杜瓦及其零部件特别是薄壁内管的模态频率就显得很有必要。

2.9　关键工艺可靠性

2.9.1　工艺可靠性与产品质量、成品率

工程化微型金属杜瓦作为特殊的电真空器件，内部结构复杂，不允许高温排气，因此，必须严格工艺过程控制。典型杜瓦主要工艺流程：材料筛选、零件加工、零件清洗、部件装配焊接、部件分类捡漏筛选、零部件真空预除气、杜瓦主体装配焊接、冷屏安装、杜瓦窗口封接、高灵敏度捡漏、排气封离等。杜瓦为探测器芯片在 80K 条件下正常工作提供真空绝热环境，围绕着延长杜瓦真空寿命、提高可靠性、降低热负载等目标，其制造过程有严格的工艺控制要求。

2.9.1.1　选材

由于杜瓦需要长时间保持真空，主要密封结构材料必须选择具有良好致密度的真空材料。杜瓦不同部位零件对材料的密度、热导率、比热容、膨胀系数以及光学特性等均有严格限制，否则将严重影响杜瓦的性能、真空寿命和可靠性。

2.9.1.2　表面处理

为控制杜瓦内表面放气，必须在零部件制造阶段采用清洗、化学处理、真空处理等多种表面处理方法，最大限度降低材料表面放气率。此外，冷屏黑化、零件表面电镀、抛光等也是改善杜瓦性能的重要手段。

2.9.1.3　真空卫生控制

为有效保证杜瓦真空寿命，其零部件流通过程应严格控制工艺卫生，以防止二次污染，杜瓦装配集成过程应在洁净工房内完成。

2.9.1.4　气密性要求

杜瓦漏气是构成其真空失效的主要因素之一。其零部件制造过程中的各种焊接、封接必须保证气密封性，应采用各种捡漏手段对零部件严格筛选。

2.9.1.5　焊接

为满足杜瓦绝热性能指标要求，不同部位采用多种金属和非金属零件，因而必须配以不同焊接和封接工艺，实现相互装配的零部件间的气密性和高强度连接。所采用的焊接种类较多，如激光焊接、微束等离子焊接、真空高温钎焊、冷压扩散焊接，等等。

应用于封装二代红外焦平面探测器的工程化微型金属杜瓦技术目前趋于成熟，工艺相对稳定，但是在真空寿命、热负载控制、可靠性等方面还有待提高，以适应红外探测器技术发展的要求。为适应杜瓦技术发展的需求，其制造工艺还需完善和拓展，主要在以下两个方面：一是引入新型结构材料，提高杜瓦结构强度，降低热负载，改善光学透过性能，减小冷头热质量等；二是研究新的表面处

理工艺和装配集成工艺，提高杜瓦的集成度、可靠性和真空寿命。

可靠性工程涉及的内容广泛，可分为可靠性管理、设计、理论、数据、试验和评价六个分支，涉及设计与制造全过程。红外探测器的可靠性研究包括产品在开发研究、设计、制造、包装、储存、运输和使用维修等方面要注意的问题及要求，是基于过程的可靠性研究。

工艺是将产品设计转变为现实产品所要采取的技术手段，必须保证合理、可达性和可生产性。工艺可靠性是研究工艺加工阶段如何满足产品的可靠性要求，通过分析可靠性与工艺过程的关系，从可靠性角度确定对相应工艺条件和工艺参数的要求，并在不断提高工艺水平和工序能力的基础上，加强工艺参数的检测和工艺过程的统计控制，以保证持续生产出高可靠的产品。

实践证明，效益看产品，产品看质量，质量看工艺，工艺看创新。可靠性要求需要工艺创新，可靠性技术又促进工艺创新，提升产品制造质量、可靠性和生产效率。可靠性与产品质量、成品率有很密切的关系。

红外焦平面探测器杜瓦组件工艺可靠性包括机械连接、电气互连和真空获得（排气）等制造工艺技术。机械连接的主要工艺对象有焊接、粘接，涉及激光焊接、高（低）温钎焊、冷压扩散焊接、电阻焊接、芯片贴装、陶瓷装载基板粘接、冷屏或滤光片组装、引线或支撑加固、黑化涂敷等工艺。从可靠性与工艺参数相关性分析、工艺条件的优化、工序能力分析、工艺统计控制等方面入手，针对封装焊接、粘接、对位、抽气等工艺对象的可靠性模型、失效模式、可靠性试验、可靠性评估开展工作，例如研究探测器和冷屏组装位置度精度、引线键合可靠性、真空表面清洁处理、高效率真空获得、真空寿命、激光焊接强度和气密性、粘接热阻控制、连接器插拔可靠性等。

一般高性能先进红外焦平面探测器封装的成本占70%~80%。从而迫使设计思想发生变化，即从单纯的性能设计转变为效能（性能、可信性、可用性）设计，这就需要开展可靠性技术创新，满足多用途、高性能、长寿命、高可靠度、低维修成本的综合要求。从生产涉及的主要环节考虑，需从原材料、设备、工艺控制和环境等几方面同时采取相应的技术措施。

在制造过程中，从可靠性要求出发，对工艺的要求与提高成品率要求基本一致；从产品特性参数考虑，产品可靠性对工艺的要求有时与产品特性参数对工艺的要求是矛盾的。此时，确定工艺参数要求的原则应该是在优先保证可靠性的前提下兼顾特性参数的要求，综合考虑。分析对产品可靠性、质量和成本起关键作用的环节，改进批生产工艺，简化、优化流程，降低产品生产、筛选、维修总费用，减少寿命周期总费用。

红外焦平面杜瓦组件可靠性研究主要有以下几个方面：

（1）基于组件的结构和可靠性因素建立组件可靠性模型；

（2）通过失效信息分析确定组件的主要失效模式与加速应力；

（3）对可靠性模型中的各部件开展针对单一失效机理的寿命试验研究；

（4）可靠性工程数据库和评估方法研究。

2.9.2 互连工艺

红外焦平面阵列的电气互连主要有：探测器芯片与硅读出集成电路的铟柱互连或环孔互连或引线键合；硅读出集成电路与陶瓷芯片支撑金属化焊盘的铟柱互连或引线键合；陶瓷芯片支撑金属化焊盘与杜瓦内引线的引线键合或针栅阵列连接器或挠性电缆等。碲镉汞阵列芯片与读出集成电路采用倒装焊接，各级电气传输采用引线键合，吸气剂电气连接采用电阻焊接。

2.9.3 微装配组装工艺

红外焦平面探测器阵列中心对微型金属杜瓦机械安装基准的位置度要求很高，探测器组装对位粘贴工艺，既要求高的位置度，也要求均匀薄的粘接剂，对涂覆粘接剂的要求也很高，对设备和操作人员的要求高，工艺过程操作难度大，是红外焦平面探测器微型金属杜瓦封装关键核心工艺。

目前，红外探测器微装配采用手工作业的方式，微装配技术的设备自动化程度、装配精度和生产效率低。如果要发展更大规模的红外焦平面探测器，微装配技术的提高是必须解决的问题之一。法国 Sofradir 公司大面阵焦平面探测器芯片在杜瓦粘贴面上的贴片精度达到 10μm 量级，而偏差角≤0.1°/m。

微装配组装工艺流程框图如图 2-38 所示。

微组装过程中粘接面包括载物台件与陶瓷基板、2N2222 测温三极管与 Si 读出电路、冷屏与载物台件之间等。使用新型光学用环氧胶作为主要粘接剂。新型光学用环氧胶属于光学胶的第二代产品，既保持了光学胶的优良性能，又克服了其结晶不足。充分混合双组分后，黏度低，利于胶层厚度的控制。固化后，在 −195～+80℃温度范围能保持良好的粘接强度，不会造成粘接失效；其弹性模量小，热膨胀系数与被粘接件接近，在较大范围的温度变化条件下，不会损伤被粘接件；真空环境中基本不产生气体释放，不会导致真空失效。

2.9.4 超高气密性密封工艺

陶瓷与金属焊接、异质或同质金属连接钎焊、激光焊接、冷压扩散焊接等都与真空气密性相关。由于制冷器（机）位置和形状公差要求高，内管壁薄，焊接应力常常产生位置误差，可采用二次激光焊接工艺组装焊接管座的工艺措施，第一次焊接之后进行位置公差校正，再进行第二次焊接。同时气密性要求也使得管座和内管的激光焊接难度很大，也是关键工艺之一。

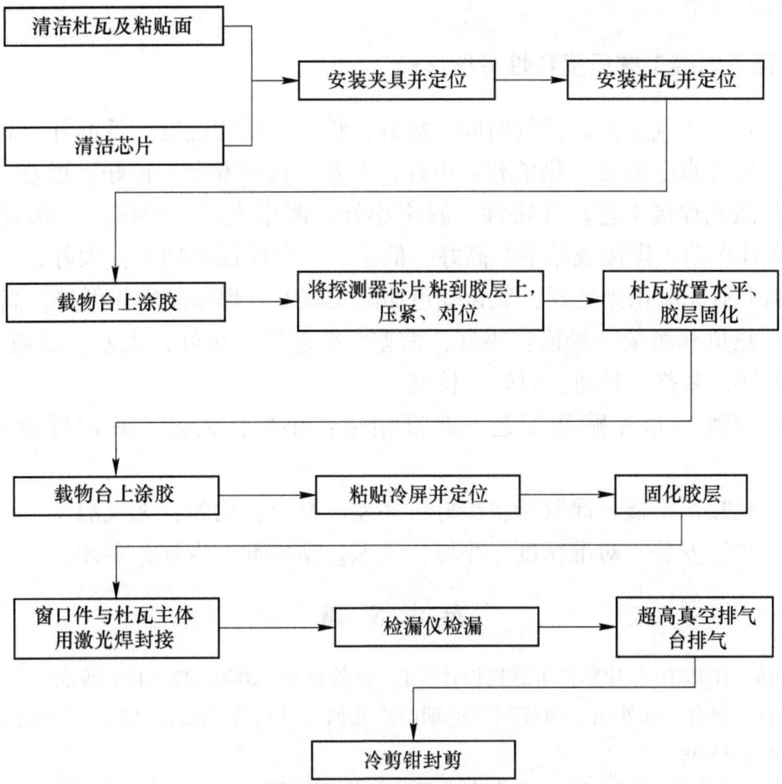

图 2-38 微装配组装工艺流程

一个有密封要求的微型金属杜瓦，若有漏孔存在，就存在着气体的泄漏问题，对于气体的泄漏，其漏率既与气体的种类、气体的温度以及杜瓦内外的气体压差有关；也与漏孔自身的形状、尺寸有关。这是一个较为复杂的问题。具有内空腔的密封微型金属杜瓦在环境温度升高时，如果存在等效的极小漏孔，根据气态方程得出空腔内气体压力将会增加，当其超过环境气压时，气体便会通过泄漏通道“呼”出；而当温度下降时空腔内压力将降低，当低于环境气压时周围气体便会被“吸”进空腔内。

理论分析认为微型金属杜瓦的最大漏气率在 10^{-12}Pa · L/s 量级，实践中可能要求检漏灵敏度优于 10^{-14}Pa · L/s 的量级，有文献要求检漏到 10^{-10}Pa · L/s 量级，也有文献提出应检漏到 10^{-13}Pa · L/s 量级，还有文献给出检漏灵敏度要求 10^{-15}Pa · L/s 量级，另有文献给出 90%的样品漏气率在 3.76×10^{-14} ~ 3.76×10^{-15} Pa · L/s 范围内。因为这里的最大允许漏气率包括所有可能的气体源，应该给其他气体源如出气留有余量。推测出气率要求远小于 10^{-12}Pa · L/s。应该采取一切可能的措施（如减小出气表面积、真空预除气、真空储存等）减小探测器/杜瓦瓶组合的出气率。

2.9.5　部分封装工艺质量特性考核指标

（1）真空排气工艺。排气时间：短好，长差。烘烤温度：低温好，高温差。

（2）器件真空寿命。热负载：小好，大差。真空寿命：长好，短差。

（3）激光焊接工艺。气密性：漏率小好，漏率大差。焊接：一次焊接成功好，二次补焊差。焊接成品率：高好，低差。一次焊接成功率：大好，小差。焊缝：饱满平滑无氧化光亮好，氧化变色塌陷飞溅差。焊接温度：低好，高差。

（4）热负载测量。量值：小好，大差。准确度：小好，大差。结霜：无好，有差。少好，多差。时间：短好，长差。

（5）探测器芯片贴装工艺。对准精度：小好，大差。胶层厚度：薄好，厚差。

（6）粘接剂涂覆。涂胶量：少好，多差。胶层：均匀，无气泡。

（7）冷屏安装。对准精度：小好，大差。粘接剂：少好，多差。

参考文献

[1] 李建林．HgCdTe 芯片粘接可靠性设计［J］．红外技术，2000，22（1）：29-32.

[2] 李建林．混合式红外焦平面阵列互连铟凸点几何尺寸的优化设计［J］．红外技术，2000，22（5）：35-38.

[3] 李建林，刘湘云，朱颖峰，等．红外焦平面探测器杜瓦组件真空失效及其检测方法［J］．红外与激光工程，2015，44（10）：2874-2879.

[4] 李建林，张绍裕，孙娟，等．热应力加速试验评定碲镉汞焦平面阵列像元储存寿命［J］．红外与激光工程，2019，48（10）：30-38.

[5] 李建林，谢刚，刘炼，等．碲镉汞焦平面阵列无效像元（盲元）特征与成因［J］．红外与激光工程，2021，50（2）：40-51.

[6] 李建林，刘卓林，陈晓燕，等．红外焦平面探测器杜瓦组件的热致破坏及其环境试验［J］．红外与激光工程，2022，51（4）：142-151.

[7] 李建林，李惟夏，徐世春．非蒸散型吸气剂维持红外焦平面探测器杜瓦组件工作真空度的性能与应用［J］．红外与激光工程，2018，47（10）：112-120.

[8] 李建林，周效军．利用流量法测量微型金属杜瓦瓶热负载及其计算方法［J］．红外与激光工程，2011，40（1）：143-148.

[9] 陈星．碲镉汞红外焦平面探测器可靠性相关技术研究［D］．上海：中国科学院大学，中国科学院上海技术物理研究所，2014.

[10] Barhydt H. Performance of nearly BLIP detectors in infrared sensors［J］. Optical Engineering，1976，15（6）：498-509.

[11] 张幼文．红外光学工程［M］．上海：上海科学技术出版社，1982：32.

[12] Solid Angle Definition And Measurement［EB/OL］．［2010-11-19］．http：//blog. ifeng. com/

article/3123727. html.
[13] 魏光仁. 光学系统的 F 数和其他参数对接近背景限的前视红外系统性能的影响 [J]. 红外技术, 1982 (3): 8
[14] 陈衡. 红外物理学 [M]. 北京: 国防工业出版社, 1985: 336.
[15] Clark J R. Advancesin Electronics and Electron Physics [M]. UK: Academic Press, 1959, 11: 87-183.
[16] Dereniak E L, Boreman G D. Infrared Detectorsand Systems [M]. New York: John Wiley & Sons, Inc., 1996: 39-40, 49.
[17] Wolfram Research, Inc. Mathworld [EB/OL]. [2007-02-15]. http: // mathworld. Wolfram. com/SolidAngle. html.
[18]《数学手册》编写组. 数学手册 [M]. 北京: 高等教育出版社, 1979: 61.
[19] 金伟其, 胡威捷. 辐射度光度与色度及其测量 [M]. 北京: 北京理工大学出版社, 2006: 99.
[20] 李建林, 孙娟, 周效军. 精确计算红外焦平面冷屏立体角的方法 [J]. 红外与激光工程, 2011, 41 (5): 1153-1157.
[21] [美] 密特 K L, [法] 皮兹 A. 粘接表面处理技术 [M]. 北京: 化学工业出版社, 2004.
[22] 罗来康. 粘接工程基础 [M]. 北京: 中国标准出版社, 2002.
[23] 方洪渊, 冯吉才. 材料连接过程中的界面行为 [M]. 哈尔滨: 哈尔滨工业大学出版社, 2005.
[24] 胡福增, 陈国荣, 杜永娟. 材料表界面 [M]. 上海: 华东理工大学出版社, 2001.
[25] 魏竹波, 周继维, 姚瑶. 金属清洗技术 [M]. 北京: 化学工业出版社, 2003.
[26] 陈国邦. 低温工程材料 [M]. 杭州: 浙江大学出版社, 1998
[27] 陈国邦, 郭方中, 张亮, 等. 低温制冷技术 [M]. 北京: 机械工业出版社, 2003.
[28] 陈丕瑾. 真空技术的科学基础 [M]. 北京: 国防工业出版社, 1987: 139.
[29] 陈国邦, 张鹏. 低温绝热与传热技术 [M]. 北京: 科学出版社, 2004: 64, 9.
[30] 汪洋, 赵振力, 龚海梅, 等. 红外探测器组件封装的引线特性研究 [J]. 红外, 2018, 39 (2): 8-13.
[31] 田立萍, 朱颖峰, 王微, 等. 制冷型红外焦平面探测器引线键合质量优化研究 [J]. 红外技术, 2012, 34 (12): 699-704.
[32] 郭亮, 张懿, 杨微, 等. 红外探测器组件引线熔断分析 [J]. 激光与红外, 2018, 48 (5): 591-594.
[33] 邱爱叶. 超真空技术 [M]. 杭州: 浙江大学出版社, 1991: 101.
[34] [日] 卢永铭, 等译. 真空手册 [M]. 北京: 原子能出版社, 1986: 160.
[35] 罗思 A. 真空技术 [M]. 北京: 机械工业出版社, 1980: 24.
[36] 达道安. 真空设计手册 [M]. 北京: 国防工业出版社, 1991: 35.
[37] 徐烈, 朱卫东, 汤晓英, 等. 低温绝热与贮运技术 [M]. 北京: 机械工业出版社, 1999.
[38] 徐烈, 方荣生, 马庆芳, 等. 低温容器——设计、制造与使用 [M]. 北京: 机械工业出版社, 1987.

[39] 杨世铭，陶文铨．传热学［M］. 北京：高等教育出版社，1998.
[40] ［德］海恩茨·赫尔威格（Heinz Herwig）．传热词汇 A-Z——基本概念与详尽诠释［M］. 彭晓峰，张扬，译．北京：机械工业出版社，2007.
[41] 李建林，卢云鹏，彭雪蕾，等．红外焦平面探测器封装集成设计技术［C］//2019 年中国光学学会学术大会文集，2019.
[42] 李建林，杨昆，何江玲，等．验证封装红外探测器杜瓦绝热功能的检测装置［C］//2019 年中国光学学会学术大会文集，2019.
[43] 陈星，华桦，何凯，等．红外焦平面探测器封装结构热应力分析［J］. 激光与红外，2014，44（6）：646-648.
[44] 苏文献，徐璐雯，徐红艳，等．碲镉汞红外焦平面探测器封装用 4J36 合金深低温力学性能研究［J］. 低温物理学报，2021，43（4）：225-232.
[45] Druart G，De La Barriere F，Guerineau N，et al. Towards infrared DDCA with an imaging function［C］//Proc of SPIE Vol. 8012，801228-1-11.
[46] 付志凯，王冠，韦书领，等．红外探测器杜瓦冷头的低温可靠性研究［J］. 红外，2022，43（11）：14-19.
[47] 张璐，张磊，林国画．光学元件表面疵病影响杜瓦光学特性的仿真分析［J］. 红外与激光工程，2020，49（S1）：58-64.
[48] 潭淞年，姚园，徐钰蕾，等. 航空相机气密光学窗口及其保护罩的设计［J］. 光学精密工程，2022，30（20）：2437-2445.
[49] 徐明林，解鹏. 空间环境模拟系统光学窗口组件设计［J］. 红外与激光工程，2014，43（S）：30-35.
[50] 李忠，王颖东. 潜望设备红外锗窗的温度控制方法［J］. 红外技术，2001，23（2）：11-12.
[51] 刘继伟，王金华，孙俊伟，等. 非制冷红外探测器陶瓷封装结构优化及可靠性分析［J］. 红外技术，2023，45（1）：77-83.
[52] 贾钰超，李刚，白玉琢，等. 窄带滤光片设计中通带半宽度、矩形度和陡度的影响因素研究［J］. 红外技术，2012，34（8）：448-452.
[53] 常君磊，李富强，王伟刚，等. 航天光学遥感相机多谱带滤光片设计与考核方法［J］. 红外与激光工程，2018，47（3）：240-246.
[54] 曹红红. 红外探测器用滤光片的技术现状及应用［J］. 红外，1017，38（1）：43-48.
[55] 周关关，于海欧，郑丽和，等. 中红外光学材料的高温性能研究［J］. 红外与激光工程，2012，41（3）：554-558.
[56] 聂辉，陆炳哲. 蓝宝石及其在军用光电设备上的应用［J］. 舰船电子工程，2005，25（2）：131-133.
[57] Joseph R B，Gene D，Ikerionwu A A，et al. Critical parameters for grinding large sapphire window panels.［C］//SPIE，2007，6545：654517.
[58] 范志刚，刘建军，肖昊苏，等. 蓝宝石单晶的生长技术及应用研究进展［J］. 硅酸盐学报，2011（5）：880-891.
[59] 张幼文. 红外光学工程［M］. 上海：上海科学技术出版社，1982：170-175.

3　高效率产生长寿命真空与工艺技术

3.1　工艺对象特性与要求

3.1.1　真空度与气体压强

气体的压强为单位面积器壁上所受到的气体压力。气体压力是大量分子不断碰撞器壁的结果，从气体分子运动论来看，压强是大量气体分子碰撞单位面积器壁产生的动量变化率的总和。将气体的压强推广到气体内部，则两部分气体要相互施加压力，这需要气体分子间的频繁碰撞。但是在真空系统中，气体分子相互间的碰撞极少，主要是在器壁间的来回碰撞。可见压力这个概念在真空系统中推广到气体内部存在一定的局限，压强这个概念以分子施于单位器壁上的力作为定义比较确切。气体的压强是真空技术中重要的基本概念之一，它常被用来表示真空度的高低。其实，这并不科学，真空度是对气体稀薄程度的客观量度，作为这种量度的最直接的物理量应该是单位体积中的分子数。压强的定义需要引入一个实际存在的器壁，器壁的表面状况影响气体分子与器壁相互之间的压力，由于历史的原因，至今还是用压强来表示真空度的高低。

3.1.2　真空腔体结构特性

杜瓦真空腔体涉及 13 处连接密封面，其密封长度 4.9×10^{-1}m；几何内表面积 $1.09\times10^{-1}\text{m}^2$，其比（真）表面积远大于 10^3m^2，其上物理吸附的水气很难脱附；真空腔体容积 $3\times10^{-5}\text{m}^3$；激光焊接连接配合接触长度 13mm，当配合间隙 0.01mm 时（窗口配合间隙最小 0.0275mm、最大 0.036mm），配合接触微小空间容积大于 $3\times10^{-8}\text{m}^3$，连接配合间隙 0.02mm 的流导一般小于 $10^{-12}\text{m}^3/\text{s}$；按图 3-1 所示串联排气通道及分子流 $c=12.1d^3/l$ 计算排气支管与接口法兰的流导为 $2\times10^{-5}\text{m}^3/\text{s}$。

3.1.3　杜瓦腔体工作真空度

高真空绝热是将要求绝热的空间抽成 $10^{-4}\sim10^{-5}$Pa 的真空度。在充分排气的情况下，一般要求气体压力小于 1×10^{-3}Pa。

气体传导热流随着真空度降低或气体压力升高大于 6.37×10^{-2}Pa 而增大，通

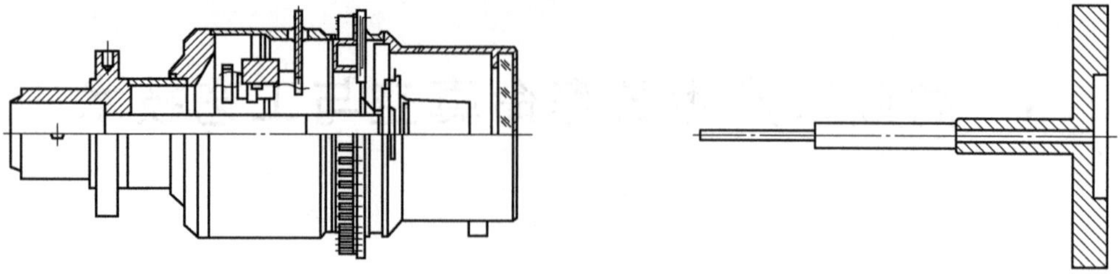

图 3-1　排气支管与杜瓦腔体结构

常气体压力大于 1×10^{-2}Pa 可视为杜瓦真空失效。

杜瓦内管与外壳夹层内的气体分子将温度较高的内壁热量传至外壁，单位时间单位长度导走的热量为

$$q_1 = \frac{2\pi K(T_1 - T_2)}{\ln \dfrac{d_2}{d_1}} \tag{3-1}$$

式中　K——气体的导热系数；

T_1，T_2——分别为内管外壁温度与外管内壁温度；

d_1，d_2——分别为内管外径与外管内径。

夹层抽真空的目的是降低导热系数 K，以减小 q_1。气体压强 P 改变时，其导热系数 K 的变化有三种不同情况。

（1）当 $\lambda \ll l$ 时（黏滞流状态）。

λ 为气体分子的平均自由程，l 为管壁间距。在低真空下气体导热系数 K_1 与压强 P 无关

$$K_1 = 2 \cdot 10^{-20}\left(1 + \frac{2}{5}\beta\right)\frac{\sqrt{T_0}}{d_0^2\sqrt{M_0}} \tag{3-2}$$

式中　T_0——T_1、T_2 平均值，即$(T_1 + T_2)/2$；

d_0——气体分子直径；

M_0——气体分子的克分子量；

β——双原子气体，$\beta = 2/3$。

（2）当 $\lambda \approx l$ 时（过渡流状态）。

这时导热系数

$$K_{\mathrm{m}} = 2 \times 10^{-20}\left(1 + \frac{2}{5}\beta\right)\frac{1}{\alpha_0}\frac{\sqrt{T_0}}{d_0^2\sqrt{M_0}}\frac{1}{1 + \dfrac{a}{P}} \tag{3-3}$$

其中

$$\frac{a}{P}=3\times7\frac{1}{\alpha_0}\frac{1+\frac{2}{5}\beta}{1+\frac{3}{4}\beta}\frac{2.33\times10^{-20}T_0}{Pd_0^2l}$$

对于空气-玻璃，$\alpha_0=0.8$ 即在过渡流状态下，K_m将随着 P 的降低有所降低。

（3）当 $\lambda \gg l$ 时（分子流状态）。

这时导热机理与前述不同，气体分子间无相互碰撞，而是由一壁直接跑向另一壁，因而传导的热量正比于参与转移能量的分子数，即正比于气体的压强，导热系数

$$K_h=1.43\times10^{-2}\left(1+\frac{3}{4}\beta\right)\frac{\alpha_0}{\sqrt{M_0}}\sqrt{\frac{273}{T_0}}Pl \tag{3-4}$$

随着压强 P 的降低，K_h将成比例地降低，因之提高真空度是减少热损失的一个有效途径。

若杜瓦内外壁间距 $l=4$mm，$T_1=293$K，$T_2=363$K，算得一系列压强下的导热系数后所得到的 $K=f(P)$ 曲线如图 3-2 所示。

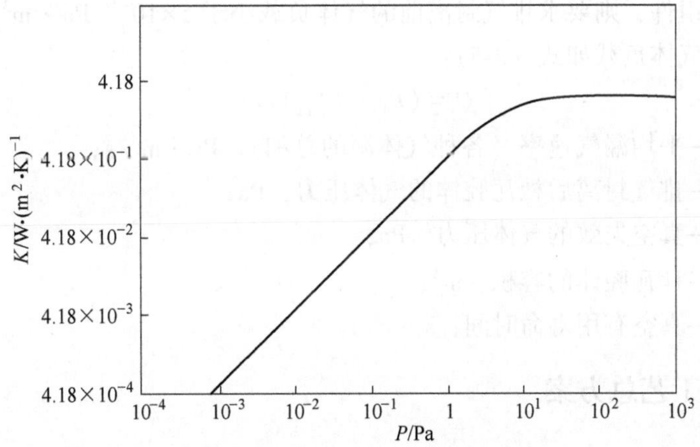

图 3-2 导热系数与气体压强的关系

压强为 0.1MPa 时，导热系数为 2.53W/(m² · K)；压强为 1.33×10^{-2}Pa 时，导热系数降为 4.9×10^{-3}W/(m² · K)，即为大气压时的 1/500。显然，真空度太低是不行的，黏滞流状态下的真空度变化其实是没有作用的。高真空时，虽然 P 越小越好，但不能说真空度越高越好，因为当气体导热损失已可忽略时，一味地追求过高的真空只能使成本大大增加，而且由于脱附、渗氦等原因太高的真空也是维持不住的。一般真空度在 10^{-2}～10^{-3}Pa 为宜。

3.1.4　杜瓦有用真空寿命

某顾客定制要求有用真空寿命 15 年，且杜瓦真空腔体的最大平均漏气速率小于 5×10^{-15} Pa · m^3/s。理论分析认为最大漏气率在 10^{-15} Pa · m^3/s 量级，实践中可能要求检漏灵敏度优于 10^{-17} Pa · m^3/s 的量级。有文献给出检漏灵敏度要求 10^{-18} Pa · m^3/s 量级，也有文献给出 90%的被检样品漏气率在 3.76×10^{-17} ~ 3.76×10^{-18} Pa · m^3/s 范围内。因为最大允许漏气率包括所有可能的气体源，应该给其他气体源（例如出气）留有余量。这类气体源称为实漏气体源。

3.1.5　杜瓦真空质量特性指标

排气封离时杜瓦腔体的真空度，一要满足高真空绝热要求，二要符合顾客要求的真空有用寿命，三要低成本的真空获得（最短排气时间）。

当杜瓦腔体的气体压力小于 1×10^{-3} Pa 时，高真空绝热达到最大效率，通常将要求绝热的空间抽成 10^{-4} ~ 10^{-5} Pa 的真空度。

某顾客要求定制真空有用寿命 20 年，真空失效的气体压力为 1×10^{-2} Pa，排气封离后杜瓦腔体的气体压力为 1×10^{-3} Pa、容积为 3.24×10^{-5} m^3 的红外焦平面探测器杜瓦组件，则要求排气封离前的气体负载小于 5×10^{-16} Pa · m^3/s。描述排气封离后的气体负载如式（3-5）：

$$Q = (P_t - P_{min})V/t \tag{3-5}$$

式中　Q——平均漏气速率（各种气体源的总和），Pa · m^3/s；

P_{min}——排气封离后杜瓦腔体的气体压力，Pa；

P_t——真空失效的气体压力，Pa；

V——杜瓦腔体的容积，m^3；

t——真空有用寿命时间，s。

3.2　排气工艺总方案

3.2.1　真空获得设备

真空获得设备用于杜瓦排气，由杜瓦、主腔体真空室、真空阀门、分子泵、机械泵、测量规管等组成，如图 3-3 所示。因为一个杜瓦的真空容积较小，排气载荷小，所以，产生真空的设备都设计成多工位的真空系统。各个工位独立工作，独立烘烤。主腔体作为整个真空排气装置的公共真空室，其圆周均匀分布多个排气工位接口，每个分支排气工位均有一个主腔体密封截止阀，可与待排气杜瓦进行对接。控制系统可分为两种，即温度计和真空计，杜瓦内的温度计测得温度，真空计测得主腔体的真空度。

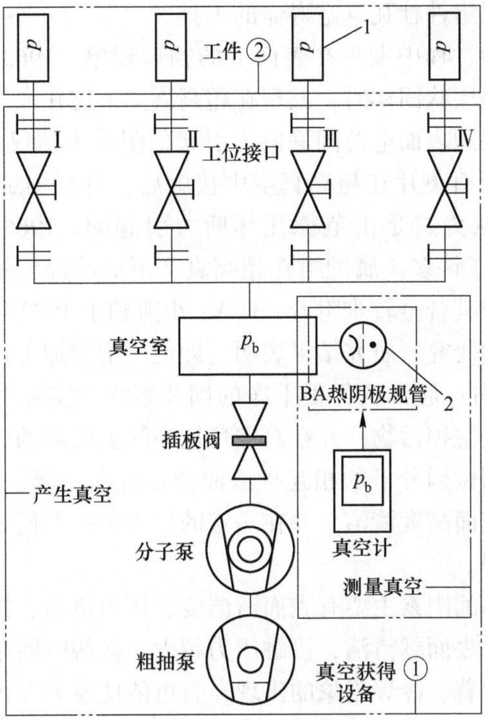

图 3-3 排气设备真空系统

3.2.2 超高真空泵

常用超高真空抽气泵有分子泵、离子泵、低温泵，不同真空获得设备其残余气体成分不同，分子泵残余气体氢分压较大，离子泵残余惰性气体分压较大，低温泵排气效果最好成本高。工程实践中，通常选用分子泵或离子泵。分子泵排气残余氢气较多，需要设置对氢气有很好抽气能力的吸气剂。

3.2.3 其他装置设备

杜瓦产生真空还需要排气工位与接口、烘烤加热器、温度控制器、真空度计、温度监测仪表、冷压扩散焊接设备等工艺装备。

3.2.4 冷压扩散焊接液压钳

在红外焦平面探测器杜瓦封装工艺中，要用排气台对杜瓦进行排气以实现杜瓦腔体的高真空，保证探测器性能，在排气过程中杜瓦上焊接的无氧铜排气管与排气接头相连，在排气完成后，需将杜瓦从排气台上取下，同时密封杜瓦排气管，这一过程即冷压焊接剪离工艺，液压冷压焊接扩散钳就是实现这一功能的专用设备，是保证杜瓦组件杜瓦真空寿命的工具。

固体与固体接触过程中发生在表面上的物理现象。1963 年，P. J. 布赖恩特等人解理云母、石墨层状固体时，发现在超高真空下比在大气压下需要更大的能量。他们认为这是层间表面电荷间静电力引起的附着力造成的。1965 年 H. I. 史密斯等人报道过光学石英片在超高真空中接触后，可有 $1kgf/cm^2$ 量级的附着力的实验结果，他们认为这是由范德瓦耳斯力引起的。1966 年 P. M. 温斯洛和 D. V. 麦金太尔测量了许多金属配组在超高真空下的冷焊，发现软金属及其合金较易附着，硬金属及其合金较难附着。D. V. 小凯勒于 1972 年运用表面能谱仪对此进行了更加深入的研究。研究结果表明，即便是精密加工过的固体表面，其不平度仍在 0. 1μm 左右；通常认为很干净的固体表面，实际上仍有异种物质层覆盖着。若用化学方法洗掉污物，并在真空环境中除去吸附的气体，再使两个表面接触，则两者接触部位因分子的相互扩散而会黏合在一起，这种现象称为附着。如果除去异物，使表面高度清洁，并在一定的压力负荷下使表面接触，则所产生的整体附着叫做冷焊。

影响附着、冷焊的因素主要有表面清洁度、压力负荷、接触时间、材料性能和温度。一般来说，表面越清洁，接触压力越大，接触时间越长，温度越高，则越易附着或冷焊。附着、冷焊现象的出现，有可能使航天飞行器上一些活动部件发生故障，因此防止冷焊是空间技术研究的课题之一。在金属工艺学中，冷焊已成为一种新出现的焊接技术。在真空扩散焊接工艺中，焊接接头的强度与表面清洁处理关系很大。有文献报道将焊接接头表面车削到 R_a12. 5 以后，应用超声波振荡净化被焊接零件表面，焊接接头强度可从 $60\sim80kg/mm^2$ 提高到 $60\sim80kg/mm^2$。利用各种不同的清洗方法，如用酒精、丙酮、四氯化碳擦洗和真空中加热等可提高焊接接头的强度和接头强度的稳定性。

3. 2. 5　排（抽）气机组

现在真空获得技术较 20 世纪七八十年代已有长足进步，分子泵、离子泵、干泵以及真空规管、真空计都有编程控制的特性。然而，针对烘烤温度受限制的红外焦平面探测器高效率真空获得、长寿命真空保持的工艺技术研究鲜有文献报道，都是国内外各有关组织的技术诀窍，高水平工艺技术必须自主研究掌握。

在微型金属杜瓦的制造过程中，杜瓦的排气是将零部件组装成密封器件后，接上真空排气台进行烘烤和排气，并分别对相关元件按照一定的工艺规程进行处理，使之获得并长期保持工作所需的良好真空环境。真空排气具有很强的工艺性，因而，其排气台除应具有很强的抽气能力外，还应满足工艺规程中的控制、测量、分析等功能要求，其中工艺处理能力应具有很好的一致性、稳定性和可靠性。为满足微型金属杜瓦的制造要求，选用吸附泵、溅射离子泵构成无油超高真空系统，对采用计算机控制器件的烘烤、排气及元件的工艺处理过程的无油超高真空排气台进行了方案设计。某无油超高真空系统，空载时极限真空度优于 1×10^{-7}Pa，烘烤温度为 25~200℃，连续可调，恒温精度优于±1%。程序控制排气工艺，并具备以下几种功能：

（1）快捷键操作，人机对话，键入时间/控制参数等。

（2）程序控制设备工艺流程界面。

（3）根据预定工艺，自动控制升温、保温，真空室除气、电离管除气，激活，烘箱升降等操作，实时记录真空度、温度、过程参数及报警。

（4）真空度、温度数值数字化显示。

（5）在整个排气过程中，一旦出现故障，有声光报警，并保留状态。系统为多工位结构，也可分别进行排气，质谱分析质量数范围 1~100。

顾客对低成本、高可靠性红外焦平面探测器杜瓦组件提出更高要求。高效率真空获得工艺技术是低成本制造技术的重要组成部分，长寿命真空保持是红外焦平面探测器杜瓦组件的重要可靠性指标。因此，在保证探测器性能、真空有用寿命的前提下，开展高效率、低成本真空获得工艺技术研究，具有现实的工程意义和价值。

目前，为检测生产所得制冷型红外焦平面探测器组件的真空度，通常采用图 3-3 所示现有技术装置进行检测，该装置包括真空室、与真空室相连的若干工位接口，以及与真空室通过 CF 真空法兰相连的 BA 热阴极规管 2。待测制冷型红外焦平面探测器杜瓦组件 1 通过排气管与工位接口相连，即可对数个待测制冷型红外焦平面探测器杜瓦组件 1 进行检测。

图 3-3 所示为上述现有技术装置的原理真空系统图，是由测量真空的第一 BA 热阴极规管 2 检测真空度 p_b，但不能客观准确地反映工件②中各待测制冷型红外焦平面探测器杜瓦组件 1 的真空度 p，二者相差 2~3 个数量级。现有非解真空杜瓦瓶真空获得工艺过程中，并没有有效地监测仪表实时在线检测生产过程中影响真空寿命的气体源释放气体量，无法可靠地确认抽气多长时间瞬态气体源负载符合真空长寿命要求，也不知道杜瓦瓶腔体里的气体压力是否符合高真空绝热要求，仅凭经验盲目制定真空获得工艺。封离真空杜瓦瓶是通过检测反映高真空绝热能力的热负载大小判断真空度好坏，依据非解真空杜瓦瓶真空失效机理，运用加速寿命试验方法，收集获取得截尾失效数据和寿命分布信息，统计分析评定寿命，确认杜瓦瓶真空获得工艺符合顾客定制真空有用寿命的要求。

可见，目前运用图 3-3 所示技术原理产生真空的真空获得设备①，不能检测出工件②中待测制冷型红外焦平面探测器杜瓦组件 1 的真空获得关键工艺参数真空度、气体源出气速率和真空有用寿命。它的工艺过程是经历长时间抽气，由经验确定冷压封接时刻，盲目认为符合顾客要求指标，即封接形成非解真空杜瓦瓶；然后，再运用可靠性工程技术开展加速寿命试验，由统计分析得到真空有用寿命。

然而，验证非解真空杜瓦瓶真空有用寿命的试验昂贵费时。有效加速寿命试验一般需要样本（待测制冷型红外焦平面探测器杜瓦组件 1）30~60 个，要求失效数至少 5 个。首先，试验时间的长短取决于试验中允许出现多少个故障，最小试验时间是要求的可靠性水平、施加的应力和试验加速的函数，往往需要几个月或十几个月。其次，无法知晓杜瓦瓶腔体里的真空度，只能通过天平或流量计检测单位时间液氮蒸发量，利用相变在相同温度和压力下两相间的比焓差计算热负载，间接推断杜瓦瓶的高真空绝热能力。如此反复多次，才能确认依靠经验盲目制定的真空获得工艺，是符合顾客寿命要求的有效的真空获得工艺。无论是寿命或真空度都是终止抽气、封离真空后才进行的质量参数测试，因此，有必要研发一种在抽气生产过程中就能实现在线实时检测瞬态真空度和寿命的装置和方法。

3.3 排气工艺策略

3.3.1 约束条件

红外焦平面探测器杜瓦组件真空获得不利因素有以下几种：

（1）排气支管流导小，流阻大。

（2）MCT 上限烘烤温度 90℃。

红外焦平面杜瓦组件存在对热敏感的真空完好性失效和有效像元递减退化失效两种故障。高温造成杜瓦真空度退化的真空完好性失效。红外焦平面阵列的主要失效模式有以下几种：

（1）环境温度下储存，非工作状态产生有效像元退化的储存失效。

（2）环境温度下工作，开关机引起有效像元退化和铟栅阵列破坏的温度循环失效。

（3）工作状态，低温导致热载流子退化的工作失效。

碲镉汞的热稳定性较差，当温度为 50℃ 时汞原子即会逸出。在 100 ~200℃ 的真空环境下，汞原子只需要几分钟即从表面扩散出来；在室温真空环境下，汞耗尽也会以一个较慢的速率发生。经过碲化镉表面钝化的碲镉汞光敏二极管，在 80℃ 的真空环境下烘烤 10 天，会在碲化镉/碲镉汞界面额外生成缺陷，并使 p-n 结性能恶化。红外焦平面杜瓦组件产生真空过程中，抽气烘烤温度对碲镉汞焦平面有不利影响，将导致像元的 R_0A 下降，性能退化。短时间、低温烘烤有助于延长碲镉汞焦平面的寿命，长时间、高温烘烤有助于延长真空寿命。

3.3.2 排气一般规律

红外焦平面探测器杜瓦组件真空腔体的工作压力小于 1×10^{-3}Pa。排气到恰好符合最大工作压力 1×10^{-3}Pa 要求时，并不能保证漏出气速率 5×10^{-15} Pa · m^3/s 符合顾客 15 年寿命要求。因为受限制于小流导的排气支管，所以必须长时间排气以满足漏出气速率符合顾客要求。当达到符合寿命要求的漏出气速率时，杜瓦腔体残余气体的压力接近或优于 1×10^{-5}Pa。

在 90℃烘烤温度下，排气三四小时杜瓦腔体里的气体压力即达到 1×10^{-3}Pa，此时的气体负载 6.54×10^{-12}Pa · m^3/s 远大于 20 年寿命要求的残余气体负载 5×10^{-16} Pa · m^3/s，符合寿命要求的残余气体负载需要排气超过 25 天。

先进红外焦平面阵列都要工作在低温 80K 附近。因此，封装杜瓦腔体高真空绝热必不可少。二代焦平面封装集成式杜瓦容积大于 30mL，排气管直径小(2mm)、流阻大，有效流导小于 $2\times10^{-5}m^3/s$，排气烘烤温度又低，很难做到充分排气，严重制约杜瓦真空寿命的提高。通常需要长时间排气，真空获得效率低下。碲镉汞器件真空排气工艺，既要满足高真空绝热要求，也要符合顾客要求的真空有用寿命，还要实现低成本的真空获得，同时避免长时间高温烘烤对探测器器件性能产生影响。

然而，降低烘烤温度，很难排除物理吸附在杜瓦腔体壁面上的气体，难以实现真空寿命 20 年的要求。目前，迫切需要研究杜瓦高效率获得高真空的工艺技术，这一急需突破的核心关键技术，需要创新真空获得工艺和装置。

3.3.3 有效排气措施

(1) 首先，提高烘烤温度，延长排气时间，都能有效地提高杜瓦真空保持时间，达到长寿命的目的。在烘烤温度较低的前提下，要实现充分排气，就要延长排气时间。要高效率排气，就要提高烘烤温度，加速排出空间气体和表面解吸气体。

如果忽略漏出气影响，在 20℃排气 10 天，杜瓦腔体的气体压力 1.25×10^{-7}Pa。那么，排气烘烤温度 90℃或 150℃时，只需要 3.1 天或 2.6 天杜瓦腔体的气体压力就能达到 1.25×10^{-7}Pa。

所以，采用节流吹气冷却器控制 MCT 温度符合 90℃的限制要求，以提高杜瓦壳体烘烤温度加速表面吸附气体解吸，达到缩短排气时间实现高效率、长寿命真空获得的目的。采用稀释抽气能够有效减少残余气体氢气的含量，最大限度利用吸气剂的全部抽气容量，维持更长时间的真空有用寿命。

(2) 稀释抽气排除残余气体的理论基础，是用惰性气体或清洁干燥氮气反复稀释欲抽除的残余气体，并重复这一抽气过程，以有效降低残余气体的分压

强。通过稀释，可以获得残余气体的分压强为

$$P_u = P_0\left(\frac{P_p}{P_f}\right)^n \tag{3-6}$$

式中　P_u——稀释可以获得的残余气体的分压强；

P_0——第一次抽除到 P_p 时残余气体的分压强；

P_f——充入惰性气体后该惰性气体的分压强；

P_p——反复被抽至的压强；

n——稀释循环的次数。

例如探测器杜瓦组件真空空间抽至 1.33322×10^{-3} Pa 时氮气冲洗，假设氢气的分压强为 1.33322×10^{-1} Pa，充入惰性气体或氮气的分压强为 6.6661Pa，则一次稀释后氢气的分压强为

$$P_u = P_0\left(\frac{P_p}{P_f}\right)^n = 1\times10^{-3}\times\left(\frac{1\times10^{-5}}{5\times10^{-2}}\right)^1 = 2.66644\times10^{-5}\text{Pa} \tag{3-7}$$

干燥纯净氮气不易被探测器杜瓦组件真空空间的内表面吸附。在排气工艺过程中增加烘烤除气期间的间断氮气冲洗，相当于用极性相对较弱的气体分子置换出那些极性相对较强的气体分子，特别是氢分子和水分子。主要有下述几种优点：

（1）减少残余气体氢、水气、一氧化碳、二氧化碳的含量，从而改变探测器/杜瓦瓶组合真空空间残余气体的热导率。

（2）降低杜瓦瓶极限漏率的要求。

（3）提高探测器/杜瓦瓶组合真空空间的真空度。

3.3.4　激活处理

氢气既能被 St 172 吸气剂吸收，也能被释放，是一个可逆性的吸气过程。在低温下被吸气剂吸收的氢气，在高温下能被释放。吸气剂吸附 H_2 的浓度超过 $1\times10^2\sim5\times10^3$ Pa · cm³/g，就要进行电再激活处理。经过反复再激活，可以利用吸气剂的全部容量。当吸气剂被重新电再激活，杜瓦真空腔体的平衡压力达不到规定的要求时，说明吸气剂的容量已被用完（吸气剂失效），达到真空使用寿命。

在气体压力小于 10^{-1} Pa 真空下，St 172 吸气剂进行电激活处理产生的焦耳热，使得杜瓦腔体的壁面和内部稀薄气体温度升高，有利于加速排出腔体空间气体和表面吸附气体。电激活 St 172 吸气剂的加热效应和抽气作用，有助于提高杜瓦腔体的真空度。一种激活处理的工艺参数见表 3-1。

表 3-1　St 172 吸气剂激活处理工艺参数

项　目	连续抽气时间	电流/A	时间/min	吸气剂温度/℃
第一次	30min	1.5	60	350
第二次	1d/24h	2.5	30	570
第三次	2d/48h	3.5	10	770
第四次	10d/200h	4.5	5	950

3.3.5　冷压扩散焊接

排气支管冷压扩散焊接时，无氧铜管剪断变形过程中会有气体溢出，造成杜瓦真空度较之剪离前有所下降。

冷压焊接可以采用第一次冷压预形变管径的 1/2 或 2/3 出气，间隔一段时间第二次冷压焊接封离；也可以采取一次冷压焊接封离。

3.4　零部件真空完善性设计与制造

红外焦平面探测器杜瓦组件真空获得涉及的制造过程较多，不仅是真空排气一个工序过程，监视排气工序热负载质量特性值的符合性，具有综合考核器件组装制造过程的意义，这是因为真空表面的质量特性取决于真空表面处理工艺和真空表面的经历。

产生热负载离散的因素很多，组装粘接工艺质量，影响杜瓦传导、辐射固有热负载的制造工艺质量，器件制造工艺产生的气体吸附影响，制造冷屏工艺质量等，都是产生热负载离散的因素。

制造符合顾客有用寿命要求的红外焦平面探测器杜瓦组件，是杜瓦封装技术的核心重要工作，并不单单是一个排气工艺，还涉及杜瓦设计、零部件制造全过程。例如：

（1）无氧铜排气支管烧氢处理工艺。

（2）真空表面处理技术——减少真表面就可以减小表面出气率；减小表面粗糙度，就可以有效减少真表面积；表面涂覆还可以抑制辐射传热。真空表面处理技术值得深入研究和创新工艺技术，应该可以在现状基础上减小辐射传热 5%~15%；还能够减小表面出气率、缩短排气时间。通过清洗工艺，可以减小表面出气率；严格工艺纪律讲究真空卫生，也可以减小表面出气率。可见，表面洁净程度对真空获得时间、真空保持时间具有显著影响。

（3）为了延长杜瓦的真空寿命，必须对杜瓦的真空表面进行出气处理，以降低其表面出气速率。真空表面的出气率不仅与材料的性质有关，还和材料的制造工艺、储存状况、表面处理有关，如抛光、清洗、烘烤、表面离子钝化及镀涂等。因此真空表面处理是一个极其重要的环节。

微型金属杜瓦制造工艺流程如图 3-4 所示。

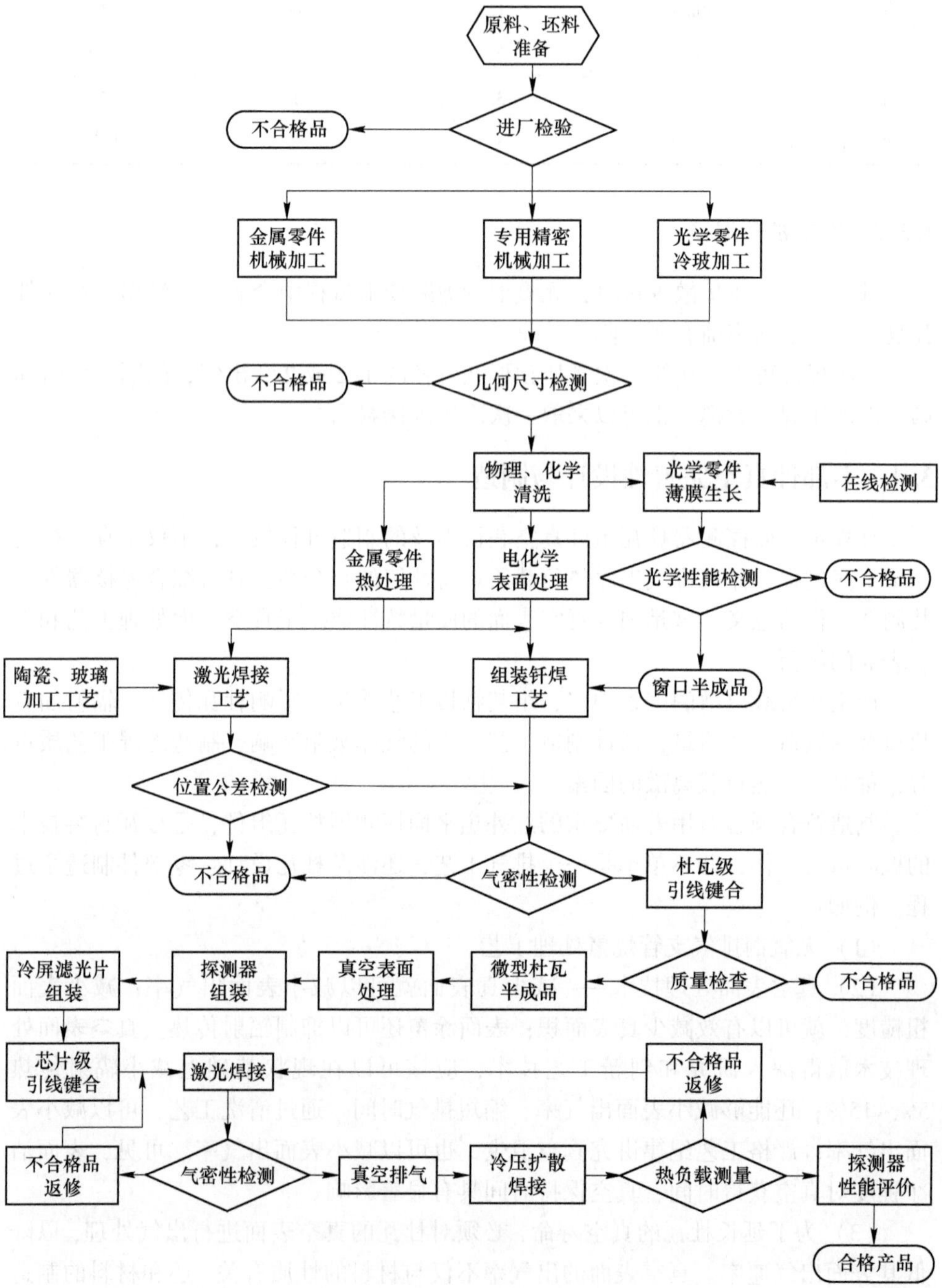

图 3-4　微型金属杜瓦制造工艺流程

3.5 真空表面制造处理工艺技术

3.5.1 机械切削表面

加工成型的表面在微观下高低不平，实际真表面积很大，提高表面光洁度可以减少出气量。表面处理是提高表面光洁度的有效途径，对真空夹层内表面进行处理，一般采用电解抛光、化学抛光、研磨，以及量子钝化处理技术。对于清洁的表面来说，表面粗糙度越低，吸附的水气就越少，同时材料表面的辐射率也会降低。电化学抛光是在酸性溶液中进行阳极电解，整平金属表面并使之产生光泽的加工过程。采用电化学抛光技术对杜瓦内的零件表面进行处理，能显著提高零件表面的光洁度，可以取代现有的机械抛光工艺，也易于批量化生产。具体的电化学抛光工艺流程为：常温化学除油→水洗→干燥→电化学抛光→中和处理→水洗→干燥。抛光后的零件表面可达到光亮平滑的效果，表面粗糙度 0.05~0.1μm。无氧铜经过合理的表面处理后，出气速率可达到 2.5×10^{-17}L/(s · cm^2)。

金属表面的气体包括物理吸附和化学吸附的气体。物理吸附的吸附热一般小于 42kJ/mol，相当于气体分子在表面的凝聚。化学吸附的作用力是化学键力，比物理吸附力强得多，气体分子与固体表面原子间发生化合作用，或分子离解成离子被化学键吸附在表面上。表面气体量的多少主要与表面状况，如粗糙度、氧化层的性质与厚度、污物种类和数量等有关。表面越粗糙或形成疏松多孔的氧化层，则吸附的气体量显著增大。通常金属表面都会生成厚度为 10~1000nm 的多孔性氧化膜。面积为 $1cm^2$，厚 100nm 的氧化膜可以吸附相当于 100 个水分子层的水气量（25℃时，一个分子层相当于 $1cm^2$ 表面有 10^{14} 个分子或 10^{-3} Pa · L 气体）。

3.5.2 真空表面卫生

真空中的清洁处理一般指的是真空零部件组装前或在使用过程中进行清洁处理，去掉污染物，从而消除或减少污染物对零件的污染问题。清洁处理是否符合要求，将直接影响系统的极限真空以及电真空器件的寿命和可靠性。微型金属杜瓦由许多不同的零件组成，它们都是经过各种机械加工完成。如车、铣、刨、磨、膛、焊接等。因此零件表面不可避免地会沾上许多加工油脂、汗痕、抛光膏、焊剂、金属屑、油垢等污染物。这些污染物在真空中易挥发，影响微型金属杜瓦工件和真空系统能达到的极限真空。此外，污染物在大气压下吸附了大量的气体，在真空环境中，也要释放出来，构成了限制微型金属杜瓦极限真空的因素，因此，杜瓦零部件组装前必须除掉污染物。微型金属杜瓦要求真空保持长寿命，清洁处理更为重要。良好的清洁处理工艺，可以使材料放气率降低几个数量级。好的清洁处理工艺，可以提高微型金属杜瓦的极限真空。若清洁处理不好，就达不到超高真空。在微型金属杜瓦真空工艺中，要求零部件组装前都必须小心地进行清洗处理，原因是各种污脏可成为大量气体和蒸汽的来源，会大大延长微型金属杜瓦真空的排气时间，使高真空不易获得。利用各种清洗方法，使油脂、金属细屑、灰尘、表面附着物以及不需要的氧化膜等彻底去除，可以提高微型金属杜瓦的寿命和可靠性。环境污染对真空卫生要求十分严格，环境污染物来自空气、地板、墙壁、天花板、衣服（例如头发和皮肤）的灰尘、棉绒。因此，微型金属杜瓦的生产要求在洁净工房里进行操作。如杜瓦的组装焊接和零部件真空预处理必须在封闭良好的房间里进行，空气必须经过两级或多级的过滤，使最小的尘粒也不能通过。相对湿度保持在50%以下，要求装配场所的洁净度为万级。综上所述，真空卫生涉及微型金属杜瓦零部件和真空工艺生产各方面。

一般真空卫生要求涉及以下几方面：

（1）真空零部件表面都要求无积存的污染物，表面无尘埃、无铁屑、无锈蚀等。

（2）组装焊接后的杜瓦组件的内表面光滑、无气孔、无死空间，焊缝要求无影响真空的缺陷。

（3）对经过清洗处理的清洁表面，不能在大气环境中存放。要用封闭容器或保洁柜储存部件，以极大减少灰尘的玷污。对于高度不稳定的、对水蒸气敏感的表面一般应储存在真空干燥器中。

微型金属杜瓦零部件真空表面真空使用寿命和可靠性会受各种污染物影响。一般，杜瓦零部件所用的金属材料或零件在经过机械加工后都要进行去油。利用碱性溶液和有机溶剂都可以去除金属表面的油脂和其他脏物。在去油之后，如果金属表面还留有氧化物，则一般还要用酸洗来浸蚀金属，酸洗以后，要用氨水中和，或在沸水中煮；否则金属容易重新生锈。最好的清洗方法，是零件经过化学处理后再放入干燥的氢气中加热。这样可除去残留在表面上的杂质或氧化物（有时人眼不易察觉），驱除大部分金属吸收的气体。在清洁处理中用作冲洗的水，最后一道一定是蒸馏水或去离子水。因为水不干净，则杂质还会玷污材料。最后需注意的是组装的零部件和材料，最好是经过“新鲜”处理的。如果要储存一段时间再用，则必须用无纤维的清洁纸或铝箔包扎，然后放入干燥器或真空储存柜，以免材料表面重新污染赃物或氧化。所以，经过真空清洁处理的干燥材料和零部件，一定要用不易掉落纤维的半透明纸或铝箔包扎，然后放入真空柜或干燥器备用。

红外探测器封装始终围绕着杜瓦真空这个基本目标进行设计和工艺优化，根据顾客需求的有用真空寿命，可以定制不同的寿命指标值。例如，5年、10年、20年或30年的有用真空寿命。实际上，决定真空好坏的因素归根结底就是低的漏气率和低的放气率，漏率的控制通过焊接工艺和检漏工艺实现；而长期保持好的真空度，则建立在好的表面处理基础上，应尽可能做到低的放气甚至是零放气。

随着红外探测器封装向着大面阵方向发展，结构复杂、表面吸附气体急剧增多，表面处理的要求不断提高。对于低放气的控制，一般是通过选择低放气率的材料、真空夹层内表面粗糙度处理减少吸附气体，和通过高温真空处理加速气体挥发。通过清洗工艺可以减小表面出气率；严格工艺纪律讲究真空卫生，也可以减小表面出气率。可见，表面洁净程度对真空获得时间、真空保持时间具有显著影响。清洁处理是否符合要求，将直接影响杜瓦的极限真空以及寿命和可靠性。真空卫生涉及杜瓦、真空抽气机组和真空工艺生产各方面，涉及真空抽气机组本身和特殊真空工艺对周围环境的要求。真空对环境的要求一般包括真空抽气机组对所处工房的温度、湿度、空气中的微粒等周围环境的要求和真空抽气机组处于真空状态或真空中的零件或表面的要求两个方面。这两个方面密切联系。周围环境的好坏直接影响真空抽气机组的正常使用，而真空抽气机组的真空室或装入里面的零件是否清洁，直接影响抽气机组的性能。

对零部件表面处理的办法有许多种，在各种不同的清洗方法中，一般以化学处理为主。在通常的化学处理不能得到很好的预期效果或者需要高度清洁的表面时，则往往使用电加工，如电解、电抛光、电镀等，作为辅助办法。另外，联合使用超声波清洗和高频氢气加热，使彻底去除材料缝隙中微量杂质成为可能。清洗一般定义为在真空工艺进行前，先从工件或系统材料表面清除所不期望的物质的过程。超声波清洗，主要用于清洗某些用普通方法净化不完善的细小零件。真空零部件的表面清洗处理很有必要，因为由污染物造成的气体、蒸气源会使真空系统不能获得所要求的真空度。此外，由于污染物的存在，还会影响真空部件连接处的强度和密封性能。必须非常小心一丝不苟地进行清洁处理。必须利用各种方法和手段对杜瓦零部件的表面进行严格的处理，彻底除去油脂、金属细屑、灰尘、表面附着物、不需要的氧化膜等。

暴露于大气中的真空零件表面普遍受到污染，表面上任何一种无用的物质或能量都是污染物。表面污染就其物理状态来看可以是气体，也可以是液体或固体，它们以膜或散粒形式存在。就其化学特征来看，它可以处于离子态或共价态，可以是无机物或有机物。污染的来源有多种，最初的污染常常是表面本身形成过程中的一部分。吸附现象、化学反应、浸析和干燥过程、机械处理以及扩散和离析过程都使各种成分的表面污染物增加。比较常见的真空材料表面上的污染物有以下几种类型：

(1) 油脂。包括加工、装配、操作时沾染上的润滑剂、切削液、真空油脂等。

（2）水基类。包括操作时的手汗、吹气时的水气、唾液等。

（3）表面氧化物。材料长期放置在空气中或放置在潮湿空气中所形成的表面氧化物。

（4）酸、碱、盐类物质。包括清洗时的残余物质、手汗、水中的矿物质等。

（5）抛光残渣及环境空气中的尘埃和其他有机物等。

清洗的目的是改进真空系统中所有器壁和其他组件表面在各工作条件下的工作稳定性。这些工作条件包括高温、低温，以及电子、离子、光子或重粒子的发射和轰击。

清洗后得到的表面可分为两类：原子级清洁表面和工艺技术上的清洁表面。

原子级清洁表面仅能在超高真空下实现。它需要在严格控制的环境条件下进行，一般通过较长的时间过程，采用如加热、粒子轰击、溅射、气体反应等技术手段在特定的表面区域获得原子级清洁表面。通常的实际应用一般并不要求获得原子级清洁表面，仅要求工艺技术上的清洁或较好的表面质量，即保证所有的表面尽可能没有微观结构物质，并且使清洗后表面的各种分子约束得更紧密，在基体相上没有明显的化学物质。

3.6 组装前真空预除气条件的选择

3.6.1 烘烤预除气

超高真空材料出气量是限制真空度上升的重要因素。一方面可以采用清洗、抛光，把零部件放在真空柜中保存或真空预热去气等方法降低出气速率，以改变材料的原始处理情况；另一方面还可以采用把真空系统烘烤去气的办法，加速材料的出气过程，使材料表面吸附和内部吸收的气体分子加快跑掉并被排出。材料在冷却后的出气速率会降低几个数量级。因此，一般对需要达到 10^{-7} Pa 以上真空度的真空系统，都必须烘烤去气。

杜瓦零件的残余气体主要由 H_2、H_2O、CO、CO_2，以及 N_2、O_2 等组成，排气封离后杜瓦壳体材料内表面吸附的气体会缓慢释放出来，这部分气体是引起真空度下降的关键因素。因此要使杜瓦在排气封离后腔体内长期保持高真空状态，必须使材料经过充分的脱气预处理。以钛合金为例，因为钛合金极易吸附氢和其他活性气体，故需先对其进行真空退火，以消除钛合金零件的残余应力；另外将零件在真空退火炉内高温消除溶解在材料内的氢气。零件以 300℃/h 升温，保温 1~1.5h，炉内真空度控制在 $3\times10^{-2}\sim5\times10^{-2}$ Pa，再以 120℃/h 的速度冷却到 100℃以下，进行出炉空冷，经真空退火后可将钛合金零件的含氢量控制在 $80mg/dm^3$ 以下。

真空中的“烘烤”是指在抽气循环的某一阶段将真空系统升温，随后又使之降到环境温度的过程。烘烤的主要目的是使吸附的气体从被加热的表面上解吸，而且其解吸速率要远远大于在环境温度下的解吸速率，对解吸出的气体，用真空泵从系统中排除。烘烤的好处是能在规定的抽气时间内达到较低的压力，或为达到规定的压力所用的总抽气时间较短。在整个系统中，由烘烤引起的系统最终的总压力的下降一般是很微小的（甚至可能略有上升），但就烘烤的实质来看，是使结合能较低的吸附气体被有选择地从研究的表面上除去，使得在真空气氛中被去气的部位成为比较“干净新鲜”的。在很多情况下，只需烘烤真空系统的某些局部部位即可达到目的。常见的烘烤实例有以下几种：

（1）电离计（规管）在烘烤去气后，能更精确地进行真空测量。

（2）超高真空系统大部分需要进行烘烤除气，以减少抽空时间。

（3）表面研究（分析）中的试件及其固定装置也要烘烤去气。

任何固体材料在大气环境下都能溶解、吸附一些气体，当材料置于真空中时就会因解溶、解吸而出气。材料的出气速率除与材料性质有关外，还和材料的表面处理工艺有关。除气就是去除表面吸附和体内溶解的气体。除气处理过的零部件短时间暴露大气，再次抽气，相较未处理过的容易一些；处理过的零部件在氮气环境下保护，再次抽气容易脱附，有利于缩短排气工艺时间。

通过人为的手段有意识地促进气体解吸现象的发生，在真空技术中叫作去气或除气。人工去气可以缩短系统达到极限真空的时间，可以获得没有气体分子遮盖的清洁表面。加热烘烤去气方法是通过提高吸气表面的温度，增加分子热运动能量来促进解吸，边加热边排气，常用于超高真空系统容器内表面及内部构件的去气和真空电子器件内灯丝等内部金属元件的去气。

在250℃以下低温除气，对表面吸附气体有效，对体内气体无效。低温环境，短时间内体内气体扩散溢出很少。低温除气工艺的意义：（1）表面吸附气体脱附；（2）清洁表面去除污染物。

金属材料在熔炼与加工过程中会溶解和吸收一定量的气体。当金属处于真空中时，这些气体就会不断放出，其放气速率取决于气体与金属结合能、烘烤加热温度（或粒子轰击能量）及金属含气量。金属的出气主要来自两个方面（图3-5）：表面脱附的气体和表面化学反应产生的气体。

每种材料的表面在正常状态下都会吸附大量的气体，非金属吸附能力比金属材料强。气体主要包括 H_2、H_2O、CO、CH_4、N_2，常温下已经去油清洗洁净的零件表面气体含量最多的是 H_2 和 H_2O。气体的吸附量与表面积成正比，需要提高夹层内表面光洁度至少为镜面，常用的手段有研磨、珩磨、量子钝化等。高温真空处理包括零部件阶段处理和封装杜瓦超高真空排气处理，就是利用真空系统和加热烘烤系统至一定的高温条件，不断地把零件表面和内部放出的气体分子排出，最终达到除气的目的。在真空状态下，气体分子的平均自由程增加，吸附在

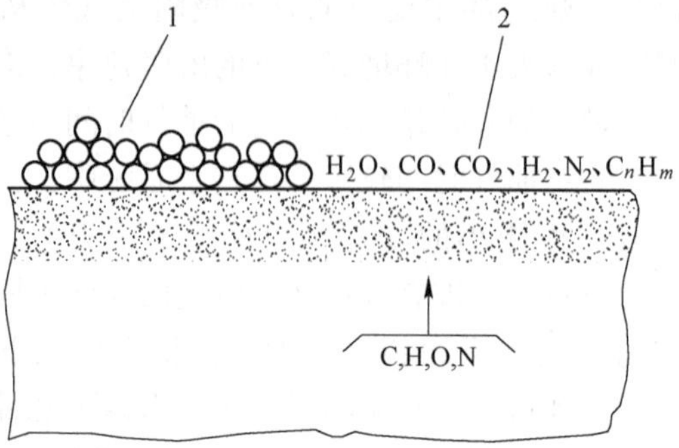

图 3-5　金属出气示意图

1—表面吸附气体；2—表面化学反应产生的气体

零件表面的内部的残余气体分子不断地向外扩散，最终从金属表面放出。压力越小，气体分子的平均自由程越大；平均自由程越大，气体分子从零件上跑出的机会就越多。金属表面的氧化物随着温度和真空度的升高而不断被分解，金属不断地被还原，形成的 O_2 不断地被抽走；黏附在金属零件表面的一些普通的脂肪族元素由碳、氢、氧等原子组成的有机物在高温下比较容易被分解为 H_2、CO_2、水蒸气等。这些气体在真空系统中被真空泵迅速抽走，从而达到除气的目的。

3.6.2　真空度

一般零件在装入真空系统之前应当在真空烘箱内进行除气。零件在除气前首先应进行表面去油、化学清洗去除表面的氧化物层和其他污染物；然后在真空内加热除气。真空除气通常在气体压力为 $10^{-2} \sim 10^{-3}$Pa 的真空室内进行。

固体吸附气体时一般以热的形式释放出能量，解吸则应给予吸附时放出的能量使之激活。固体吸附气体的量是气体压强、温度和时间的函数。在压强大于 10^2Pa 的低真空阶段，表面吸附及表面解吸与空间气体相比数量很小；在压强大于 10^{-1}Pa 的中真空阶段，表面解吸的气体已接近空间气体量；进入高真空（压强大于 10^{-5}Pa）乃至超高真空（压强小于 10^{-5}Pa）阶段，表面解吸（不计系统漏气时）已成为主要气体负荷。

探测器/杜瓦瓶组合的零件和组件装配前应在真空内加热除气或在净化气体内加热去除易挥发杂质、表面氧化物层及清洗后残留的各种有机和无机污物。真空除气通常在压强为 $10^{-2} \sim 10^{-3}$Pa 的真空室内进行，目的在于借助向真空内扩散去除材料内的杂质原子，减少材料中的含气量，净化气体或者是在以后抽气过程中容易扩散去除的还原性气体如氢气，或者是不会被吸收的气体（如氩气）。不锈钢真空烘烤应在 10^{-6}Pa 下进行，这样可使材料中的氢气浓度降到最低限度。

3.6.3 烘烤温度与时间

在所有高真空系统中，特别是超高真空系统的应用中，将气体从构成真空系统材料中放出排除掉是非常重要的。在所有超高真空条件下，器壁表面实际上并未与环境气氛处于平衡状态，而是覆盖着一层可凝性气体，其含量远远超过平衡状态下的含量，所以在超高真空区域，器壁的放气率只取决于抽气时间和表面的经历，而与系统的总压力无关。最好的方法是尽可能均匀地烘烤整个系统40min，烘烤温度在150~250℃比较合适。

金属在真空中加热时，在200℃以内主要是水及其他易挥发物质脱附。在200~250℃，表面的水很快（一般在几分钟之内）便全部放出，同时处于氧化层中的吸附水也开始释放，释放速率取决于水分子通过不同长度与直径的微孔或晶格与晶界（氧化物是多晶体时）的扩散速率。为加快这部分水气的放出，需要烘烤到300~400℃。

玻璃表面吸附的气体主要是水气（包括少量二氧化碳），在真空中加热到150℃时，几分钟内其吸附的气体绝大部分便被解吸；化学吸附的水气在超过300℃的温度下不断释放出来。烘烤除气可以减少玻璃吸附的气体量，玻璃在高温下经过24h烘烤后，表面吸附气体层和体内吸附的气体都能基本上抽除掉，于是在室温下就能保证出气率减少到 10^{-12} Pa · m^3/(s · m^2) 的量级。烘烤温度超过350~450℃，玻璃的分解又有额外的气体被放出，温度超过450℃会引起 SiO_2 分解。

对金属烘烤温度的有效范围在400~500℃，若仅用150~200℃效率就大大降低。非金属烘烤温度在80~100℃。金属表面吸附的气体主要是水气（占90%），烘烤温度在200℃以内主要是水气及其他易挥发物质（C_nH_m、氧化物等）解吸；烘烤到200~250℃，表面吸附的水气几分钟内被全部放出，保温一段时间出气率便会明显减少。在200℃左右，只能去除不锈钢吸附的少量水气，几乎不能去除吸附的一氧化碳和二氧化碳，要有效地除掉氢，则必须在400℃以上的温度下进行真空烘烤。实用上推荐烘烤到400~450℃，至少保温6h，不锈钢烘烤后在室温下的出气率减少为 10^{-10} ~ 10^{-12} Pa · m^3/(s · m^2)。

高纯氧化铝陶瓷（99瓷），出气速率峰值温度在500~600℃，温度越过峰值后出气速率迅速下降，稳定在800℃左右时很容易达到低于 10^{-9} Pa · m^3/(s · cm^2)，经过严格预处理可以再下降一个数量级。出气主要成分为 N_2 和 CO、CH_3CH_2O、H_2O、CH_4、CO_2、H_2 等。未处理的出气速率为 10^{-6} ~ 10^{-7} 量级。

4J29经过150℃低温烘烤2h后，在1~10h内的单位面积放气率在 5.1×10^{-13} ~ 2.1×10^{-13} Pa · m^3/(s · cm^2) 之间，前40h的单位面积放气总量约为 2.6×10^{-8} Pa · m^3/(s · cm^2)，放气成分主要是 H_2、H_2O、N_2 和 CO。

探测器/杜瓦瓶组合装配前的烘烤温度受焊料、减反射膜等因素限制，一般烘烤温度不大于 270℃。组装后杜瓦瓶真空空间排气时的烘烤温度受碲镉汞探测器芯片的限制，一般烘烤温度不大于 100℃。可见探测器/杜瓦瓶组合真空空间的残余气体主要是材料吸附的气体，主要有氢、水气、一氧化碳、二氧化碳等气体。从质谱分析获得杜瓦组件的残气分布图和烘烤中的峰温图得到探测器真空层有 H_1、H_2、N_2、O_2、H_2O、CO_2、CO、油蒸汽、碳氢化合物等多种气体，其中以 H_2O、N_2、CO 和 CO_2 为主。为了使这些残气脱附，烘烤温度要超过 100℃，这样既可以达到出气的目的，又不致影响器件性能。脱附能低于 125kJ/mol 的残气，如 H_2O、N_2、CO 和 CO_2 等在 105℃烘烤条件下，经过超高真空系统排气，均能被脱附出气。脱附能高于 146kJ/mol 的残气，如各种粘接剂类物质，经这一温度的烘烤，就难于脱附了。因此在真空为 $10^{-4}\sim10^{-6}$ Pa 时经 100℃左右温度烘烤的杜瓦瓶，吸附的 H_2O、N_2、CO 和 CO_2 大部分能被脱附，但对高分子物质（粘接剂）等，这一温度很难脱附。

3.7　工艺方案选择

为克服原有排气工艺的不足，对现有排气设备和工艺主要进行如下几个方面的改进和优化：

（1）采用排气支管扩口密封连接方式，不使用铟锡密封圈，废除卡套密封接口。

（2）选用离子泵抽气机组，减小残余氢气分压力。

（3）创新设计冷却器，控制探测器芯片温度。

（4）增加杜瓦壳体、探测器芯片温度监测和控制。

（5）按图 3-6 工艺流程优化排气工艺参数。

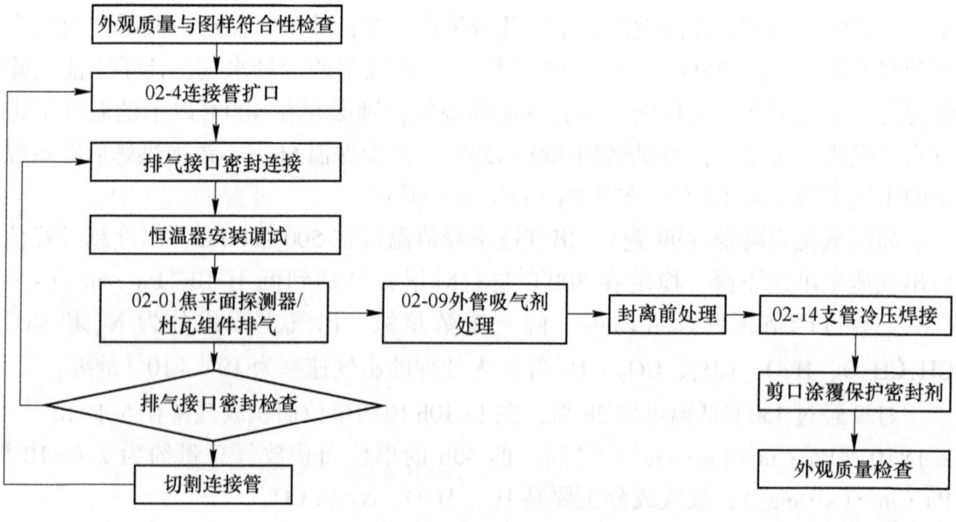

图 3-6　排气工艺流程

3.8 关键工艺参数

决定排气工序质量特性的影响因素有排气支管接口连接质量、器件安装位置流导产生的影响、烘烤加热器安装位置、温度控制传感器安装位置、冷压焊接质量、排气工艺方法、吸气剂处理方法、排气设备、操作者，等等。在各种影响因素综合作用下，探测器杜瓦组件的热负载变化范围较大。

可以看出，排气工序的操作者、设备、加工对象、工艺方法、工作环境、检测装置等标准化规范化的程度不够，整个工序过程活动并非完全处于受控状态，所以工艺一致性差。排气工艺主要监测参数见表 3-2。

表 3-2 关键工艺参数

检测项目	位置	参数要求	期望效果
真空度/Pa	系统	$<5\times10^{-7}$	符合热负载和寿命要求
	杜瓦	$<5\times10^{-5}$	
气体源/$Pa\cdot m^3\cdot s^{-1}$	杜瓦	$<5\times10^{-16}$	
接口密封/$Pa\cdot m^3\cdot s^{-1}$	连接管	$<1\times10^{-9}$	24h 系统真空度$<5\times10^{-6}$Pa
N_2 压力	减压阀	10PSI（0.7kg/cm^3）	冷却恒温
温度/℃	探测器	90	烘烤出气、不损伤 MCT
	杜瓦	170	
	加热器	210	
	系统	130	
电流时间/min	吸气剂	1.5A，60	最佳吸气效率
		2.5A，30	
		3.5A，10	
		4.5A，5	
时间/d	抽气机组	10	符合杜瓦真空度、气体源要求
		7	

对真空度、烘烤温度、排气时间、吸气剂处理温度等工艺参数进行优化，在线监测真空度、温度、排气效率等关键工艺参数。

从可靠性要求出发，对工艺的要求与提高成品率要求基本一致。从产品特性参数考虑，产品可靠性对工艺的要求，有时与产品特性参数对工艺的要求是矛盾的。此时，确定工艺参数要求的原则应该是在优先保证可靠性（满足寿命要求）的前提下兼顾特性参数的要求，综合考虑。从生产涉及的主要环节考虑，需从原材料、设备、工艺控制和环境等几方面同时采取相应的技术措施。开展原材料控制、设备与工艺控制，可靠性与工艺参数相关性分析，工艺统计控制，环境洁净度控制。

极少数国家研制出了像素超过 10^6 的红外焦平面器件。然而，大面阵 HgCdTe 器件势必给器件的封装和真空获得带来困难。杜瓦真空表面积的增大和封装器件尺寸的增大，都将制约和影响红外焦平面探测器的真空寿命。所以，高效率杜瓦真空的获得是提高器件生产效率、降低成本和延长真空寿命的有效途径。可以更有利于规模化生产，大大降低制造成本。因而，杜瓦真空获得的高效率，将决定着器件批量生产的效率和降低制造成本。

3.9　工艺实施效果评价

3.9.1　工序能力指数计算

随机统计 2012—2014 年生产制造的杜瓦 845 只，其中 LW 288×4 探测器杜瓦组件 747，剔除热负载大于 180mW 的 24 只，剩余实际样本数 723 只见表 3-3。通过测量冷压扩散焊接后产品的质量特性值——热负载，进行工序能力指数计算。通过计算过程能力，以获得工序是否具备实现策划结果的能力，即是否有能力达到预期目标。

表 3-3　LW 288×4 探测器杜瓦组件热负载　（mW）

年份	>180mW	样本	平均值	最小值	最大值	标准偏差
2006	—	92	137	127	167	7.13
2012	0	130	149	136	161	4.82
2013	5	311	155	142	172	4.41
2014	19	282	161	149	180	4.8
2012—2014	24	723	156	136	180	6.4

真空排气工序能力指数 C_p 由式（3-8）计算：

$$C_p = \frac{T_U - T_L}{6\sigma} = \frac{T}{6\sigma} \tag{3-8}$$

实际工序能力指数 C_{pk} 由下式计算：

$$C_{pk} = \frac{T}{6\zeta}(1 - K) = \frac{T_U - T_L}{6\sigma}\left[1 - \frac{|\mu - (T_U - T_L)/2|}{(T_U - T_L)/2}\right] \tag{3-9}$$

单侧规范下限 T_L 的工序能力指数为：

$$C_{pL} = \frac{\mu - T_L}{3\sigma} \tag{3-10}$$

式中　C_p——潜在工序能力指数；

C_{pk}——实际工序能力指数；

C_{pL}——单侧规范下限 T_L的工序能力指数。

工艺不合格品率由式（3-11）计算：

$$1 - \eta = 2[1 - \Phi(3C_p)] \tag{3-11}$$

式中 Φ——标准正态分布函数；

η——工艺合格品率。

排气工序在稳定状态下能够生产出合格产品的能力，可以通过排气工序能力指数计算定量来考核；在最大可能排气工序能力指数的前提下进行计算，结果见表3-4。

表3-4 LW 288×4 探测器杜瓦组件工序能力指数

年份	C_p	C_{pk}	C_{pL}	$1-\eta$	η
2006	0.935	0.873	0.24	5110×10^{-6}	99.49%
2012	0.864	0.865	0.134	9598×10^{-6}	99.04%
2013	1.135	1.123	0.505	738×10^{-6}	99.93%
2014	1.076	1.053	0.413	1238×10^{-6}	99.88%
2012—2014	1.146	1.134	0.529	582×10^{-6}	99.94%

3.9.2 工序能力分析

工序能力分析用于评价过程连续生产符合规范的输出能力，估计预期的不合格品率，用于建立制造产品的合理加工工艺规范。

由表3-4可以看出2012年探测器杜瓦组件工序还达不到质量特性要求的能力，其工序能力指数 C_p 小于1，制造过程质量特性符合设计规范和工艺标准要求的能力不强，与现代工业生产的 3.4×10^{-6}相比工艺不合格品率过大，2012年产品达到 9598×10^{-6}（0.96%）。2013年、2014年产品 C_p 大于1，工艺不合格品率也有 738×10^{-6}、1238×10^{-6}，还是达不到 3.4×10^{-6}的高要求。

工序质量体现为产品或工艺质量特性符合设计规范、工艺标准的程度，即符合性质量达不到高的要求。工序能力等级评价只能达到三级 C_p 值范围 1~0.67，工序能力不充分，估计废品率 4.55%~0.27%。

目前国际上对生产质量好、可靠性高的生产线的基本要求是工序能力指数不低于2.0，即使中心偏移量 $e=1.5\sigma$ 时，实际工序能力指数 C_{pk} 仍能达到1.5，对应的工艺不合格品率 3.4×10^{-6}。一般传统工业生产要求 C_p 大于1尚可，C_p 在1.33~1.67之间为充分，通常在1~1.67范围内均满足要求，相应的工艺成品率在99.73%~99.999942%之间。

3.9.3 排气工序质量特性离散的分析

探测器杜瓦组件真空获得涉及的制造过程较多，不仅仅是真空排气一个工序过程，监视排气工序热负载质量特性值的符合性，具有综合考核器件组装制造过程的意义，这是因为真空表面的质量特性取决于真空表面处理工艺和真空表面的经历。产生热负载离散的因素很多，组装粘接工艺质量影响杜瓦传导、辐射固有热负载的制造工艺质量，器件制造工艺产生的气体吸附影响制造冷屏工艺质量等都是产生热负载离散的因素。决定排气工序的因素有排气支管接口连接质量、器件安装位置流导产生的影响、烘烤加热器安装位置、温度控制传感器安装位置、冷压焊接质量、排气工艺方法、排气设备、操作者等。在各种影响因素综合作用下，探测器杜瓦组件的热负载变化范围较大，其中主要的影响因素有加工对象（探测器杜瓦组件）热特性，排气工序接口连接质量，器件、加热器、传感器安装位置，工艺方法、设备和操作等。

可以看出，现有排气制造过程中排气工序的操作者、设备、加工对象、工艺方法、工作环境、检测装置等标准化规范化的程度不够，整个工序过程活动并非完全处于受控状态。

应用贝叶斯定理分析判断杜瓦热负载大与排气接口漏气的关系。

（1）问题。

事件：一个排气台，同批次 6 个杜瓦，经历一个排气工艺。

结果：随机事件 A 热负载大。

判断：随机事件 B 排气接口漏气造成随机事件 A 热负载大（存在判断真或判断假的问题）。

（2）随机事件的概率计算。

同批次排气 6 个杜瓦，用 $P(\mathrm{A})$ 代表（事件 A）热负载大的先验概率，则

$$P(\mathrm{A})=\{0.167,\ 0.333,\ 0.5,\ 0.667,\ 0.833,\ 1\}$$

用 $P(\mathrm{N})$ 代表热负载不大（小），根据互斥事件概率法则，有

$$P(\mathrm{N})=1-P(\mathrm{A})=\{0.833,\ 0.667,\ 0.5,\ 0.333,\ 0.167,\ 0\}$$

用 $P(\mathrm{B}\mid\mathrm{A})$ 表示热负载大为真的前提下，确认（事件 B）排气接口漏气的检出率，即已知 A 发生后 B 的条件概率，也由于得自 B 的取值而被称作 A 的后验概率（排气接口漏气就是造成热负载大的唯一原因的正确判断率）。

假设确认排气接口漏气的检测准确性高达 98%，即 $P(\mathrm{B}\mid\mathrm{A})=0.98$。那么，$P(\mathrm{B}\mid\mathrm{N})$ 代表热负载不大的检出率，也就是出错检测的概率，由互斥事件概率法则可得

$$P(\mathrm{B}\mid\mathrm{N})=1-P(\mathrm{B}\mid\mathrm{A})=0.02$$

于是，热负载大（事件 A）就是排气接口漏气（事件 B）的正确判断的概率

可由贝叶斯公式得到

$$P(\mathrm{A} \mid \mathrm{B}) = \frac{P(\mathrm{A})P(\mathrm{B} \mid \mathrm{A})}{[P(\mathrm{A})P(\mathrm{B} \mid \mathrm{A}) + P(\mathrm{N})P(\mathrm{B} \mid \mathrm{N})]} \tag{3-12}$$

当 $P(\mathrm{B} \mid \mathrm{A}) = 0.98$ 时，$P(\mathrm{A} \mid \mathrm{B}) = \{0.907, 0.961, 0.98, 0.99, 0.996, 1\}$；

当 $P(\mathrm{B} \mid \mathrm{A}) = 0.50$ 时，$P(\mathrm{A} \mid \mathrm{B}) = \{0.167, 0.333, 0.5, 0.667, 0.833, 1\}$；

当 $P(\mathrm{B} \mid \mathrm{A}) = 0.10$ 时，$P(\mathrm{A} \mid \mathrm{B}) = \{0.022, 0.053, 0.1, 0.182, 0.357, 1\}$。

(3) 结论。

如果，对“排气接口漏气造成热负载大”判断或认知的正确性只有1/2(1/10)的把握。那么，检测到1个杜瓦热负载大，就得出排气管漏气造成热负载大的结论，其判断的错误概率高达83.3%（97.8%）。实际上，造成热负载大的因素很多，简单归因常常错误不断。

3.9.4 提高工序能力的途径

只有当中心偏移量 $e=0$（上述 C_p 计算就是在无中心偏移量的最有利条件下进行的。在实际生产中，很难使均值正好等于规范中心，既工艺水平很难达到潜在工序能力指数数值），C_p 值仍旧小于1时，才考虑提高工序能力，减少工序加工的分散程度或研究是否有可能放宽公差范围。要提高工序能力指数，对设计水平、工艺设备、操作技能等各方面都提出更高的要求。

提高工序能力指数的技术途径有以下几种：

(1) 优化设计，参数范围 T 尽量大，容差尽量大。放宽公差范围必须有不影响产品品质、不影响顾客使用效果的充分依据，有必要修订不切实际的现有公差要求。

(2) 由于材料的不均匀、设备精度等级低和可靠性差、工装模具精度低、工序安排不合理和工艺方法不正确等，对工序能力指数的影响是十分显著的，因此，应改进完善工艺，优化工艺设计，调整工艺条件，使工艺参数的分散性尽量小，减小参数分布标准偏差。

(3) 精细调整工艺条件，使工艺参数分布中心 μ 与参数规范中心 T_0 之间的偏差尽量小。可修改工艺路线，改进工艺方法，修改操作规程，优化工艺参数，细化工艺，补充增添中间工艺。

工序加工分析时，减少中心偏移量的措施，在技术上、操作上比较容易实现，又比较经济，不必为此而花费大量的人力、物力和财力，因此应把它作为提高工序能力指数的首要措施。提高工序能力往往需要对现场的生产进行工艺上的改进和改造，技术上难度较大，花费时间较长，需要耗用较多的费用，然而提高工序能力却可以提高制造品质的水平。

3.10　杜瓦腔体里的气体负载

3.10.1　气体源

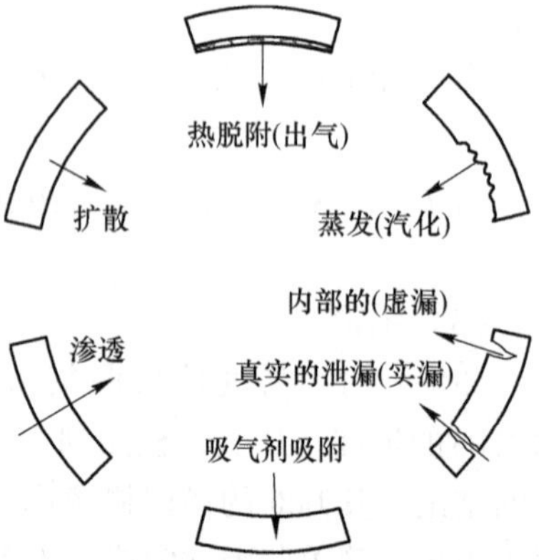

图 3-7　可能的气体来源

红外探焦平面测器杜瓦组件真空空间压力增大的原因可能由图 3-7 所示的任何一种或者其全部因素造成。通过合理选择材料可以控制体出气（扩散）和渗透气体源；在装配前后进行有效的处理可以控制表面出气和蒸发；通过合理有效的杜瓦设计可以克服虚漏。在红外探测器杜瓦组件工作温度范围内，制造工艺缺陷带来的漏气远比壳体材料渗透大几个数量级。一般，材料出气因材料不同经历不同而异，金属比玻璃大，甚至大一个数量级以上。在一般非讲究的排气工艺下，红外探测器杜瓦组件的出气率要比漏气率大 1~3 个数量级。由于存在上述造成真空失效的诸多原因，实际漏气的可能性是变化无常的，不可能从制造工艺过程中完全消除，因此必须通过测试来淘汰有漏气的红外探测器杜瓦组件。

虚漏气体源包括以下几种：

（1）结构特性气体源有组装配合间隙（杜瓦真空密封长度近 500mm）和吸气剂安装接触间隙。

（2）工艺瑕疵气体源包括吸气剂焊接孔洞、裂隙气体源，窗口钎焊料收缩非闭合微小空间与真空侧连通气体源，配合零部件工作端面损伤压痕增大配合间隙气体源。

（3）腔体出气气体源有以下几种：真空空间真表面积很大，其表面吸附气体脱附气体源；焊接熔渣氧化层气体源；金属、非金属材料体内气体溢出气体源；穿过微型金属杜瓦金属壳体壁的渗透气体源。

虚漏气体源不能忽略，其影响远大于表面物理吸附。对于溶解在材料中的气体扩散出气影响，可以通过选择真空冶炼的材料或采用高温加热除气达到减少影响的目的。吸附与扩散出气影响的是初始真空，不会对真空造成持续退化的影响。渗透对真空度的破坏是持续的，但可以通过选择封装材料与表面处理有效地减少到忽略不计的程度，如对于金属封装材料，能渗透的是 H_2，大气中的 H_2 含量是极小的，对于追求 10^{-2}Pa 左右真空度来说破坏有限。

对于真空封装来说，至关重要的是真空封装工艺中的密封工艺。密封的气密性是相对的，任何的密封都存在一定的泄漏，这种泄漏不仅影响真空封装体内的初始真空度，而且还会造成真空度的持续退化，使真空封装器件的寿命大大缩短或根本达不到实用的要求。

在理论上，可以把密封的泄漏用一个等效的漏导 C_{eff} 来表示，很显然封装体内的压力变化满足以下方程：

$$V\frac{\mathrm{d}P(t)}{\mathrm{d}t}=C_{\mathrm{eff}}(P_{\mathrm{out}}-P) \tag{3-13}$$

在真空封装中，通常测试密封质量的方法是采用示踪气体来测量泄漏率，测量得到的结果是示踪气体通过整个封装体的泄漏，而不是等效的漏导。如通常使用的 He 质谱检漏仪，测量的漏率是与封装体的等效漏孔大小成正比的，等效漏孔的定义为封装体的一侧为真空，一侧为大气时封装体的泄漏率，可表示为：

$$L=\left.\frac{\mathrm{d}P(t)}{\mathrm{d}t}\right|_{\substack{P_{\mathrm{out}}=\mathrm{air}\\ P=0}}=C_{\mathrm{eff}}P_{\mathrm{air}} \tag{3-14}$$

利用等效漏孔的定义，式（3-13）可以改写为：

$$V\frac{\mathrm{d}P(t)}{\mathrm{d}t}=\frac{L}{P_{\mathrm{air}}}(P_{\mathrm{out}}-P) \tag{3-15}$$

真空封装外壳的体积为 V，假定封装体内的真空度变化 50%为失效判据，可以根据式（3-15）预测静态真空的寿命与等效漏孔大小之间的关系。

陶瓷装载基板、探测器芯片、冷屏、冷指等相互之间的组装使用粘接剂，粘接剂在真空中的出气，是排气结束冷压焊接后缓慢出气的气体源。其次，冷屏黑化涂层粘接剂具有潮解吸附水气的特性。

3.10.2 气体成分

杜瓦腔体暴露在真空空间的材料有碲镉汞、氧化铝陶瓷、锗、硅、硫化锌、不锈钢、钛合金、无氧铜、可伐、镍、钴、金、有机粘接剂等，气体成分取决于以下几种因素：

（1）在正常条件下，空气中含有 79%氮气、20%氧气和 1%氩气。在 20℃时，水气的极限含量为 2.3%（容积百分比）或 18.5g/m^3，相对湿度为 50%时水气大于 1%。

（2）陶瓷孔洞内的气体属于物理吸附，能吸附分子直径较小的氮气、氖气等气体。经化学反应而残留在陶瓷内的气体属于化学吸附，能吸附分子直径较大的气体，如吸附水气、二氧化碳、氧和二氧化硫等气体，其中水气是主要成分。

（3）金属化学吸附的气体通常是氢、氮、氧、一氧化碳、二氧化碳等，水气则不吸附。金属表面吸附的气体主要是水气（占 90%）。大多数金属表面不可避免地存在氧化层的细孔，可溶纳水气，在真空内氧化物的分解也是一种气体来源。在室温和比室温稍高的温度下，镉、锌等金属的蒸汽压大于 10^{-9}Pa。

（4）漏气速率对杜瓦瓶真空空间的残余气体成分产生显著的影响。

杜瓦腔体里的气体压力为 3×10^{-4} Pa 时，典型残余气体主要有 H_2O、H_2、N_2、O_2、CO_2、C_nH_m 等。总压强在 $10^{-4}\sim10^{-5}$ Pa 或者更小，O_2 的分压小于 $10^{-7}\sim10^{-9}$Pa，N_2 的分压小于 $10^{-5}\sim10^{-6}$Pa。

杜瓦腔体的总压力降低时，气体的成分也随之改变。在高真空范围，其成分不断改变，成为一种含有 70%~90%水分的气体。当连续进行排气并加热时，一氧化碳的含量便增加。在超高真空范围，氢是主要成分，约占 90%~95%。离子泵排气 40 多天以上，氢分压力为 10^{-8}Pa，水分压力为 10^{-12}Pa；排气 30 天，氢分压力 10^{-7}Pa，水分压力为 10^{-11}Pa；排气 20 天，氢分压力 10^{-6}Pa，水分压力 10^{-10}Pa。

杜瓦腔体里的残余气体主要是材料吸附的气体，在烘烤温度约 100℃下长时间真空排气，可以达到真空压力 $10^{-4}\sim10^{-5}$ Pa。残余气体主要是 H_2、H_2O、C_nH_m、N_2、O_2、CO_2 等，其中 H_2、H_2O 占的份额较大。

3.11　排气过程描述

排气状态微分方程：

$$V\frac{\mathrm{d}p}{\mathrm{d}t}=-pS_e+Q_C+Q(t) \tag{3-16}$$

式中　$V\frac{\mathrm{d}p}{\mathrm{d}t}$——$t$ 时刻杜瓦腔体里气体量的瞬时净增量，Pa · m³/s；

pS_e——排气系统在恒定有效抽速 S_e（与气体压力无关）抽气时每秒流经杜瓦排气管进气口的气体量，Pa · m³/s；

p——杜瓦腔体里的气体压力，Pa；

Q_C——包括漏气、稳态渗透及材料蒸发等不随时间变化每秒进入杜瓦腔体并影响压力的气体量，Pa · m³/s；

$Q(t)$——随时间变化的杜瓦腔体所有材料表面解吸气体源（虚漏）每秒所产生的气体量，Pa · m³/s，用经验公式 $Q(t)=Kt^{-\beta}$ 近似表示，β 与材料有关取 0.7~2 之间值。

当 $t=0$ 时，$p_0<10^{-1}$Pa。

排气状态微分方程的一般解：

$$p(t)=\frac{Q}{S_e}+\left(p_0-\frac{Q}{S_e}\right)\exp\left(-\frac{S_e}{V}t\right)+\frac{1}{V}\exp\left(-\frac{S_e}{V}t\right)\int_0^t Q(t)\exp\left(\frac{S_e}{V}t\right)\mathrm{d}t \tag{3-17}$$

这类表达式在大多数情况下仅在最初 10h 内与实际抽气曲线相符合。实际上很难严格求解微分方程，且准确性也不很高，但仍然具有工程应用的价值。通常按较易计算的稳态流处理。

从大气压 101325Pa 抽出杜瓦腔体里大部分气体的容积抽气阶段，经历湍流、黏滞流和过度流的非稳态气体输运过程，排气管里的气体压力由高渐低呈直线减小，且流速由大到小，湍流出现的时间极其短暂，黏滞流和过度流持续时间不是很长。腔体空间气体压力大于 10^2Pa 的低真空阶段，表面吸附及表面解吸与空间气体相比数量很小，气体负载主要是腔体内原有的空间大气 79%氮气、20%氧气、1%氩气、1%~2.3%水气等气体。在气体压力大于 10^{-1}Pa 的中真空阶段，表面解吸的气体已接近空间气体量，1~10^{-1}Pa 时腔体中残存的气体主要是漏气、出气，而且主要的气体成分是水蒸气。进入高真空（10^{-1}~10^{-5}Pa）乃至超高真空（<10^{-5}Pa）表面排气阶段，表面解吸（不计系统漏气时）已成为主要气体负载，气体压力下降有所偏移，呈时间的慢变化函数（即时间延长一个数量级，气体压力降低较慢）缓慢下降。

3.12 抽出空间大气的气体量与流量

腔体里的空间大气含有 79%氮气、20%氧气、1%氩气、1%~2.3%水气等气体，这些气体与材料物理、化学吸附的氢气、氮气、氧气、一氧化碳、水气、二氧化碳、氧气和二氧化硫等气体，经过排气管被真空获得设备抽出腔体。20℃时杜瓦腔体里的气体量：

$$g(t) = Vp(t) \tag{3-18}$$

式中 $g(t)$——杜瓦腔体空间随排气时间变化的气体量，Pa · m³；

V，$p(t)$——t 时刻处于平衡状态的理想气体所占有的体积（m³）与其压力（Pa）。

在给定时间间隔内通过排气管的气体量除以该时间，得到每秒抽出杜瓦腔体的气体量：

$$q_G(t) = g(t)/t \tag{3-19}$$

式中 $q_G(t)$——通过排气管的气体流量，Pa · m³/s；

t——给定时间间隔/s。

非稳态气体输运过程持续的时间十分短暂，往往可以忽略。式（3-19）适用于稳态气体输运过程，对于长时间排气后准稳态分子流气体有很好的近似。

气体在排气管内的流动形式分黏滞流、黏滞-分子流（过渡流）和分子流。按气体流的区域划分判据，直径 2mm 排气管的气流划分范围为：$\overline{P}$ > 333Pa 为黏滞流范围，$\overline{P} \in$ [333，3.33]Pa 为过渡流范围，$\overline{P}$ < 3.33Pa 为分子流范围。$\overline{P}$ =

$(p_i + p_o)/2$ 是进气口与出气口的平均气体压力。在容积抽气阶段，当排气管内的气体压力下降达到 3Pa 时进入分子流范围，杜瓦腔体里的气体压力仍有 6Pa；通常排气 2h 后，杜瓦腔体里的气体压力降至 10^{-1}Pa，进入表面排气阶段。利用式 (3-18)、式 (3-19) 估算在恒定有效抽速 S_e 排气周期内从大气压抽出杜瓦腔体的气体流量 $q_G(t)$ 如图 3-8 所示，初始气体压力取值 10^{-1} Pa，剩余气体量 3.24×10^{-6}Pa · m³，排气 10 天通过排气管的气体流量为 2.5×10^{-12}Pa · m³/s。

当排气管进气口与排气法兰出气口之间存在气体压力差时，推动管内气体流动抽出杜瓦腔体里的气体。在稳态流动时，通过排气管的流量为：

$$q_G(t) = C[p_i(t) - p_o(t)] \approx Cp_i(t) \tag{3-20}$$

式中，C 为排气管的流导，m³/s；$p_i(t) \gg p_o(t)$，为 t 时刻进气口和出气口的气体压力，Pa。

气流通道的流导，对 20℃空气按式 (3-21) 计算：

$$
\begin{aligned}
&\text{黏滞流} && C = 1305d^4\overline{P}/l \\
&\text{过度流} && C = 12.1d^3[1 + 271d\overline{P} + 4790(d\overline{P})^2/(1 + 316d\overline{P})]/l \\
&\text{分子流} && C = 12.1d^3/l
\end{aligned} \tag{3-21}
$$

式中，d、l 为排气管的直径和长度，cm。

按式 (3-21) 计算得杜瓦排气管分子流时的流导 2×10^{-5}m³/s。按式 (3-19)、式 (3-20) 估算排气周期内杜瓦腔体里的气体压力 $p_i(t)$ 如图 3-8 (a) 所示。排气 10 天腔体里的气体压力下降至 1.25×10^{-7}Pa，剩余气体量 4.05×10^{-12}Pa · m³，剩余气体每秒所减少的气体量 3.35×10^{-18}Pa · m³/s。图 3-8 (b) 所示为杜瓦腔体空间大气在恒定有效抽速 S_e、排气周期内通过排气管抽出的气体流量，以及杜

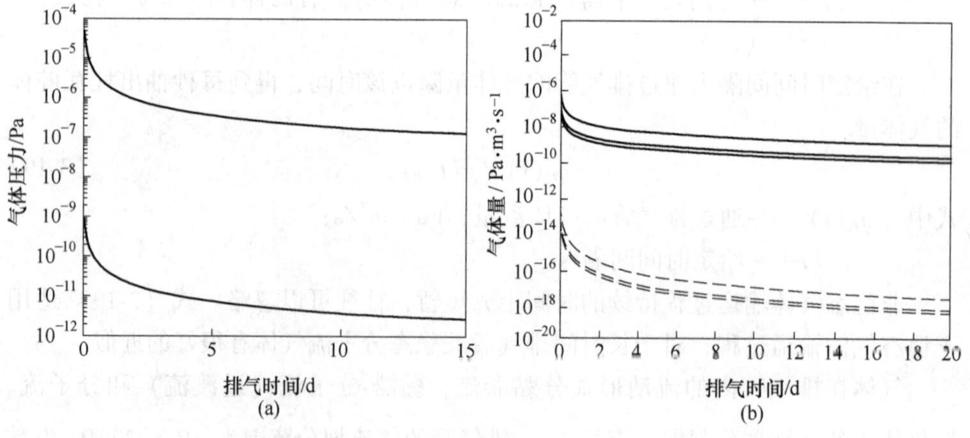

图 3-8　抽气曲线

瓦腔体里的气体压力和剩余气体量与流量，这是仅有空间大气的情形，不包括 Q_C、$Q(t)$ 其他气体源。

3.13 高温烘烤排气

当红外焦平面探测器杜瓦组件置于较高温度下排气时，在分子平均自由程大于外壳与内管间距的杜瓦真空腔体中 $P/T^{-1/2}$ 是一个恒定值，这是因为 P 与 T 之间存在热分子压力效应，P 与 T 有如下比例关系[14]：

$$P_{20℃} = \frac{\sqrt{293.15}P_T}{\sqrt{T}} \tag{3-22}$$

式中 $P_{20℃}$——制造环境温度 293.15K（20℃）下的气体压力，Pa；

P_T——对应设定烘烤温度 T 的气体压力，Pa；

T——红外焦平面探测器杜瓦组件与加热装置热平衡的温度，K，如：T=353.15(+90℃)。

这就是烘烤可以提高排气效率、缩短排气周期的理论依据。如果 20℃ 排气 10d，杜瓦真空腔体的气体压力达到 1.25×10^{-7}Pa。那么，排气烘烤温度 90℃ 或 150℃时，只需要 3.1 天或 2.6 天，杜瓦真空腔体的气体压力就能达到 1.25×10^{-7} Pa。可见，将加热烘烤温度从 90℃ 提高到 150℃，排气时间仅仅缩短了 0.5 天，对提高排气效率的作用不大。

红外探测器杜瓦组件烘烤温度一般不大于 90℃，10 天排气后腔体内的残余气体主要是氢气、水气、一氧化碳、二氧化碳等气体。排气管的流导太小，杜瓦腔体表面解吸气体可能存在再吸附现象，尤其水气的黏滞系数（空气 1.81×10^{-5}Pa·s、氢 0.88×10^{-5}Pa·s、水 8.8×10^{-5}Pa·s，20℃）较大会引起测量不确定度。

金属表面吸附的气体主要是水气（占 90%），烘烤温度在 200℃ 以内主要是水气及其他易挥发物质（C_nH_m、氧化物等）解吸。在 200℃ 左右，只能去除不锈钢吸附的少量水气，几乎不能去除吸附的一氧化碳和二氧化碳。

3.14 放气速率

杜瓦腔体的放气速率是所有真空表面解吸气体源所产生的气体流量，它随时间衰减，衰减的快慢与脱附能有关，脱附能越小，衰减越快。由排气微分方程式（3-16）可得

$$V\frac{dp_1}{dt_1} = -p_1S_e + Q + Q(t_1) \tag{3-23}$$

$$V\frac{dp_2}{dt_2} = -p_2S_e + Q + Q(t_2) \tag{3-24}$$

这里计算得到的放气量包括两部分：一部分是真空腔体里的稀薄气体，另一部分是表面解吸释放的气体。

当关闭阀门隔开排气系统，则排气状态微分方程变为

$$Q(t) = V\frac{\mathrm{d}p}{\mathrm{d}t} \tag{3-25}$$

设初始条件为 $t=0$ 时，$p=p_0$，则排气状态微分方程的解为

$$p = p_0 + \frac{Q(t)}{V}t \tag{3-26}$$

由式（3-26）可得

$$Q(t) = \frac{V}{t}(p - p_0) \tag{3-27}$$

通过测量系统的总漏气速率，测量观察时间内的系统升压。可绘制静态升压曲线。

当排气管出气口有效抽速 S 远大于排气管流导 C 时。真空获得设备抽出杜瓦腔体里的气体流量与排气法兰出气口流出的气体流量相等，排气管进气口的气体压力为

$$p_{\mathrm{i}} = (S_{\mathrm{eo}}/S_{\mathrm{ei}})p_{\mathrm{o}} \tag{3-28}$$

式中 S_{ei}，S_{eo}——排气管进气口和排气法兰出气口的有效抽速，$\mathrm{m^3/s}$。

杜瓦腔体通过排气管连接到真空获得设备排气法兰接口上，排气管进气口的有效抽速为

$$S_{\mathrm{ei}} = C(1 + C/S_{\mathrm{eo}}) \tag{3-29}$$

抑制微型金属杜瓦内部各种材料及内表面的放气是提高杜瓦真空寿命的另一关键因素。通过分析杜瓦金属表面扩散、蒸发、渗透、焊缝微漏和解吸等各种放气因素，判明解吸为最主要的放气源，可采用化学吸附的 Langmuire 模型，计算了杜瓦单位面积的气体吸附量及其与杜瓦真空寿命之间的关系（图 3-9）。

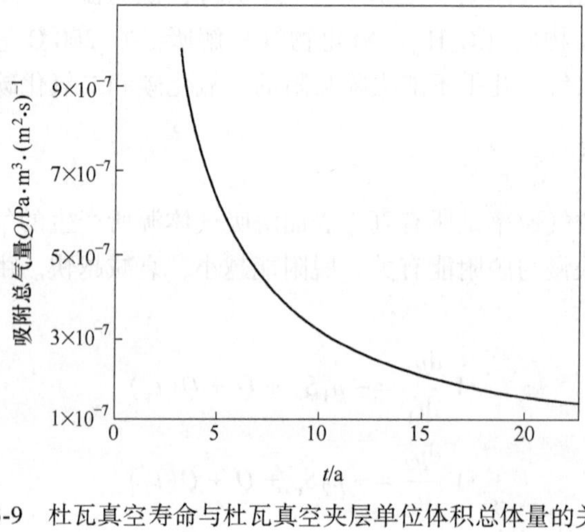

图 3-9 杜瓦真空寿命与杜瓦真空夹层单位体积总体量的关系

3.15 St 172 型 NEG 泵

3.15.1 抽气原理

实漏、虚漏、出气和渗透等气体源会引起封离真空杜瓦腔体压力升高，活性气体 H_2、H_2O、CO 占的份额较大，H_2 的份额可达 80%以上，通过 NEG 抽出活性气体获得和维持红外焦平面探测器杜瓦组件的工作真空度。封离真空杜瓦寿命周期内产生的气体量与设计制造技术水平和真空获得工艺能力有关，不正确使用 St 172 将导致 NEG 不能发挥最大效能。根据文献和工程实践经验，本书分析探讨在特定使用工况下 NEG 的抽气性能参数和激活与再激活条件对真空维持性能的影响，指出大多数顾客不允许电再激活 NEG 修理，必须使用无颗粒 St 172/NP 的正确运用和需要注意的问题。

非蒸散型吸气剂（non-evaporable getter，NEG）在真空获得和维持、H_2 储运等领域已经有几十年的应用历史。它能够有效抽出活性气体获得和维持红外焦平面探测器杜瓦组件的真空度，延长真空封离杜瓦的有用寿命或使用寿命。SAES（赛斯公司）和顾客 Benvenuti 对 NEG 激活条件、吸气机理和抽出纯气的抽气性能进行了测试。SAES 推荐的性能参数并不符合特定使用工况下的真实性能，有顾客测试分析了 NEG 在混合气体中的抽气行为不同于纯气，也有顾客测试不同温度下 NEG 的抽气性能，蒋迪奎等结合实践经验指出实际应用 NEG 要注意的问题。

根据顾客定制红外焦平面探测器杜瓦组件长寿命的要求，结合杜瓦设计制造技术水平和真空抽气工艺能力，依据 SAES 提供的 NEG 性能参数设计计算 NEG 使用量，按 SAES 推荐激活与再激活条件处理 NEG，封离真空杜瓦的实际真空维持性能往往偏离设计值。因此，必须掌握封离真空杜瓦腔体里的气体源与成分、NEG 在使用工况下的抽气性能参数和 NEG 激活与再激活条件对真空维持性能的影响，才能有效地利用 NEG 的真空获得和维持性能。

SAES 的 St 172 烧结多孔吸气剂（St 172 sintered porous getters），是一种做成多孔结构的非蒸散型吸气合金 Zr+Zr-V-Fe（Zr/St 707），是以锆为基底的多相-多金属混合物，有 35%的孔隙度和超过 0.1m^2/g 的比表面积。多孔结构使气体能通过孔扩散到吸气剂内部，使吸气剂的内部也参与吸附过程，使其能在低温条件下达到最大的吸附作用。NEG 对活性气体 H_2、O_2、N_2、CO、CO_2、H_2O、C_nH_m 以及其他氧化物气体的溶解吸附过程为：气体分子以分子态物理吸附于合金表面；双原子气体分子以分子态物理吸附于合金表面，金属表面的亲和力使较弱的 H—H、O—O、N—N 键断裂离解成原子态；分子（或原子）溶解于金属表面层达到相应于环境气体压力的溶解浓度；在浓度梯度的作用下，表层内的气体分子（或原子）向合金内部扩散，使浓度趋于均匀；N_2、O_2、CO、CO_2、H_2O 等离解了的气体分子（或原子）与金属分子发生化学反应生成稳定的化合物；H_2 及其同位素 D_2、T_2 与金属分子形成不稳定的“假”化合物，H_2 作为溶质溶解于固体溶剂 NEG 中形成固溶体。

NEG 吸附抽出的气体可分为三类。第一类是 H_2 及其同位素 D_2、T_2，它们能被 NEG 吸收，也能被释放。第二类如 CO、CO_2、O_2 和 N_2，它们被 NEG 吸收以后不能再释放。第三类气体的一部分可以被 NEG 永久性地吸收，另一部分可以重新释放，例如 H_2O 和 C_nH_m 化合物。NEG 对惰性气体没有抽出能力。

由此可见，NEG 永久性地抽出 N_2、O_2、CO、CO_2、H_2O、C_nH_m 等活性气体，H_2O 和 C_nH_m 分解为 H_2、O_2、C 被抽出，它对 H_2 气的吸入过程由表面吸附、表层渗透、体内扩散三个步骤组成，吸收在体内的 H_2 在一定气体压力和温度条件下被释放。

3.15.2 抽气性能

SAES 对 NEG 抽出 H_2、CO 纯气的性能进行了测试，St 172/NP/LHI-MoRe/4-7/200 吸气剂在温度 25℃、压力 4×10^{-4}Pa 环境条件下对 H_2 的抽速较大。H_2 吸气量在 $4\times10^{-6}\sim7\times10^{-2}$Pa·m^3 的范围内，其有效抽速在 $2\times10^{-3}\sim6\times10^{-4}$m^3/s 之间，对纯 H_2 的抽速随 H_2 吸气量的增加下降很慢；CO 吸气量在 $6.7\times10^{-7}\sim1.3\times10^{-4}$Pa·m^3 之间，有效抽速在 $5\times10^{-4}\sim8\times10^{-5}$m^3/s 之间。

抽气性能与被抽的气体种类和 NEG 的工作温度有关。对 H_2 的抽速无论在高温（350℃）还是在常温（25℃）条件下，都基本上保持不变且大于 0.1m^3/s。而 CO 在 25℃下有比较低的扩散率，主要是 NEG 表面吸附气体，它的吸气量受到限制；当 NEG 表面接近饱和时，抽速变得小于 0.01m^3/s。N_2 在 NEG 体内扩散状态下的抽速大约是 H_2 的 15%。H_2O 在表面分解成 H 和 O 原子，H_2 的扩散速率很快，对 H_2O 的抽速主要取决于对 O_2 的抽速；在体内扩散状态下，对 O_2 的抽速为 H_2 的 65%。C_nH_m 仅在高温下被吸附，并且效率很低，在 500℃的高温下对 CH_4 的抽速仅为 CO 抽速的 0.5%。

NEG 在混合气体中的抽气行为不同于纯气。对 H_2 的抽速受 CO 影响，随 H_2 吸气量的增加而下降明显，H_2 吸气量在 $2.5\times10^{-5}\sim1\times10^{-3}$Pa·m^3 之间，其有效抽速在 $4\times10^{-2}\sim6.4\times10^{-1}$m^3/s 之间；对 CO 的抽速不受 H_2 影响，在纯气或混合气中 CO 抽速随 CO 吸气量变化曲线基本相同，CO 吸气量在 $2.5\times10^{-5}\sim1\times10^{-3}$Pa·m^3 之间，有效抽速在 $6.1\times10^{-2}\sim8.9\times10^{-1}$m^3/s 之间。NEG 对 80%$H_2$+20%CO 混合气体中的 CO 抽速大于 H_2，对混合气体的总抽速介于 H_2、CO 分抽速之间，吸气量在 $2.5\times10^{-5}\sim1\times10^{-3}$Pa·m^3 之间，其有效抽速在 $4.5\times10^{-2}\sim7\times10^{-1}$m^3/s 之间。

NEG 对混合气体的总抽速不等于对各类气体的分抽速之和。

3.15.3 活性气体的饱和浓度

在封离真空杜瓦的气体源与 St 172 型 NEG 泵构成的真空空间里，NEG 泵抽气状态方程为

$$V\frac{dp}{dt} = - p(t)s(t) + q(t) \tag{3-30}$$

式中 $V\frac{dp}{dt}$——t 时刻杜瓦腔体里气体量的瞬时净增量，$Pa \cdot m^3/s$；

V——杜瓦腔体容积，m^3；

$p(t)$，$s(t)$——NEG 泵在有效抽速 $s(t)$ 抽气每秒物理吸附、化学吸附混合活性气体的气体量，$Pa \cdot m^3/s$；

$q(t)$——气体源每秒进入杜瓦腔体里的气体量。

在一定气体压力、温度下，NEG 抽出混合活性气体时，各种气体对饱和吸气量的贡献不同，存在如下关系式

$$C_{CO} + C_{CO_2} + \frac{C_{O_2}}{5} + \frac{C_{N_2}}{4} + \frac{C_{H_2O}}{3} = 2.93 Pa \cdot m^3/g \tag{3-31}$$

由式（3-31）可以得到各种气体的溶解度，抽出 CO、CO_2、O_2、N_2、H_2O 的饱和浓度分别为 $0.29 Pa \cdot m^3/g$、$0.29 Pa \cdot m^3/g$、$1.46 Pa \cdot m^3/g$、$1.17 Pa \cdot m^3/g$ 和 $0.88 Pa \cdot m^3/g$。

St 172 型 NEG 的温度和 H_2 的浓度与 H_2 平衡压力的关系可以用 Sieverts 定律来描述

$$\log P = 4.45 + 2\log c - \frac{5730}{T} \tag{3-32}$$

式中 c——H_2 在 NEG 中的浓度，$Pa \cdot m^3/g$；

P——H_2 的平衡压力，Pa；

T——NEG 温度，K。

NEG 对 H_2 的吸气量不能超过 H_2 的脆裂浓度 $1.43 \sim 2.67 Pa \cdot m^3/g$，超过脆裂浓度 NEG 的晶格发生变化。使用中通常应远离 H_2 脆裂浓度 $2.67 Pa \cdot m^3/g$，保证没有固溶体颗粒脱落。1 个 0.3g 的 NEG 泵，它的体内最大 H_2 浓度不允许超过 $1.3 \sim 1.6 Pa \cdot m^3/g$，最大可能的 H_2 吸气量为 $0.39 \sim 0.48 Pa \cdot m^3$，以避免 H_2-NEG 固溶体颗粒脱落损坏。因此，要根据杜瓦腔体里的氢气量来决定应使用的 NEG 合金数量。2 个 St 172 型 NEG 泵最大可能的 H_2 吸气量为 $1.6 Pa \cdot m^3$，可能抽出 CO、CO_2、O_2、N_2、H_2O 的气体量分别为 $0.58 Pa \cdot m^3$、$0.58 Pa \cdot m^3$、$2.92 Pa \cdot m^3$、$2.34 Pa \cdot m^3$、$1.76 Pa \cdot m^3$，抽出混合活性气体的总气体量是 $9.78 Pa \cdot m^3$。当

明确知道气体种类、分压力、出气速率、NEG 抽气性能等数据，就可以估算出 NEG 的寿命。

3.15.4　激活、再激活和再生

暴露在大气环境中的 St 172 表面主要存在 Zr、V、O、Fe、C 这 5 种元素。它的表面物理、化学吸附一层 CO_2、O_2、H_2O、C_nH_m 等活性气体，NEG 合金表面中的 Zr 和 V 主要以氧化态 Zr-O、V-O 存在于浅层表面。H_2、N_2、O_2、CO、CO_2、H_2O、C_nH_m 等活性气体与首次暴露大气环境的 NEG 合金表面反应，由初始气体分子的弱化学吸附渐变为原子态的强化学吸附，逐渐生成一层很薄的稳定氧化物、碳化物和氮化物阻挡（饱和或钝化）层，这个阻挡层不能溶解活性气体，阻止气体分子继续和 Zr、V 分子反应，使 NEG 的抽气性能消失。

SAES 货架商品 St 172 封装在略高于大气压的干燥 N_2 密封容器内，以免受大气、水气和其他物质污染，储存寿命 5 年。在 NEG 制造过程中，通过工艺控制在它的表面生成很薄的阻挡层，防止与活性气体分子发生作用消耗吸气量。使用 St 172 的组装操作应尽量缩短时间，避免长时间暴露在大气环境中，不允许裸手触摸，不能用真空清洗溶剂清洗，不应事先预抽和烘烤除气。因此，必须在真空度小于 0.1Pa 的真空（或大气压、O_2 含量小于 1×10^{-6}的纯净惰性气体）环境中加热到一定温度并持续一定时间，使阻挡层内的活性气体原子向 NEG 体内扩散，表面物理吸附的活性气体脱附溢出，重新获得清洁表面，使得浅表面阻挡层恢复成纯净的 NEG 合金结构，这个加热过程称为 NEG 的激活（activation）。

St 172 在激活过程中会发生一系列物理、化学的变化，Zr、V 氧化物（ZrO_2、VO_2）将向 Zr、V 的亚氧化物和金属相 Zr、V 的混合物转变，其表面的 ZrO_2、VO_2 逐渐减少，被还原为亚氧化物和金属态，导致在表面近金属态 Zr 的富集和部分金属碳化物（Zr-C）的生成。金属氧化物和碳化物中的 O、C 等元素主要向内部扩散离开表面层，NEG 合金表面重新获得清洁表面，恢复对活性气体的吸附能力。在激活过程中物理吸附的 H_2O、CO_2、C_nH_m 气体从 NEG 表面脱附，H_2 脱附温度在 200℃以上，没有 O_2 脱附。

经历第一次激活后，激活过的 NEG 在真空中抽出活性气体，表面又将逐渐生成阻挡层，它的抽速随吸气量的增加而降低，抽气性能逐渐消失，这时又必须激活 NEG，称为 NEG 的再激活（reactivation）。如果抽出的活性气体是以 H_2 及其同位素 D_2、T_2 为主要成分，表面并未生成稳定化合物阻挡层，而 NEG 吸收在体内的 H_2 浓度已经很大，对 H_2 的抽速很小。则这时必须在真空环境中加热到一定温度并持续一定时间，使吸收在体内的 H_2 释放出来，减小 H_2 浓度，恢复对 H_2 的抽速，这个加热过程称为 NEG 的再生（regeneration）。由于杜瓦真空获得过程中腔体里的气体成分和封离真空杜瓦气体源与 NEG 抽气过程的复杂性，

再激活和再生的过程是同时发生的，所以，一次加热可同时完成 NEG 的再激活和再生。

3.16 红外焦平面探测器杜瓦组件的真空特性

3.16.1 真空质量特性要求

红外焦平面探测器杜瓦组件既要满足高真空绝热要求，又要符合顾客定制的真空有用寿命或使用寿命。当杜瓦腔体的气体压力小于 1×10^{-3}Pa 时，高真空绝热达到最大效率，通常要求将绝热的空间抽成 $10^{-4}\sim10^{-5}$Pa 的真空度。某顾客定制有用真空寿命 10 年，真空失效的气体压力 1×10^{-2}Pa，封离真空的初始气体压力为 1×10^{-5}Pa、容积为 $3.24\times10^{-5}\mathrm{m}^3$ 的红外焦平面探测器杜瓦组件，要求包括所有可能的气体源每秒进入杜瓦腔体的最大平均气体流量小于 $1\times10^{-15}\mathrm{Pa\cdot m^3/s}$。工程实践中要求杜瓦腔体气密性检测的漏气速率优于 $10^{-17}\mathrm{Pa\cdot m^3/s}$ 的量级，应该给其他气体源留有余量。

由于存在实漏、虚漏、渗透、出气等造成真空度下降的气体源，封离真空红外焦平面探测器杜瓦组件在工作或非工作过程中逐渐释放气体，其真空度会随时间缓慢降低，导致高真空绝热效率低或功能消失。因此应使用 St 172 型 NEG 泵抽出杜瓦腔体里的活性气体，长时间维持工作真空度高于设计允许的最大气体压力（$<10^{-2}$Pa），保证高真空绝热功能持续有效，提高红外焦平面探测器杜瓦组件的真空寿命和可靠性。

封离真空杜瓦的真空寿命可区分为有用寿命（useful life）和使用寿命（service life）。不允许电再激活 NEG 修理，由制造工艺质量特性和 NEG 抽出活性气体决定的真空寿命为有用寿命；用抽气封离真空时刻到第一次出现真空失效经历的时间度量；使用寿命是指允许电再激活 NEG 修理恢复它的抽气性能，重新获得和维持高真空绝热功能，它是真空可修复红外焦平面探测器杜瓦组件耐久性的特性指标，用 NEG 达到饱和吸气量和真空度低于设计允许的最大气体压力所经历的时间度量。大多数顾客要求红外焦平面探测器杜瓦组件的真空有用寿命达到 10 年、15 年甚至 20 年，在产品寿命周期内，并不允许电再激活 NEG 来恢复工作真空度。

3.16.2 封离真空杜瓦内的气体源

封离真空杜瓦内的气体源如图 3-10 所示，主要有以下几种：

（1）大气经杜瓦腔体壁极微小孔洞泄漏的实漏源。

（2）大气储存在装配和结构材料内部的微小配合间隙、气孔、裂缝等虚漏源。

（3）壳体相对边气体压差引起渗透的气体源，如气体分子渗透金属、非金属材料的晶格，渗透气体主要是 H_2。

（4）真空腔体内的材料表面出气，如 H_2O。

（5）结构材料的体出气，主要是 CO。

（6）固体材料蒸发的气体。

（7）连接焊缝、金属材料表面的氧化物分解也是一种气体来源。杜瓦腔体气体压力增大的原因，可能由上述任何一种或者其全部所造成。

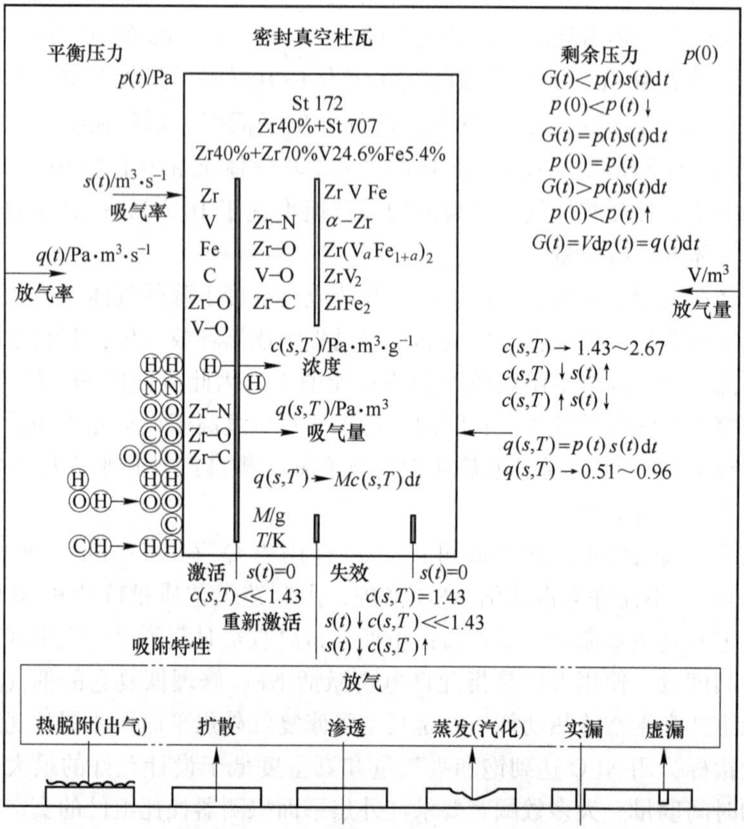

图 3-10　气体源与 NEG 机理示意图

真空获得抽气过程中，杜瓦腔体里气体的总压力降低时，气体的成分也随着改变。在低、中真空范围（$10^5 \sim 10^{-1}$ Pa），气体成分基本类似大气的成分。在高真空范围（$10^{-1} \sim 10^{-5}$ Pa），成分不断改变，成为一种含有 70%～90% 水分的气体；当连续进行抽气并加热时，CO 的含量增加。在超高真空范围（$<10^{-5}$ Pa），H_2 是主要成分，约占 90%～95%。腔体气体压力 3.325×10^{-4} Pa 时，典型的残余气体主要有 H_2O、H_2、N_2、O_2、CO、CO_2、C_nH_m 等。

由此可见，红外焦平面探测器杜瓦组件真空的残余气体成分应该较之普通洁净空气更为丰富，可能残留工艺过程引入的污染物和封装材料的挥发物等气体。红外焦平面探测器杜瓦组件在烘烤温度 100℃下经历长时间真空抽气，通常可以达到真空度 10^{-5}Pa，残余气体主要是 H_2、H_2O、CO、C_nH_m、N_2、O_2、CO_2 等的混合活性气体，其中 H_2、H_2O、CO 占的份额较大，H_2 的份额可达 80%以上，H_2 的分压大于 10^{-6}Pa，H_2O 的分压小于 10^{-10}Pa。

3.16.3 杜瓦腔体里的气体升压速率

在给定时间间隔内杜瓦腔体里的气体压力升高量除以时间间隔，定义为升压速率

$$r(t) = \frac{\mathrm{d}p(t)}{\mathrm{d}t} = \frac{p(t) - p(0)}{t}$$
$$p(t) = \int r(t)\,\mathrm{d}t \tag{3-33}$$

式中 $r(t)$——升压速率，Pa/s；

$p(0)$——封离真空抽气系统时刻杜瓦腔体里的最小气体压力，Pa，在充分抽气的情况下 $p(0)$ 达到 10^{-5}Pa；

$p(t)$——t 时刻的气体压力或设计允许的最大气体压力，Pa，通常高真空绝热功能失效的气体压力为 10^{-2}Pa；

t——抽气封离时刻与观察时刻经历的时间间隔，s。

封离真空杜瓦腔体里的气体压力随它的经历而变化，腔体里的混合活性气体量为

$$G = \int g(t)\,\mathrm{d}t = \int Vp(t)\,\mathrm{d}t \tag{3-34}$$

式中 $g(t)$——杜瓦腔体里随经历时间变化的气体量，Pa · m³；

V，$p(t)$——t 时刻处于平衡状态的气体所占有的体积（m³）与其压力（Pa）。

在给定时间间隔内气体源产生的气体量除以该时间间隔，就得到平均每秒进入杜瓦腔体里的气体量

$$Q = \int q(t)\,\mathrm{d}t = \frac{\int g(t)\,\mathrm{d}t}{t} \tag{3-35}$$

式中 $q(t)$——进入杜瓦腔体里的气体流量，Pa · m³/s；

t——给定时间间隔，s。

其中 $q(t)$ 包括

$$q(t) = q_\mathrm{l}(t) + q_\mathrm{i}(t) + q_\mathrm{d}(t) + q_\mathrm{p}(t) \tag{3-36}$$

式中，$q_\mathrm{l}(t)$、$q_\mathrm{i}(t)$、$q_\mathrm{d}(t)$、$q_\mathrm{p}(t)$ 分别是实漏、虚漏、出气、渗透进入杜瓦腔体

里的气体流量，$Pa \cdot m^3/s$。

由这些气体源引起杜瓦腔体里的气体压力变化为

$$p(t) = p_1(t) + p_i(t) + p_d(t) + p_p(t)$$
$$= \frac{1}{V}\left(q_1(t)t + \frac{Cp_i(0)}{CV + 1/t} + q_d(0)t^{-\beta+1} + \frac{KA\sqrt{P_{H_2}}}{l}t\right) \tag{3-37}$$

式中　$q_d(t)$——随时间变化的杜瓦腔体所有材料表面解吸气体出气源每秒所产生的气体量，$Pa \cdot m^3/s$，用经验公式 $q_d(t) = q_d(0)t^{-\beta}$ 近似表示，β 与材料有关，取 0.7~2 之间值；

C——微小配合间隙的流导，m^3/s；

$p_i(0)$——封离真空时刻微小虚漏空间的初始气体压力，Pa；

K——扩散系数，100℃ 时 H_2 在 4J29 的渗透系数为 8.38×10^{-12} $Pa \cdot m^3/m^2 \cdot s \cdot Pa^{1/2} \cdot m^{-1}$，常温下 H_2 在 1Cr18Ni9 中的渗透系数为 $4\times10^{-14} Pa \cdot m^3/m^2 \cdot s \cdot Pa^{1/2} \cdot m^{-1}$；

A——杜瓦内表面积，m^3；

P_{H_2}——大气中 H_2 分压，为 5.3×10^{-2}Pa；

l——杜瓦壳体壁厚，m。

3.16.4　寿命周期内的总气体量

寿命周期内的总气体量为

$$G = \int Vp(t)\,dt = \left(q_1(t)t + \frac{Cp_i(0)}{CV + 1/t} + q_d(0)t^{-\beta+1} + \frac{KA\sqrt{P_{H_2}}}{l}t\right)t \tag{3-38}$$

有用真空寿命 10 年（20 年），封离真空杜瓦的初始压力 1×10^{-5}Pa、失效压力 1×10^{-2}Pa，按线性近似处理允许最大升压速率为 3.17×10^{-11}Pa/s（1.58×10^{-11} Pa/s），针对容积 $3.24\times10^{-5}m^3$ 的红外焦平面探测器杜瓦组件，在寿命周期内各种气体源平均每秒进入杜瓦腔体里总的气体流量应小于 1.03×10^{-15} $Pa \cdot m^3/s$（5.13×10^{-16} $Pa \cdot m^3/s$），累计进入腔体的总气体量是 51.2$Pa \cdot m^3$（102$Pa \cdot m^3$），平均每秒流进腔体里的气体量近似为 1.6223×10^{-7} $Pa \cdot m^3$，35 天（57 天）累计的气体量就能达到 1 个 St 172 型 NEG 安全吸气容量 0.48$Pa \cdot m^3$ 或最大吸气容量 0.8$Pa \cdot m^3$，气体量和升压在寿命周期内随时间变化的曲线如图 3-11 所示。

通常制造工艺缺陷带来的漏气远比壳体材料渗透大几个数量级；材料出气因材料经历不同而异，出气率要比漏气率大 1～3 个数量级。按如下特性参数由式（3-37）计算初始压力 1×10^{-5}Pa、失效压力 1×10^{-2}Pa 的寿命时间：实漏源平均漏气速率 1.03×10^{-15} $Pa \cdot m^3/s$；虚漏源微小间隙流导 $1\times10^{-12}m^3/s$，容积 $1\times10^{-8}m^3$，初始压力 1×10^{-3}Pa；封离真空时刻的初始出气速率由抽气过程检测到的抽气流

量 1×10^{-12} Pa·m³/s 代替，β 取抽气压力-时间曲线拟合的经验值 0.8；扩散系数 4×10^{-19} Pa·m³/m²·s·Pa$^{1/2}$·m^{-1}；计算腔体容积 3.24×10^{-5} m^{-3}；气体量 G 和升压 P 与寿命时间的关系如图 3-11 所示。

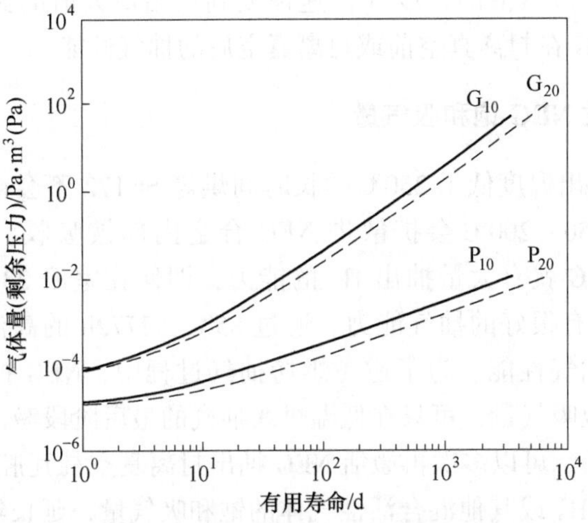

图 3-11 杜瓦寿命周期内的气体量与升压

3.17 用 NEG 维持封离真空杜瓦长寿命

3.17.1 抽气封离真空前激活 NEG

经历干燥 N_2 密封容器储存、大气环境组装的 St 172 型 NEG，在超高真空抽气系统烘烤抽气的过程中，由于它的孔隙度和比表面积都比较大，欲抽出微米尺度多孔结构内部空间和表面物理吸附的气体，需要较长的抽气时间，才能使 NEG 表面的气体压力小于 SAES 推荐激活条件的真空度 0.1Pa。激活时的真空度越高，越有利于缩短激活持续时间，提高抽速恢复比例，减小 NEG 饱和吸气量的损耗，一般应在气体压力小于 10^{-2}Pa 的真空下进行。

SAES 推荐低温或高温两种方式激活 St 172。低温激活条件为真空度 0.1Pa、温度 450℃和持续时间 10min 或者 0.1Pa、300℃和 90min，能够恢复抽速 35%；再激活条件为 450℃、10min。高温激活条件为真空度 0.1Pa、温度 900℃和持续时间 10min，完全恢复抽速；再激活条件为 800℃、5min，可以恢复抽速 70%。对于 NP 型推荐的激活条件是高温激活方式。这些推荐条件是在 SAES 检测试验规范条件下测试得到的数据，针对具体应用工况条件下的激活处理，应根据特定使用环境要求试验验证适合的激活与再激活条件，最大程度地充分利用 NEG 饱和吸气量。

有顾客指出长时间暴露大气的 NEG 激活强度应较高，推荐激活温度 500℃和持续时间 30min 或 450℃和 45min 作为标准的激活条件。激活与再激活温度和持续时间受到主泵抽速、NEG 安装结构、温度敏感特性等条件和 NEG 的物理原因限制。顾客可以通过激活与再激活的温度、持续时间和环境气体压力，控制 NEG 激活过程的开始、被激活的程度（抽速恢复到初始最大值的比例）和激活的速度，有效利用 NEG 在封离真空前或封离真空后的抽气性能。

3.17.2　完全开发 NEG 饱和吸气量

尽管 SAES 指出温度低于 250℃的长时间烘烤 St 172 不会被激活，吸附于表面的 N_2、O_2 在 150～200℃会扩散进 NEG 合金内部被吸收。然而，经过 90～130℃的烘烤，NEG 就有大量抽出 H_2 的能力，即使在室温 23℃的真空环境下，也表现出对 H_2 具有很好的抽气能力。通过 85℃、2772h 的高温储存试验，NEG 也表现出显见的抽气性能。为了避免烘烤抽气过程中，NEG 抽出活性气体损失消耗 St 172 的有效吸气量，可只在低温烘烤抽气的最后阶段激活 NEG，最大限度地使用有效吸气量。可以多次再激活 NEG 抽出封离真空杜瓦腔体里的活性气体，充分利用 NEG 对 H_2 或其他混合活性气体的饱和吸气量，延长红外焦平面探测器杜瓦组件的使用寿命。或者增加 NEG 用量，弥补抽气过程中有效吸气量的损耗，保证封离真空杜瓦寿命周期内有足够充裕的吸气量。

对于长时间低温烘烤抽气、真空完善性和气密性优良的红外焦平面探测器杜瓦组件，封离真空杜瓦经历长时间工作或非工作，引起腔体升压的气体成分大部分是 H_2 和少量 CO，St 172 可抽出随时间增加的这些活性气体，保证有用寿命达到顾客定制的寿命周期（10 年、15 年和 20 年）。因为，NEG 对 H_2 的抽出可逆，在寿命周期内并不允许再激活，所以，抽气过程中通过恰当的激活与再激活，使得 NEG 工作温度高于 150℃，能够确保其抽速与主抽泵相当，显著提高腔体真空度或缩短抽气时间。必须在抽气封离真空的最后阶段再激活和再生 NEG，降低 H_2 的溶解度，使得 St 172 有充裕的吸气量维持红外焦平面探测器杜瓦组件的有用寿命。

3.17.3　有限吸气量和再激活次数

用 NEG 维持封离真空杜瓦的真空度，St 172 在 25℃、高真空环境工作，可以多次再激活使用，充分利用它的饱和吸气量。再激活过程中释放出来的 H_2 并没有捕获接收容纳的去处，重新又被再次吸收扩散生成 H_2-固溶体，进一步损耗 NEG 对 H_2 的饱和吸气量。每一次再激活后，NEG 表现出与第一次激活相当的抽气性能，再激活恢复的抽气性能与活性气体、工作温度和吸气量有关。当 St 172 达到饱和吸气量，吸附 H_2 达到脆裂浓度时，抽气性能消失。

工程实践中，很难确切知道 NEG 溶解活性气体的浓度、抽气性能变化的程度，也就无从确定再激活的时机和次数。例如，一个顾客使用近 8 年的红外焦平面探测器杜瓦制冷机组件，出现降温时间超过顾客定制要求的故障，经检查确认为非制冷机故障因素，但再激活后降温时间依然超过规定要求，再激活没有恢复 St 172 的抽气性能。一个封离真空杜瓦推测存在 10^{-13}Pa · m^3/s 量级漏孔，在经历 67 天，第一次再激活后 55 天热负载增大到 1261mW，第二次再激活后热负载减小 821mW；另一个经历 2 年的封离真空杜瓦，受外力作用损坏漏气，其热负载增大到 1755mW，再激活的吸气量使得热负载减小 333mW；还有一个存在 10^{-14}Pa · m^3/s 量级漏孔的封离真空杜瓦，经历 60 天、多次高温储存试验，热负载最大增加量 262mW，NEG 反复再激活 7 次的吸气量，使得热负载累计减小 388mW；又一个有 10^{-10}Pa · m^3/s 量级漏孔的封离真空杜瓦，经历 60 天热负载由初始 213mW 增大到 2079mW，反复再激活 7 次，平均每次再激活后热负载减小 587mW，热负载减小量最小 43mW、最大 1066mW。虽然热负载测量值有较大的测量不确定度，但是，反复多次再激活后 NEG 表现出来的抽气性能，透过热负载的变化值还是可以清晰地识别出来。可以看出，St 172 恢复工作真空度的能力与 NEG 的剩余吸气量和饱和吸气量、气体源的活性气体成分和进入腔体里的气体量、再激活的温度和气体压力等因素有关。封离真空杜瓦达到 2 年有用寿命的气体压力大于 10^{-2}Pa，通过再激活 NEG，使得气体压力恢复到小于 10^{-2}Pa，可以反复再激活 7 次，满足真空使用寿命 14 年的要求。

由此可见，在经历充分抽气的密闭微型金属杜瓦腔体空间内，当抽气封离时刻的初始压力为 10^{-5}Pa 时，存在造成升压的气体流量不小于 10^{-14}Pa · m^3/s，环境温度 25℃、气体压力小于 10^{-1}Pa 的情况下，在抽气过程中激活过的 NEG 能够再激活 7 次，使腔体压力恢复到接近初始压力的水平。

3.17.4 几种 NEG 损坏失效模式

NEG 在室温或 200℃ 的温度下工作，它对 H_2 的吸气量超过脆裂浓度 2.67Pa · m^3/g 或 1.43Pa · m^3/g，将导致 H_2-固溶体颗粒脱落。

在抽气或封离真空的状态下，大气进入杜瓦腔体或气体压力大于 0.1Pa，而 NEG 工作在 200℃时，NEG 将缓慢且渐进烧毁，永久性地损坏，失去抽气性能或产生粉体颗粒脱落。

当电激活温度超过 1000℃后，多孔结构的 NEG 合金被熔融烧毁，造成孔隙度急剧下降，比表面积趋于几何表面积。因此 900℃高温激活时必须格外谨慎。

抽气过程中，若烘烤、激活与再激活处理不当，过度或全部损耗 NEG 的有效吸气量，则 NEG 对封离真空杜瓦腔体里的活性气体没有抽气能力。

当 NEG 对 H_2 的抽速下降到小于 30%或溶解度达到 1.3~1.6 Pa · m^3/g，就必须进行再生。多次再生可能引起 NEG 的热疲劳，导致 NEG 颗粒脱落，再生次数是有限的。热疲劳取决于再生温度、再生持续时间和再生次数，高温抽气对热疲劳影响很大。

NEG 饱和前的再激活次数取决于特定应用工况，无论封离前用它的真空获得功能，还是封离后用它的真空维持功能，都随 NEG 运行温度和真空环境而变，高温和低真空抽气，再激活次数较少，可以通过 NEG 的抽速和吸气量关系曲线计算完全开发 NEG 饱和吸气量所需要的激活次数。

当抽气性能达不到规定要求时，NEG 吸附活性气体达到饱和吸气量。

3.17.5　结论

St 172 本质上就是一个微型吸附泵，能够抽出活性气体获得和维持真空，可以再激活修理或不修理维持封离真空杜瓦的工作真空度。大多数顾客定制要求的是真空有用寿命（所谓的免维护寿命）10 年或 20 年而非使用寿命，寿命周期内并不允许再激活 NEG 修理恢复工作真空度。

St 172 使用不当将导致 NEG 不能发挥获得或维持真空的最大效能，造成不必要的浪费和损失。企图通过多次再激活延长封离真空杜瓦的工作真空度，势必导致 NEG 很快达到 H_2 的脆裂浓度，引起 H_2-固溶体颗粒脱落，可能产生多余物颗粒遮挡衍射成像“黑斑”的严重后果。所以，红外焦平面探测器杜瓦组件必须选用无颗粒的 NP 型 St 172，并且寿命周期内不能存在足以使 NEG 脆裂的 H_2 活性气体源。

封离真空杜瓦常用的 1 个 St 172 型 NEG 的安全吸气容量为 0.48Pa · m^3 或最大吸气容量为 0.8Pa · m^3。当存在气体流量 1.03×10^{-15} Pa · m^3/s 的气体源，即使安装 10 个 St 172，也很难保证 10 年有用寿命周期内杜瓦腔体里的气体压力不超过工作真空度。因此，杜瓦腔体必须具有优良的真空完善性和气密性，在恰当地抽气工艺和正确使用 St 172 的条件下，才能有效保证红外焦平面探测器杜瓦组件满足顾客定制 10 年真空有用寿命的要求。实际上，增大杜瓦腔体空间容积，也有延长封离真空杜瓦有用寿命的作用。

参 考 文 献

[1] Benvenuti C, Chiggiato P. Pumping Characteristics of the St707 Non-evaporable Getter（Zr70V24.6-Fe5.4）wt-percent [J]. Journal Vacuum Science & Technology A Vacuum Surfaces & Films, 1995, 14（6）: 3278-3282.

[2] Sang R I, Suck H B. Pumping characteristics of Zr-V-Fe non-evaporable getter in mixture of H_2 and CO gases [J]. Journal of the Vacuum Society of Japan, 1994, 37（1）: 5-9.

[3] 陈丽萍，蒋迪奎．非蒸散型吸气剂对混合气体的抽气行为研究 [J]. 真空科学与技术学报, 2004, 24（3）: 225-229.

[4] 冯天佑，朱建炳，陈联，等．锆钒铁不同温度下吸氢性能的实验研究 [J]. 真空科学与技

术学报，2017，37（8）：776-780.

[5] Irving H，Bernice E M. Hydrogen Capacity and Absorption Rate of the SAES St707TM Non-Evaporable Getter at Various Temperatures［R］. SAND2010-5402，California：Mills Materials Chemistry Department and Sandia National Laboratories Document，2010.

[6] 薛函迎，柴云川，郭卫斌，等．锆钒铁吸气剂常温激活吸氢现象研究［J］. 真空电子技术，2013（4）：48-52.

[7] 蒋迪奎，陈丽萍．非蒸散型吸气剂（NEG）的性能特点和实际应用问题［J］. 真空，2004，41（4）：88-93.

[8] SAES St 171 and St 172—Sintered Porous Getters［Z］. SAES getters company.

[9] 高本辉，崔素言．真空物理［M］. 北京：科学出版社，1983：182，557，584.

[10] 董海义．St 707 非蒸散型吸气剂的性能研究［J］. 真空，2000，37（1）：26-28.

[11] SAES St 172/NP/LHI-MoRe/4-7/200［Z］. SAES getters company.

[12] SORB-AC Cartridge Pumps MK5 Series［Z］. SAES getters company. 2012.

[13] 熊玉华，顾为，尉秀英，等．ZrVFe 吸气剂激活过程及其机理［J］. 中国有色金属学报，2008，18（7）：1358-1363.

[14] 顾为，熊玉华，杜军，等．ZrVFe 吸气剂激活过程研究［J］. 稀有金属，2007，31（4）：501-505.

[15] Stephen Whicker. New technologies for FPA Dewars［C］//SPIE. 1992. 1683. 102-112.

[16] Tito S Y，Lyle E. Bergquistleak testing of sensor dewars to IE-15 Std He/s［C］//SPIE，1990，1308：244-252.

[17] 李建林，刘湘云，朱颖峰，等．红外焦平面探测器杜瓦组件真空失效及其考核方法研究［J］. 激光与红外工程，2015，44（10）：2874-2879.

[18] 罗思 A. 真空技术［M］.《真空技术》翻译组，译．北京：机械工业出版社，1980：3-4.

[19] 田民波，刘德令．薄膜科学与技术手册［M］. 北京：机械工业出版社，1991：370.

[20] 日本真空技术株式会社．真空手册［M］. 卢永铭，刘立，王汝梅，等译．北京：原子能出版社，1986：77.

[21] 龙杰勋．真空度对红外探测器/D64JT7 型系列杜瓦瓶性能的影响［J］. 红外技术，1995，17（2）：9-13.

[22] Johan K F. Residual gss：Traditional understanding and new experimental results［J］. Vacuum，1999（53）：197-201.

[23] 于小兵．微型金属杜瓦绝热和真空保持的分析［J］. 激光与红外，2004，34（4）：275-278.

[24] 杜彬，许宜民，杨冬冬．一种 HgCdTe 探测器微型金属杜瓦的设计和工艺研究［J］. 低温技术，2013，41（11）：5-8.

[25] 王欲知，陈旭．真空技术［M］. 北京：北京航空航天大学出版社，2007：548，550.

[26] 张帅，吴质洁，常京春，等．电真空器件清洁处理［J］. 真空与低温，2016，22（1）：60-62.

[27] 王欲知，陈旭．真空技术［M］. 北京：北京航空航天大学出版社，2007.

[28] 邱爱叶，邵健中．超高真空技术［M］. 杭州：浙江大学出版社，1991.
[29] 徐烈，李兆慈，孙恒，等．低温真空技术［M］. 北京：机械工业出版社，2008.
[30] 杨乃恒，徐成海，巴德纯，等．真空获得设备［M］. 北京：冶金工业出版社，2001.
[31]《可靠性维修性保障性术语集》编写组．可靠性维修性保障性术语集［M］. 北京：国防工业出版社，2002.
[32] 达道安．真空设计手册［M］. 北京：国防工业出版社，2004.
[33] 张以忱. 真空工艺与实验技术［M］. 北京：冶金工业出版社，2006.
[34] Mestechkin A, Lee D L, Cunningham B T, et al. Bake Stability of Long-Wavelength Infrared HgCdTe Photodiodes [J]. Journal of Electronic Materials 24, 1995, 1183-1187.
[35] 傅英，陆卫．半导体量子器件物理［M］. 北京，科学出版社，2005.
[36] Nitz H M, Ganschow O, Kaiser U, et al. Quasi-simultaneous SIMS, AES, XPS, and TDMS Study of Preferntial Sputtering, Diffusion, and Mercury Evaporation in $Cd_xHg_{1-x}Te$ [J]. Surface Science, 1981, 104 (2/3): 365-383.
[37] 仰叶，朱魁章，刘婷，等．红外探测器封装技术［J］. 低温与超导，2010，38（12）：4-8.
[38] 龚海梅，张亚妮，朱三根，等．红外焦平面可靠性封装技术［J］. 红外与毫米波学报，2009，28（2）：85-89.
[39] 张以忱．真空技术系列讲座. 第十二讲：真空工艺［J］. 真空，2003，4/5：66.
[40] 谈治信．真空技术中的清洁处理（一、二）［J］. 真空与低温，1992，11（3/4）：169-173，215-224.

4 微型金属杜瓦质量特性参数测试评价技术

4.1 热流测量原理及方法

4.1.1 测量热负载的数学模型

微型金属杜瓦瓶是连接耦合红外探测器、制冷器、电子学和光学的高性能真空绝热部件，其热特性指标热负载的大小直接影响红外探测器杜瓦组件所损耗制冷器功率的数量，是红外整机设计人员选择制冷方式和制冷功率的一个重要依据。在室温工作条件下，微型金属杜瓦瓶的总热耗功率应控制在制冷功率的 1/3 左右。对于适配制冷功率 0.5W 制冷器的微型金属杜瓦瓶，其分配的热负载指标一般必须小于 0.16W。

液氮蒸发原理测量低温真空绝热容器隔热能力的研究，主要集中在大型低温容器日蒸发率的测量方面，对微型、小漏热红外探测器封装杜瓦瓶热负载测量的研究很少。现行有效行业标准和国家军用标准往往给出原理计算方法，没有测量质量和测量过程的进一步说明，标准中液氮汽化潜热的取值存在差异（199J/g、196.7J/g、198.64J/g），工程实践中蕴涵质量特性监督检测纷争。人们认识到同一被测对象不同人用称量法和流量法测量得到的热负载观测值存在很大的差异，传统人工测量热负载的测量质量不高，测量观测值不准确不可靠。

深入研究热负载测量方法、数据处理规定和测量误差，提高测量准确度、测量不确定度和测量可靠性，有利于精确测量小漏热微型金属杜瓦瓶的热负载。对于减小斯特林循环制冷器的尺寸、重量和功耗，推动红外探测器封装技术、真空获得技术和可靠性技术的发展都有重要意义。

根据质量流量计和电子天平获取的液氮蒸发量随时间的变化规律，通过称量法和流量法测量观测值的分析统计，研究被测量检测判据的确定方法，探讨了检测液氮蒸发耗尽时刻的困难性，揭示出液氮蒸发耗尽时刻作为检测判据，并不能客观反映微型金属杜瓦瓶的绝热性能。

流量法测量热负载是通过流量计检测单位时间液氮蒸发量，利用相变在相同温度和压力下两相间的比焓差计算热负载，标准工况和测量工况下的计算因子为 4.151 和 5.212。一种新的热负载测量数据处理方法，是检测微型金属杜瓦瓶内管冷端最低温度下的质量流量，或者此时刻前 1min 内汽化液氮的质量，可以统一称量法和流量法测量热负载的检测时刻和测量区间，有利于客观真实反映微型金属杜瓦瓶的固有热负载。

热负载是表征微型金属杜瓦瓶绝热能力的综合指标，是传导、对流和辐射传热的总热流，也称作“热流量”。液氮蒸发测量原理检测的热负载由式（4-1）求得：

$$Q = LM \tag{4-1}$$

式中　Q——通过杜瓦传导、对流、辐射传热导入内管积存液氮的总热流，称作热负载，W 或者 mW；

L——液氮的汽化潜热（气化焓变 ΔH），在标准状态下（0℃，1.013×10^5Pa。）为 161.6J/mL 或者 199.3J/g，昆明地区液氮汽化潜热为 201J/g；

M——标准工况下（0℃，1.013×10^5Pa）单位时间蒸发的液氮量，是直接测量量，mL/s 或者 g/s。

蒸发损耗的液氮量可以利用气体质量流量计测量得到。

对式（4-1）求一阶偏微分作近似计算可得误差传递方程：

$$\Delta Q_{\mathrm{L}} = L\Delta M + M\Delta L \tag{4-2}$$

式中　ΔQ_{L}——微型金属杜瓦瓶热负载的测量误差；

ΔM——质量流量的测量误差；

ΔL——液氮汽化潜热的误差。

测量质量流量的计算方法：

$$M_{\mathrm{s}} = \rho_{\mathrm{a}} M_0 = \rho_{\mathrm{s}} \frac{273.15}{T_{\mathrm{a}}} M_0 \tag{4-3}$$

式中　M_{s}——标准工况下的质量流量，g/min；

M_0——质量流量计测量得到的质量流量读数，mL/min；

ρ_{a}——测量工况下的氮气密度；

ρ_{s}——氮气在标准状态下的密度为 1.2498×10^{-3}g/mL；

T_{a}——测量工况下氮气的温度，K。

当在标准状态下测量热负载时，将上述有关数据代入式（4-1）和式（4-3）得到标准工况下热负载计算式：

$$Q = LM = L\rho_{\mathrm{s}} \frac{273.15}{T_{\mathrm{a}}} M_0 = 4.151 M_0 \tag{4-4}$$

有文献推荐计算因子 4.2。

在昆明地区测量工况下 M 系列气体流量计测量得到大气绝对压力为 81.389kPa；用插值法查表得到液氮在测量工况下（0℃和 8.139×10^4Pa）的汽化潜热 L 为 161.602J/mL 或者 200.997J/g。利用准确度 0.1K 陶瓷铂电阻温度计检测昆明地区测量工况下液氮温度为 75. 49K；查表得到液氮在测量工况下的汽化潜热 L 为 161. 616J/mL 或者 201. 015J/g。考虑到气压和温度的因素，选取在昆明地区测量工况下液氮的汽化潜热 L 为 161. 6J/mL 或者 201J/g。当在昆明地区测量热负载时，将上述有关数据代入式（4-1）和式（4-3）得到测量工况下热负载计算式：

$$Q = LM = L\rho_s \frac{273.15}{T_a} M_0 = 5.212 M_0 \tag{4-5}$$

当测量工况的环境温度不等于 25℃时，氮气的密度随温度的变化可以由热力学状态方程求得 $\rho_a/\rho_s = 273.15/T_a$；在 101. 329kPa 和 25℃状态下氮气的密度为 1. 1450g/L。在测量工况下热负载计算式修正为：

$$Q = LM = L\rho_a \frac{T_a}{298.15} \frac{298.15}{273.15} M_0 = 0.01748 T_a M_0 \tag{4-6}$$

测量体积流量的计算方法为：

$$M = \frac{273.15}{T_a} \frac{P}{14.696} \frac{1}{\sigma} M_0 \tag{4-7}$$

式中 P——测量工况下的氮气压力；

σ——氮气在 0℃和 101. 329kPa 状态下的汽液体积比，为 647；

T_a——测量工况下氮气的温度，当 25℃时 $T_a = 298.15$K；

M_0——质量流量计测量得到的体积流量读数。

将上述有关数据代入式（4-1）和式（4-2）得到热负载计算式：

$$Q = LM = L \frac{273.15}{T_a} \frac{P}{14.696} \frac{1}{\sigma} M_0 = 3.173 M_0 \tag{4-8}$$

称量法根据测量对象的不同，可以细分为定质量法和定时间法两种。定质量法是测量规定质量液氮蒸发耗尽的时间，定时间法是测量在规定时间内液氮蒸发的质量。称量法按式（4-9）计算热负载：

$$Q_M = L \frac{M}{t} \tag{4-9}$$

式中 Q_M——微型金属杜瓦瓶的热负载，W；

M——规定液氮质量或规定时间内液氮气化的质量，g；

t——规定液氮质量 M 的耗尽时间或规定时间，s。

定质量法通常规定液氮质量 $M = 0.3$g，测量规定质量的液氮耗尽时间 t，然后由式（4-9）计算出热负载 Q_M。定时间法一般规定测量液氮蒸发耗尽前最后 5min 内汽化蒸发的液氮质量 M 来计算热负载 Q_M。

对式（4-9）求一阶偏微分作近似计算得误差传递方程：

$$\Delta Q_{\mathrm{M}} = \frac{\partial Q_{\mathrm{M}}}{\partial M}\Delta M + \frac{\partial Q_{\mathrm{M}}}{\partial t}\Delta t + \frac{1}{2}(\Delta M)^2 \frac{\partial^2 Q_{\mathrm{M}}}{\partial M^2} + \frac{1}{2}(\Delta t)^2 \frac{\partial^2 Q_{\mathrm{M}}}{\partial t^2} + \cdots$$

$$\approx \frac{L}{t}\left(\Delta M - \frac{M}{t}\Delta t\right) \tag{4-10}$$

式中　ΔQ_{M}——微型金属杜瓦瓶热负载的测量误差；

ΔM——液氮质量的称量误差；

Δt——规定液氮质量 M 的耗尽时间的测量误差。

由式（4-10）可知，测量时间足够长时微型金属杜瓦瓶热负载的测量误差就小，规定液氮质量越小微型金属杜瓦瓶热负载的测量误差也越小。然而液氮质量 M 与规定液氮质量 M 的耗尽时间 t 之间存在正比例关系，只有恰当地选择规定液氮质量 M，才能有效测量规定液氮质量 M 的耗尽时间 t。

由式（4-9）和式（4-10）得热负载相对误差：

$$\frac{\Delta Q_{\mathrm{M}}}{Q_{\mathrm{M}}} = \frac{\Delta M}{M} - \frac{\Delta t}{t} \tag{4-11}$$

当采用定时间法测量时，一般规定测量液氮蒸发耗尽前最后 5min 内气化蒸发的液氮质量 $M = t\nu_{\mathrm{N}} = 300\nu_{\mathrm{N}}$ 来计算热负载 Q_{M}。由式（4-11）得规定时间法测量热负载的相对误差：

$$\frac{\Delta Q_{\mathrm{M}}}{Q_{\mathrm{M}}} = \frac{\Delta M}{t\nu_{\mathrm{N}}} - \frac{\Delta t_{\text{操作}}}{t} = \frac{\Delta M - \Delta t_{\text{操作}}\nu_{\mathrm{N}}}{300\nu_{\mathrm{N}}} \tag{4-12}$$

当采用定质量法测量时，通常规定液氮质量 $M = 0.3\mathrm{g}$，测量规定质量的液氮耗尽时间 $t = M/\nu_{\mathrm{N}} = 0.3/\nu_{\mathrm{N}}$，然后由式（4-9）计算出热负载 Q_{M}。由式（4-11）得规定质量法测量热负载的相对误差：

$$\frac{\Delta Q_{\mathrm{M}}}{Q_{\mathrm{M}}} = \frac{\Delta M}{M} - \frac{\Delta t_{\text{操作}}}{M/\nu_{\mathrm{N}}} = \frac{\Delta M - \Delta t_{\text{操作}}\nu_{\mathrm{N}}}{0.3} \tag{4-13}$$

4.1.2　被测量检测判据

4.1.2.1　测量过程定性描述

图 4-1 所示为流量法测量热负载的典型质量流量和时间曲线。采用流量法测量安装流量计测量接口时产生的干扰热流量可以使液氮汽化加速，测量管路产生的压力稍大，质量流量超过流量计测量上限，故起始段质量流量曲线平直（A）。一段时间后测量管路压力接近大气压，测量系统处于相对稳定状态，液氮汽化产生的质量流量被质量流量计以 0.1s 的采样速率捕捉记录，这一阶段质量流量变

化速率较大（B）。测量开始阶段由于内管传导热流量随液氮汽化液面高度降低而逐渐减小，此时质量流量的变化速率相对较小，反映了微型金属杜瓦瓶真空绝热的质量特性。可以看出，在约 1g 液氮汽化测量的过程中，微型金属杜瓦瓶、液氮和质量流量计构成的测量系统，其通过杜瓦瓶传导、对流、辐射传热导入内管积存液氮的总热流随剩余液氮量而逐渐变化，液氮汽化产生的质量流量缓慢减小，这一阶段内管冷端可以保持在相对稳定的最低温度下（C）。当液氮汽化剩余量小于 0.04~0.08g 时，剩余液氮难以维持内管冷端温度在相对稳定的最低温度下，此时导入内管积存液氮的热流逐渐增大，质量流量的变化速率较大（D）。在某一热负载（流入内管积存液氮的总热流）作用下最后 1s 汽化的理论液氮量是一个常数，例如热负载 150mW 时为 0.602mL/s（或 0.753mg/s）。因为液氮气液比 647 液态气态体积差异很大，所以液氮汽化耗尽时刻的质量流量会由小变大，如图 4-1 所示。

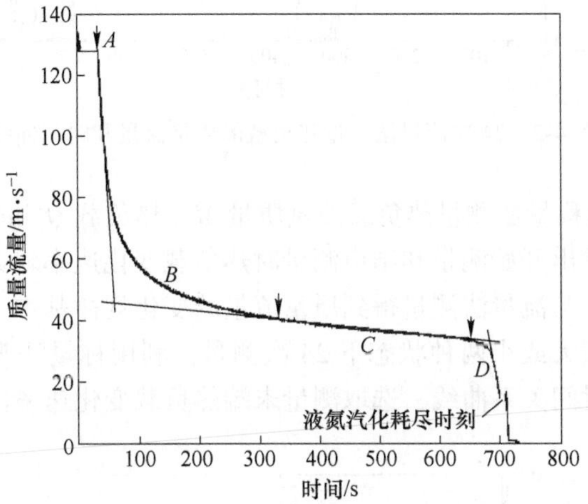

图 4-1　流量法测量热负载的典型质量流量和时间曲线

4.1.2.2　流量法的检测判据

由图 4-1 可知，将质量流量或体积流量扩大测量系统常数（计算因子）倍，即得到被测杜瓦瓶在测量过程中的热负载变化曲线。显然采用液氮蒸发原理测量微型金属杜瓦瓶热负载的过程一般不存在稳态热流的阶段，整个测量过程通过杜瓦瓶传导、对流、辐射传热导入内管积存液氮的总热流随剩余液氮量而逐渐变化，图 4-2 给出同一微型金属杜瓦瓶热负载大或小两种状态下 24 次测量质量流量和时间关系曲线。流量法测量由于灌注液氮量、起始测量时刻的随机性，使得最后 1s 汽化的液氮量并不一定恰能符合某一热负载作用下的理论液氮量，所以液氮汽化耗尽时刻的质量流量具有随机性，不能用作检测判据。另外液氮汽化剩余量小于 0. 04~0. 08g 时（图中标注◇剩余液氮量 0. 05g），剩余液氮难以维持内管冷端温度在相对稳定的最低温度下，此液氮汽化阶段（*D*）不能真实反映杜瓦瓶的热负载。如何选取检测时刻同样困扰流量法测量热负载。

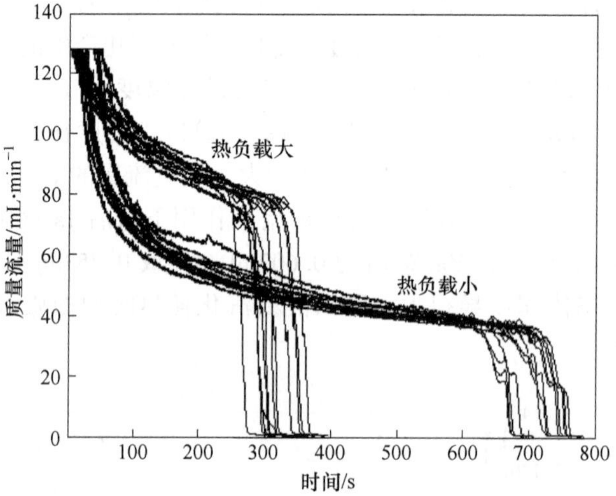

图 4-2　24 次流量法测量热负载的质量流量和时间曲线

图 4-3 所示为称量法测量热负载液氮质量 *M*、热负载 *Q* 和时间 *t* 对应的关系曲线。由图可以看出开始测量和结束测量时热负载变化速率较大，中间一段热负载变化速率较小，与流量法测量得到质量流量的变化规律基本一致。对同一微型金属杜瓦瓶热负载大或小两种状态下 24 次测量，利用称量法观测值进行数据处理得到热负载和时间关系曲线，选取测量末端热负载变化速率由小到大的转折点

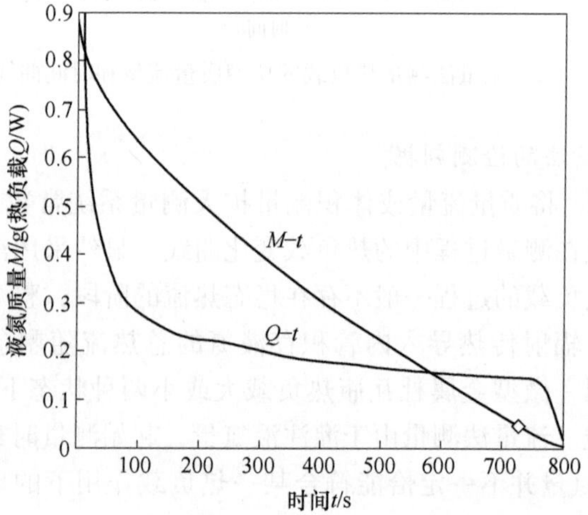

图 4-3　液氮质量 *M*、热负载 *Q* 和时间 *t* 曲线

时刻，求得热负载小 12 次测量对应剩余液氮质量均值为 0.051g（图中标注◇），热负载大 12 次测量对应剩余液氮质量均值为 0.069g。

4.1.2.3 测量数据处理方法

测量系统使用的流量计不同检测判别方式也不一样，浮子流量计采用人眼观察识别浮子指示流量变化速率，根据测量人员检测经验人为判读液氮汽化耗尽时刻的流量值。当采用 M 系列气体流量计实现响应时间 0.1s、体积或质量流量分辨率 0.1SCCM 和精度±0.5% F.S 的自动测量，最小可检测热负载变化速率 0.0415mW/s，可以得到如图 4-1 所示典型测量曲线。规定液氮蒸发剩余液氮质量 0.05g 时刻的质量流量观测值按式（4-5）、式（4-6）、式（4-7）计算热负载。传统人工浮子流量计测量热负载得到的是某一时刻的热负载，并不是传统人工称量法测量某一时间区间的平均热负载。自动流量法和称量法测量可以记录液氮汽化的流量或质量对应时间的关系，能够直观地看出液氮汽化的变化过程，有利于客观分析微型金属杜瓦瓶的绝热特性，实现数据处理的灵活多样。自动流量法测量也能采取称量法规定质量或时间的数据处理方法，使得流量法观测值和称量法观测值在测量区间和物理意义上可以比较。传统人工测量不能对流量法和称量法的观测值进行直接的对比，它们检测到的热流区间和检测时刻并不一致。表 4-1、表 4-2 给出图 4-2 所示流量法观测值的数据处理结果与称量法的比较。

表 4-1 流量法和称量法测量热负载比较（Q 小） （mW）

测量次第	定质量（0.3g）	定时间（5min）	剩余 0.05g 流量	
			4.186M_0	5.213M_0
1	153	148	154	191
2	155	150	147	182
3	161	155	162	202
4	165	159	159	198
5	170	165	163	203
6	165	160	161	201
7	153	148	156	194
8	149	143	155	193
9	149	142	152	189
10	151	145	152	190
11	146	140	153	191

续表 4-1

测量次第	定质量(0.3g)	定时间(5min)	剩余 0.05g 流量	
			4.186M_0	5.213M_0
12	147	142	157	195
平均值	155	150	156	194
标准偏差 σ	8	8	5	6
标准不确定度 u	2.3	2.4	1.4	1.8
扩展不确定度 $2u$	5	5	3	4
置信度 P=95.46%	155±5	150±5	156±3	194±4

表 4-2 流量法和称量法测量热负载比较（Q 大） (mW)

测量次第	定质量(0.3g)	定时间(5min)	剩余 0.05g 流量	
			4.186M_0	5.213M_0
1	294	330	332	414
2	304	339	337	420
3	302	330	338	421
4	305	353	304	378
5	312	339	307	382
6	296	320	353	440
7	235	311	295	367
8	273	302	324	403
9	287	311	323	402
10	286	306	323	402
11	286	306	321	399
12	275	298	322	401
平均值	288	320	323	402
标准偏差 σ	21	18	16	20
标准不确定度 u	5.9	5.1	4.6	5.8
扩展不确定度 $2u$	12	10	9	12
置信度 P=95.46%	288±12	320±10	323±9	402±12

4.1.2.4 流量法和称量法的比较

由于检测对象不同测量传感器也不一样，测量系统的组成和操作存在差异，可检测热负载变化速率也不同，流量法检测灵敏度高于称量法。传统流量法和称量法数据处理规定存在差异，检测时刻和检测区间不一致，测量观测值不能直接对比，流量法检测到某一时刻的热负载，称量法检测到某一时间区间的平均热负载。称量法数据处理包含剩余液氮不能维持冷端最低温度的液氮汽化阶段，使得称量法测量观测值小于真实微型金属杜瓦瓶的固有热负载。传统人工测量，一般流量法测量观测值大于称量法测量观测值，流量法检测到更真实的热负载值。流量法测量可以不考虑结霜（露）对检测质量流量的影响，结霜（露）对称量法检测液氮质量的影响很大。当明确检测判据和数据处理规定，流量法测量更能真实地反映微型金属杜瓦瓶的固有热负载。

自动流量法和称量法热负载测量具有数据处理灵活性，规定检测时刻、检测区间和数据处理方法，不考虑测量操作和过程影响因素，理论上流量法和称量法通过液氮热物性参数可以相互转换，其检测观测值的差异不会很大。然而，称量法测量过程中由于结霜（露）干扰难以准确检测液氮质量，以及无法检测液氮汽化耗尽时刻，直接测量液氮质量和时间的测量误差较大。流量法测量不受结霜（露）的影响，检测对象质量流量的测量误差较小，所测得热负载更能真实地反映微型金属杜瓦瓶的固有热负载。

因而，上述分析有如下几个结论：

（1）称量法和流量法测量热负载计算公式中的液氮汽化潜热，都是在标准状态下（0℃和 1.013×10^5Pa）的热物性参数，不同文献给出的数值存在差异：199.3J/g、198.3J/g、198.643J/g、197.6J/g、199.2917J/g、199.26J/g、198.6447J/g。

（2）通常工程测量环境并不符合标准状态，区分标准工况（0℃和 1.013×10^5Pa）和测量工况（25℃和环境气压）下的热负载，有利于客观真实地反映微型金属杜瓦瓶的固有热负载。

（3）流量法或称量法测量热负载，都必须规定检测时刻和数据处理方法。无论流量法还是称量法，都难以准确检测或判定液氮耗尽时刻，会产生随机测量误差。测量数据处理方法不同，热负载检测的平均热流区间不同，测量结果也不一样，存在计算方法的误差。

4.1.3 结霜对微型金属杜瓦热流测量质量的影响

由于微型金属杜瓦瓶内管容积一般较小（约 13mL），热平衡状态下积存液氮质量一般不超过 1g，典型热负载 150mW，故采用液氮蒸发测量原理进行热负载测量的误差较大，精确测量热负载有利于合理分配微型金属杜瓦瓶和制冷机的接口技术指标，也有助于控制真空获得工艺和开展真空寿命的研究。对热负载测量质量的研究具有现实的工程意义，文献资料中报道不多。

采用液氮蒸发测量原理进行热负载测量的误差较大，传统天平、计时器人工测量热负载符合检验 A 级要求时，仅能满足微型金属杜瓦瓶热负载技术指标为 (150±40) mW 的测量要求。本节通过分析结霜（露）和冷氮气对测量的影响，推导和图示了产生的测量误差，对重复性测量观测值进行统计分析，讨论了热负载相对误差，评定热负载、液氮质量和结霜（露）质量的测量不确定度。当热负载技术指标为（150±15) mW，根据检验 A 级测量能力指数 4 的要求，测量扩展不确定度 U = 1.88mW，置信水平为 95.45%，标准不确定度 $u(Q_M)$ = 0.94mW。现有传统天平、计时器人工测量热负载的测量能力明显不足，不能满足（150±15) mW 测量准确度的要求。

4.1.3.1　测量方法误差

A　结霜（露）的影响

灌注液氮的操作过程不可避免会造成微型金属杜瓦瓶机械接口处和邻近区域空气的温度过低，当空气逐渐冷却达到某一温度时，空气的水气压达到了该温度下的饱和蒸汽压，空气进一步冷却时，水汽就会在微型金属杜瓦瓶机械接口处凝结成露点，当空气的温度低于 0℃时，水汽在微型金属杜瓦瓶机械接口处凝结成霜。热负载测量过程中微型金属杜瓦瓶内管积存液氮维持一定时间的结霜，当热交换达到某一温度（霜点温度）时，结霜逐渐凝结成露点，此时结霜质量达到最大值。当达到某一温度（露点温度）时，空气的水汽压达到了该温度下的不饱和蒸汽压，露点就会汽化成水汽。热负载测量中结霜和露点汽化成水汽是动态变化的过程，结霜质量达到最大值的时刻和最大结霜质量无法准确检测，影响直接测量对象液氮质量或时间的测量准确度，不能通过修正值减小或消除其对检测液氮质量、结霜（露）质量和时间测量结果的影响。操作人员操作技术水平、操作固有不良习惯、责任心等的不同，都将引起结霜（露）质量不同，产生随机测量误差。通过 45 次测量，根据电子天平稳定读数原理判定约定结霜（露）质量，对测量结果进行数据处理，根据肖维勒准则（残余误差 $|Vn| > Z_c\sigma = 2.5\sigma$）剔除异常值。当置信概率 99.74% 时得到液氮蒸发耗尽后的约定结霜（露）质量一般为（0.0127±0.0230) g。

B　冷气的影响

氮气的密度随温度的变化可以由热力学状态方程求得：

$$\rho = 3.372 \times 10^{-3} P/T \tag{4-14}$$

式中　ρ——密度，kg/m³；

P——测量工况下的环境气压，Pa，昆明地区年均气压 81060Pa；

T——氮气温度，K。

热负载测量中当液氮蒸发耗尽时，微型金属杜瓦瓶内管残留有冷氮气，随残留氮气温度的升高，其质量随密度的变化而逐渐减小，影响液氮蒸发耗尽时刻的准确检测和判定，使得直接测量对象检测液氮质量、结霜（露）质量或时间产生测量误差。昆明地区测量时，液氮蒸发耗尽时刻残留冷氮气约 9mg，扣除测量基准（环境温度 20℃，同体积空气）的影响还有 6.8mg。冷氮气的影响伴随整个热负载测量过程中，微型金属杜瓦瓶内管积存液氮体积随液氮汽化蒸发逐渐减小，冷氮气占据的体积逐渐增加，液氮耗尽时刻冷氮气的质量达到最大值。直接测量对象液氮质量、结霜（露）质量的测量结果中蕴含冷氮气的影响，会产生质量测量误差。

C 热容量的影响

在热负载检测中要求充分预冷微型金属杜瓦瓶内管，以减小或消除热容量吸收液氮气化潜热产生的测量误差。微型金属杜瓦瓶典型热负载 150mW，通常灌注液氮检测到探测器温度达到最低温度需要约 7min 的时间，当冷屏温度达到稳定平衡温度时才能消除内管、探测器和冷屏热容量的影响。理论蒸发速率 0.7463mg/s 时，昆明地区 0.3g 液氮蒸发耗尽需要 6.7min，5min 蒸发耗尽 0.2239g 液氮。要减小或消除热容量的影响，一般要求液氮蒸发达到被测液氮质量时刻经历 7min 以上的时间，非热平衡状态积存液氮质量远大于 0.5880g，测量时间大于 13.7min。

灌注液氮的速率、时间和积存液氮质量决定热容量产生热负载测量误差的大小，有效控制灌注液氮的操作和充分预冷微型金属杜瓦瓶内管，可以减小和消除热容量产生的测量误差。由于没有定量的有效的控制措施，不同操作人员的操作差异很大，实际热负载测量中很难消除热容量的影响。当满足上述 7min 或 13.7min 的要求时，引入的结霜（露）质量很大，微型金属杜瓦瓶机械接口处的温度偏离真实工作状态的温度，使得冷热端温差发生变化，产生非工作状态下的测量误差。

D 非工作状态的影响

微型金属杜瓦瓶热负载测量时的状态并不是真实工作状态，在工作状态下微型金属杜瓦瓶机械接口处的温度由制冷机壳体和环境温度决定，并非处于结霜（露）的温度环境中。昆明地区年均气象数据表明，当空气温度达到 4℃时霜点温度通常为-0.48℃；而当空气温度达到 0℃时霜点温度为-3.93℃。观察液氮灌注的操作方法，在熟练操作的情况下，微型金属杜瓦瓶机械接口处的温度一般都小于 0℃。可见微型金属杜瓦瓶机械接口处的热端温度偏离正常工作状态约 25℃或者更大，因而热负载测量过程中微型金属杜瓦瓶内管固体材料传导的热量损耗，并不是工作状态的真实热量损耗。热壁温度随环境温度和灌注液氮方法随机的变化，使得传导温差发生改变，对微型金属杜瓦瓶的有效热导率影响很大。工程实践表明，微型金属杜瓦瓶内管和引线产生的热量损耗一般占到总热负载的

80%，其微小的变化都将影响热负载测量的准确度，不能忽略。可以通过一维稳态传热进行计算，其内管固体材料冷热端传导温差减小约 10%~15%，一般有效热导率变化不超过 5%，会引入 10~20mW 的误差。

4.1.3.2 检验工况误差

A 环境气压影响

热负载测量地域的环境气压不同，液氮工质的沸点温度和气化潜热不同。当测量环境温度不变，环境气压变化引起液氮工质的沸点温度随之变化，造成微型金属杜瓦瓶内外壁温度发生变化，变化系数为

$$\gamma = \frac{Q_p}{Q_0} \tag{4-15}$$

式中 Q_p——环境压力 p 下微型金属杜瓦瓶传导的热量；

Q_0——标准工况下微型金属杜瓦瓶传导的热量。

气化潜热的变化系数由下式计算

$$\beta = \frac{L_p}{L_0} = \left(\frac{1 - T_{\mathrm{r}}}{1 - T_{\mathrm{br}}}\right)^{0.38} \tag{4-16}$$

式中 L_p——环境压力 p 下液氮的气化潜热；

L_0——标准工况下液氮的气化潜热；

T_{r}——对比温度，$T_{\mathrm{r}} = T/T_{\mathrm{c}}$，$T$ 是测量工况下的沸点温度，T_{c} 是临界温度，对于液氮 T_{c} 为 126.25K；

T_{br}——对比标准沸点温度，$T_{\mathrm{br}} = T_{\mathrm{b}}/T_{\mathrm{c}}$，$T_{\mathrm{b}}$ 对于液氮为 77.35K。

环境气压影响热负载变化的修正系数为

$$\psi = \frac{Q_0/L_0}{Q_p/L_p} = \frac{\beta}{\gamma} \tag{4-17}$$

考虑到液氮工质沸点温度的变化引起传导温差的微小变化，以及液氮工质气化潜热的变化，由于环境气压的不同，热负载测量产生的误差一般不超过 2%。昆明地区年均气压为 81060Pa，液氮沸点温度为 75.49K，β 为 1.014。

B 环境温度影响

在不同的环境温度下测量热负载，被测微型金属杜瓦瓶内管与外壁之间的传热温差发生变化，传导、对流、辐射三种途经的热传导都与传热温差成正比。热壁温度改变后其有效热导率也将发生变化，一般变化不超过 5%。近似计算环境温度变化引起热负载测量误差的修正值为

$$\eta = \frac{Q_{293}}{Q_T} \tag{4-18}$$

C 结霜（露）检测判据和观测值

由于液氮蒸发耗尽时刻的准确检测或判定无法实现，故通常根据天平示值的变化速率来判定约定结霜（露）质量。对于典型热负载理论液氮蒸发速率约 0.7463mg/s，当测量操作人员检测到天平示值变化速率远小于 0.7463mg/s 时，人为主观认定此时刻的天平示值就是约定结霜（露）质量的测量结果；根据电子天平稳定读数原理判定的约定结霜（露）质量的测量结果，对应的天平示值变化速率一般小于 0.3220mg/s。21 次自动测量观测值得到天平示值变化速率为 (0.1840±0.0693) mg/s，其中±不确定度是扩展不确定度，由 21 次观测值的标准不确定度 A 类评定 0.02309mg/s 和包含因子 3 确定，定义的区间具有 99.74%置信水平。表 4-3 给出 8 次人工或自动测量观测值数据处理结果。自动判定比人工判定时刻提前约 18s，自动判定比人工判定约定结霜（露）质量大 15mg。

表 4-3 人工或自动检测判据比较

测量次第	人工检测		自动检测		自动人工间隔时间/s
	约定结霜(露)质量/g	天平示值变化速率/mg·s^{-1}	约定结霜(露)质量/g	天平示值变化速率/mg·s^{-1}	
1	0.0095	0.4024	0.0062	0.0805	14
2	0.0100	0.0000	0.0124	0.1610	9
3	0.0115	0.0000	0.0133	0.2415	25
4	0.0055	0.0000	0.0069	0.1610	27
5	0.0094	0.3220	0.0121	0.3220	7
6	0.0049	0.0000	0.0057	0.2415	9
7	0.0068	0.0000	0.0115	0.3220	32
8	0.0100	0.0805	0.0119	0.2415	19
平均值	0.0085	0.1006	0.0100	0.2213	18
标准偏差	0.0024	0.1652	0.0032	0.0833	10
A 类标准不确定度 u	0.00085	0.05842	0.00111	0.02946	3.4
扩展不确定度 $U=2u$	0.0017	0.1168	0.0022	0.0589	7
扩展不确定度 $U=3u$	0.0025	0.1753	0.0033	0.0884	10
$P=95.46\%$	(0.1006±0.1168) mg/s		(0.2213±0.0589) mg/s		18±7
$P=99.74\%$	(0.1006±0.1753) mg/s		(0.2213±0.0884) mg/s		18±10

图 4-4 所示为同一微型金属杜瓦瓶热负载大或小两种状态下 24 次测量的质

量和时间关系曲线，图中◇标记是根据电子天平稳定读数原理确定的约定结霜（露）质量，图中标示出组内或组间平均值或扩展不确定度 3u 的区间。

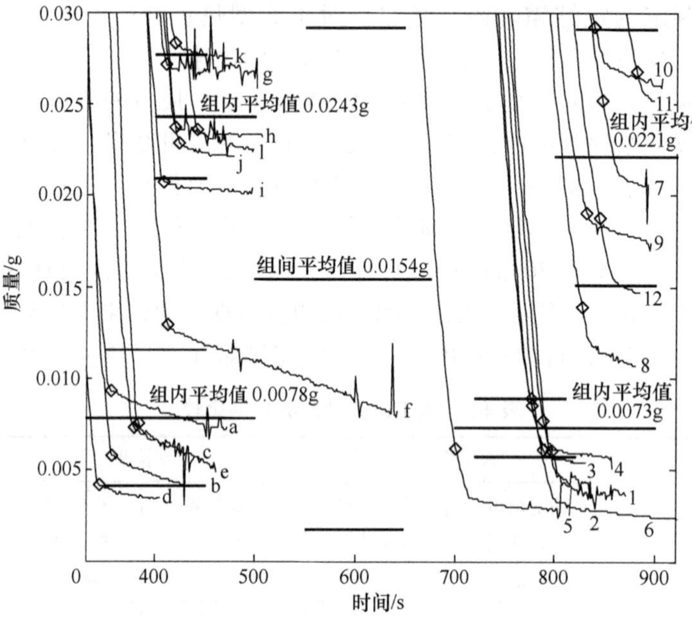

图 4-4　液氮、结霜(露)质量和时间关系

1～12—热负载小的 12 次测量，组间平均值 150mW；a～k—热负载大的 12 次测量，组间平均值 320mW

4.1.3.3　被测量测量误差

热负载测量中液氮质量 $M_{液氮}$ 按式（4-19）计算：

$$M_{液氮} = M_{规定} + M_{约定结霜(露)} \tag{4-19}$$

式中　$M_{规定}$——规定液氮质量 0.3g；

$M_{约定结霜(露)}$——液氮蒸发耗尽后的约定结霜（露）质量，由多次称量统计约定得到，如 0.01g 或 0.05g。

通过 24 次测量，对测量结果进行数据处理，当置信概率 99.74%时得到液氮蒸发耗尽后的约定结霜（露）质量一般为 0.0154g±0.0137g。

实际测量中约定结霜（露）质量的测量误差按式（4-20）计算：

$$\Delta M_{约定结霜(露)} = M_{约定结霜(露)测量值} - M_{约定结霜(露)} = \Delta M_{约定冷氮气} + \Delta M_{测量仪器} \tag{4-20}$$

式中　$\Delta M_{约定冷氮气}$——测量时刻残留冷氮气的质量，在昆明地区 $\Delta M_{约定冷氮气}$ 小于 6.8mg；

$\Delta M_{测量仪器}$——天平的测量误差。

液氮质量的测量误差按式（4-21）计算：

$$\Delta M_{液氮} = M_{液氮测量值} - M_{液氮}$$

$$= \Delta M_{液氮冷氮气} + \Delta M_{液氮结霜(露)} + \Delta M_{液氮测量仪器} \quad (4\text{-}21)$$

式中 $\Delta M_{液氮冷氮气}$——测量时刻的冷氮气质量，一般达到 $M_{液氮}$ 时冷氮气占据的体积约为微型金属杜瓦瓶内管容积的 2/3，在昆明地区 $\Delta M_{液氮冷氮气}$ 约等于 5.5mg；

$\Delta M_{液氮结霜(露)}$——附加在检测液氮质量中的结霜（露）影响量，按式（4-22）计算：

$$\Delta M_{液氮结霜(露)} = M_{液氮结霜(露)} - M_{结霜(露)} \quad (4\text{-}22)$$

$M_{液氮结霜(露)}$——测量时刻的结霜（露）质量，$M_{液氮结霜(露)}$ 的测量时刻和 $M_{结霜(露)}$ 的测量时刻相差约 5 ~ 7min，不应该忽略 $\Delta M_{液氮结霜(露)}$。

热负载计算中液氮质量 M 按下式计算：

$$M = M_{液氮测量值} - M_{结霜(露)测量值}$$

$$= M_{液氮} + \Delta M_{液氮} - M_{约定结霜(露)测量值} - \Delta M_{结霜(露)} \quad (4\text{-}23)$$

$$\Delta M = \Delta M_{液氮} - \Delta M_{结霜(露)}$$

$$= \Delta M_{冷氮气} + \Delta M_{液氮结霜(露)} - \Delta M_{基准} + \Delta M_{液氮测量仪器} \quad (4\text{-}24)$$

图 4-5 所示为被测质量的误差。

规定质量 M 的液氮耗尽时间 t 按式（4-25）计算：

$$t = t_2 - t_1 \quad (4\text{-}25)$$

式中 t_1——液氮蒸发达到检测液氮质量的时刻；

t_2——达到约定结霜（露）质量的时刻。

人工测量时，时间测量计时器的操作误差一般小于 0.5s，按随机误差均匀分布合成时间测量极限误差 $\Delta t_{操作}$ 得 1.732s。

由于测量原理、方法、程序固有的特性，使得液氮质量测量存在 ΔM 的误差，ΔM 产生的时间测量误差按式（4-26）计算：

$$\Delta t_{测量} = \Delta M / v \quad (4\text{-}26)$$

式中 v——液氮理论蒸发速率（$v = Q/L$）。

4.1.3.4 热负载相对误差

当忽略 $\Delta t_{操作}$ 时，对于典型热负载 150mW，图 4-6 所示为式（4-12）和式（4-13）的 ΔM 和热负载相对误差关系曲线。如果被测量液氮质量存在 ΔM = 0.015g 误差。规定质量 0.3g 测量的热负载相对误差 $\Delta Q_M / Q_M = 5\%$，热负载测量误差 7.5mW；规定时间 300s 测量的热负载相对误差 $\Delta Q_M / Q_M = 6.7\%$，热负载测量误差 10mW。

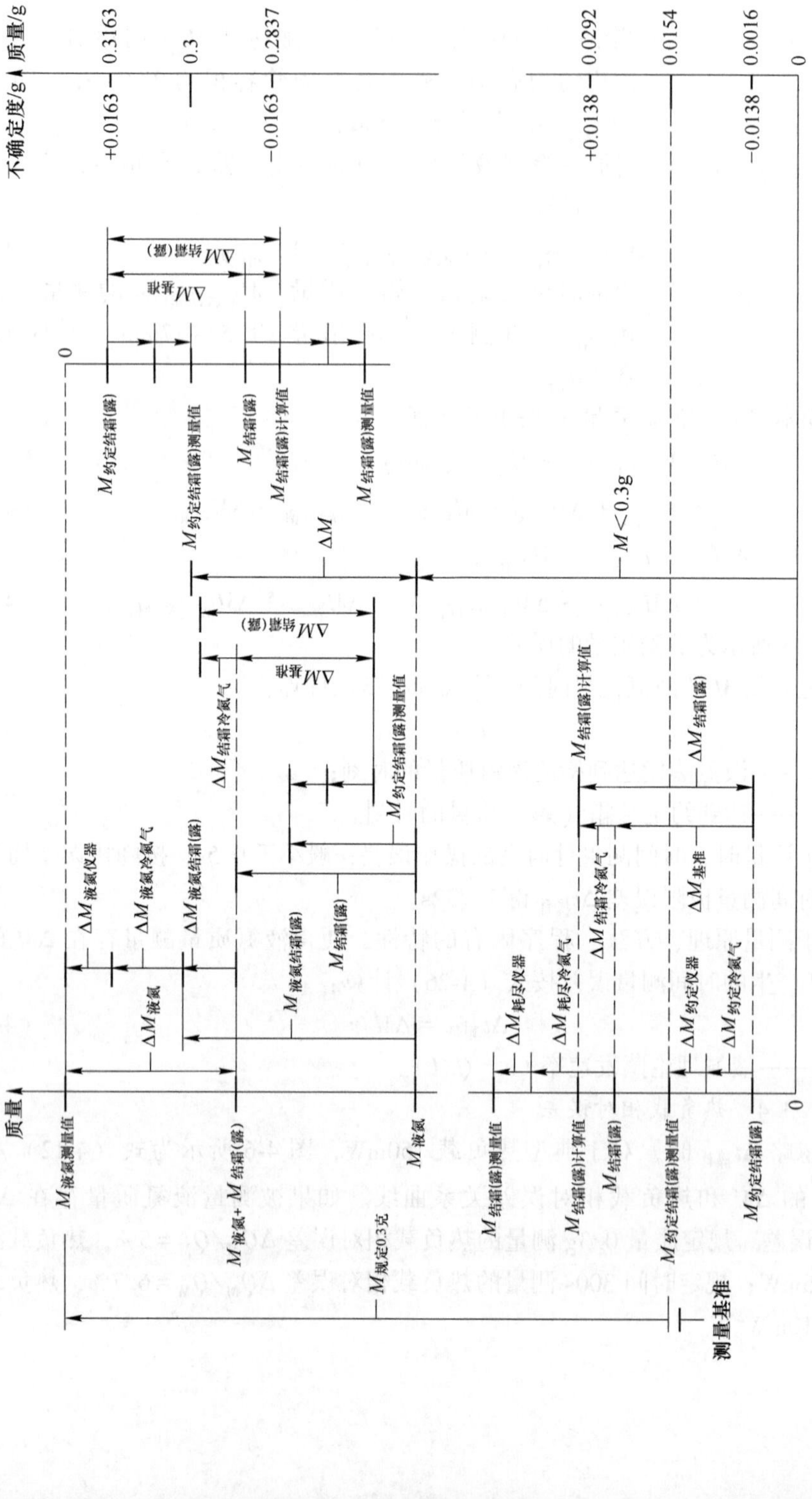

图 4-5　被测量（液氮、结霜（露）质量）测量误差

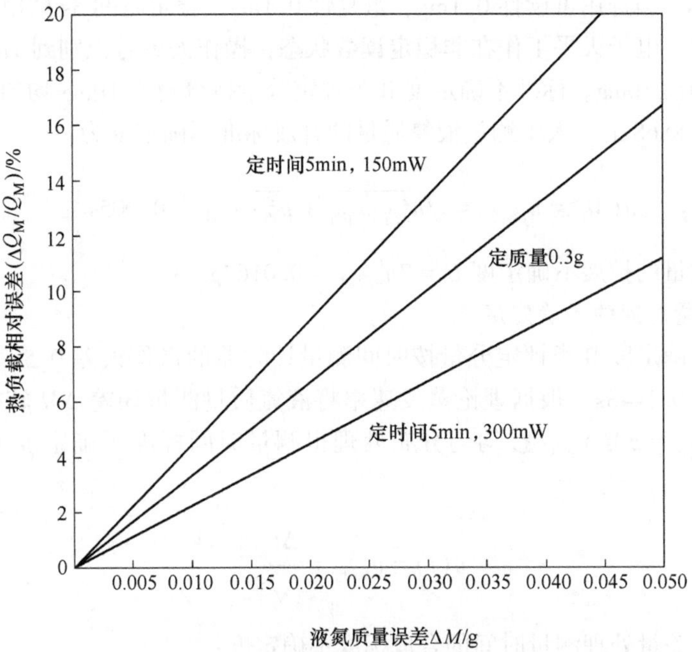

图 4-6 称量法测量热负载的相对误差

4.1.3.5 测量不确定度评定

A 约定结霜（露）质量的不确定度

约定结霜（露）质量的标准不确定度 A 类评定分量用对 24 次测量进行统计分析的方法得到 $u_{约定结霜}=0.0046g$，标准不确定度 B 类评定分量按电子天平分辨率 1mg 均匀分布处理得 $u_{约定仪器}=0.2887mg$。按不相关量处理约定结霜（露）质量的合成标准不确定度为：

$$u_{c约定结霜}=\sqrt{u_{约定结霜}^2+u_{约定仪器}^2}=0.00461g \tag{4-27}$$

约定结霜（露）质量的扩展不确定度 $U=3u_{c约定结霜}=0.0138g$。

B 液氮质量的不确定度

液氮质量的测量方程 $M_{液氮}=M_{规定}+M_{约定结霜}$，标准不确定度 B 类评定分量按电子天平分辨率 1mg 均匀分布处理得 $u_{液氮仪器}=0.2887g$。按不相关量处理液氮质量的合成标准不确定度：

$$u(M)=u_{c液氮}=\sqrt{u_{c约定结霜}^2+u_{液氮仪器}^2}=0.00462g \tag{4-28}$$

液氮质量的扩展不确定度 $U=3u_{c液氮}=0.0139g$。

通常微型金属杜瓦瓶的典型热负载一般为 150mW，理论液氮蒸发速率为

0.7463mg/s。当选用可读性 0.1mg、重复性 0.1mg、稳定时间 3s 的电子天平进行人工测量时，电子天平工作在非稳定读数状态，操作人员可识别到 1mg 以上的变化，准确判读 10mg。标准不确定度 B 类评定分量按分辨率 10mg 均匀分布处理得 $u_{液氮仪器}=2.8868\text{mg}$，人工测量液氮质量的合成标准不确定度为：

$$u(M)=u_{c液氮}=\sqrt{u_{c约定结霜}^2+u_{液氮仪器}^2}=0.00544\text{g} \tag{4-29}$$

液氮质量的扩展不确定度 $U=3u_{c液氮}=0.0163\text{g}$。

C　测量时间的不确定度

标准不确定度 B 类评定分量按时间测量计时器的操作误差 0.5s 均匀分布处理得 $u_{操作}=0.1443\text{s}$。根据理论蒸发速率将液氮质量测量误差 ΔM 转换成时间测量误差 $\Delta t_{测量}=\Delta M/\nu_{\text{N}}$，按均匀分布处理得测量时间标准不确定度 B 类评定分量 $u_{时间}$：

$$u(t)=u_{时间}=\frac{\Delta t_{测量}}{\sqrt{12}} \tag{4-30}$$

按不相关量处理测量时间的合成标准不确定度：

$$u_{c时间}=\sqrt{u_{操作}^2+u_{时间}^2}=\sqrt{0.1443^2+\frac{1}{12}\left(\frac{L}{Q}\right)^2\Delta M^2} \tag{4-31}$$

当热负载 150mW 时，若存在液氮质量测量误差 $\Delta M_{测量}=0.015\text{g}$，测量时间的扩展不确定度 $U=3u_{c时间}=17.4\text{s}$。

D　热负载合成标准不确定度

热负载的测量结果由被测量液氮质量和时间确定，根据不确定度的传递律计算热负载合成标准不确定度：

$$u(Q_{\text{M}})=\sqrt{\left(\frac{\partial Q}{\partial M}\right)^2u^2(M)+\left(\frac{\partial Q}{\partial t}\right)^2u^2(t)}=\frac{L}{t}\sqrt{u^2(M)+\frac{1}{12}\Delta M^2} \tag{4-32}$$

当采用定时间法测量时，$t=300\text{s}$。如果存在 $\Delta M_{测量}=0.015\text{g}$，则 $u(Q_{\text{M}})=4.7\text{mW}$，扩展不确定度 $U=3u_{\text{c}}(Q_{\text{M}})=14\text{mW}$。当采用定质量法人工测量时，$t=M/\nu=0.3/\nu$。如果热负载 $Q=150\text{mW}$，存在 $\Delta M_{测量}=0.015\text{g}$，则 $u(Q_{\text{M}})=3.5\text{mW}$，扩展不确定度 $U=3u_{\text{c}}(Q_{\text{M}})=10\text{mW}$。

E　热负载 A 类标准不确定度

图 4-7 所示为同一微型金属杜瓦瓶热负载大或小两种状态下 24 次测量的质量和时间关系曲线，图中◇标记是根据电子天平稳定读数原理确定的测量基准，○标记是定质量法处理数据的实测点，＊标记是定时间法处理数据的实测点。

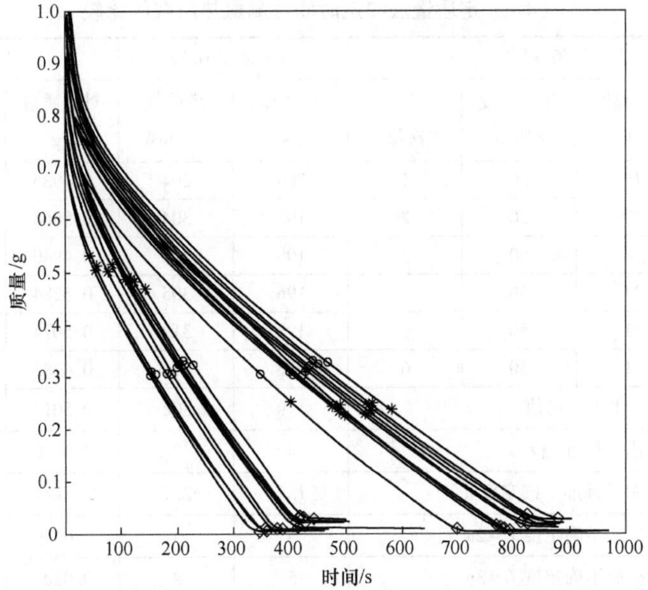

图 4-7 自动热负载测量直接测量质量和时间关系曲线

图 4-7 中 24 次实测数据按规定质量法和规定时间法进行数据处理见表 4-4。可以看出，微型金属杜瓦瓶热负载小时，规定时间法比规定质量法测量的热负载小约 5mW，这是因为规定时间法检测到更接近液氮蒸发耗尽时刻（最后 5min）的平均热流量，其测量的热负载值更接近微型金属杜瓦瓶的热负载，12 次定时间法测量的实测值为（150±19）mW（$P=99.74\%$），A 类标准不确定度$u(Q_M)=6.4$mW，扩展不确定度 $U=3u_c(Q_M)=19$mW。微型金属杜瓦瓶热负载大时，规定时间法比规定质量法测量的热负载大，二者相差近 32mW，这是因为规定时间 5min 检测到的液氮质量大于规定质量 0.3g，规定质量法检测到更接近液氮蒸发耗尽时刻的平均热流，其测量的热负载值更接近微型金属杜瓦瓶的热负载，12 次定质量法测量的实测值为（288±43）mW（$P=99.74\%$），A 类标准不确定度 $u(Q_M)=14.3$mW，扩展不确定度 $U=3u_c(Q_M)=43$mW。由此可见，测量计算方法不同，热负载检测的平均热流区间不同，测量结果存在计算方法的误差。所以，当热负载小时，推荐规定时间法测量热负载；当热负载大时，推荐规定质量法测量热负载。

F 测量能力指数

当测量值 Q_M的扩展不确定度 U 为被检微型金属杜瓦瓶热负载的允许误差极限 $|\pm\Delta|$ 的 1/10~1/4（国军标要求）时，被检微型金属杜瓦瓶热负载标称值 Q 与测量值 Q_M之差落在规定的允许误差极限之内，判定被检微型金属杜瓦瓶合格，即 $|Q-Q_M|<\Delta$ 为合格。

表 4-4　定质量法和定时间法测量热负载的比较

测量条件				规定质量 0.3g		规定时间 5min	
间隔时间 /min	环境温度 /℃	环境湿度 RH/%	测量次第	对应时间 /s	热负载 Q_M/mW	对应质量 /g	热负载 Q_M/mW
0	19	50	1	204	294	0.4935	330
33	19	50	2	198	304	0.5068	339
37	20	50	3	199	302	0.4940	330
36	21	50	4	196	305	0.5284	353
31	21	50	5	193	312	0.5074	339
18	21	50	6	203	296	0.4783	320
组内平均值				199	302	0.5014	335
组内标准偏差 s				4	7	0.0170	11
组内 A 类标准不确定度 u				1.7	2.7	0.00694	4.6
组内扩展不确定度 $U=2u$				3	5	0.0139	9
组内扩展不确定度 $U=3u$				5	8	0.0208	14
置信水平 $P=95.46\%$				199±3	302±5	0.5014±0.0139	335±9
置信水平 $P=99.74\%$				199±5	302±8	0.5014±0.0208	335±14
0	17	70	7	237	235	0.4648	311
36	17	70	8	220	273	0.4513	302
38	17	70	9	210	287	0.4653	311
39	17	70	10	210	286	0.4582	306
49	17	70	11	210	286	0.4592	306
17	17	70	12	219	275	0.4451	298
组内平均值				218	274	0.4573	306
组内标准偏差 s				11	20	0.0079	5
组内 A 类标准不确定度 u				4.3	8.1	0.00321	2
组内扩展不确定度 $U=2u$				9	16	0.0064	4
组内扩展不确定度 $U=3u$				13	24	0.0096	6
置信水平 $P=95.46\%$				218±9	274±16	0.4573±0.0064	306±4
置信水平 $P=99.74\%$				218±13	274±24	0.4573±0.0096	306±6
组间平均值				208	288	0.4794	320
组间标准偏差 s				13	20	0.0312	21
组间 A 类标准不确定度 u				9.4	14.3	0.02204	14.7

续表 4-4

测量条件				规定质量 0.3g		规定时间 5min	
间隔时间 /min	环境温度 /℃	环境湿度 RH/%	测量次第	对应时间 /s	热负载 Q_M/mW	对应质量 /g	热负载 Q_M/mW
组间扩展不确定度 $U=2u$				19	29	0.0441	29
组间扩展不确定度 $U=3u$				28	43	0.0661	44
置信水平 $P=95.46\%$				208 ±19	288 ±29	0.4794 ±0.0441	320 ±29
置信水平 $P=99.74\%$				208 ±28	288 ±43	0.4794 ±0.0661	320 ±44
0	19	50	1	394	153	0.2211	148
25	19	50	2	388	155	0.2247	150
43	20	50	3	374	161	0.2324	155
31	21	50	4	365	165	0.2372	159
15	21	50	5	354	170	0.2469	165
12	21	50	6	431	165	0.2387	160
组内平均值				384	162	0.2335	156
组内标准偏差 s				27	7	0.0095	6
组内 A 类标准不确定度 u				11.1	2.7	0.00388	2.6
组内扩展不确定度 $U=2u$				22	5	0.0078	5
组内扩展不确定度 $U=3u$				33	8	0.0117	8
置信水平 $P=95.46\%$				384 ±22	162 ±5	0.2335 ±0.0078	156 ±5
置信水平 $P=99.74\%$				384 ±33	162 ±8	0.2335 ±0.0117	156 ±8
	15	70	7	395	153	0.2217	148
35	15	70	8	404	149	0.2143	143
44	15	70	9	404	149	0.2130	142
47	15	70	10	399	151	0.2168	145
22	15	70	11	412	146	0.2097	140
11	15	70	12	409	147	0.2122	142
组内平均值				404	149	0.2146	143
组内标准偏差 s				6	3	0.0042	3
组内 A 类标准不确定度 u				2.5	1.0	0.00171	1.1
组内扩展不确定度 $U=2u$				5	2	0.0034	2
组内扩展不确定度 $U=3u$				8	3	0.0051	3
置信水平 $P=95.46\%$				404 ±5	149 ±2	0.2146 ±0.0034	143 ±2

续表 4-4

测量条件				规定质量 0.3g		规定时间 5min	
间隔时间 /min	环境温度 /℃	环境湿度 RH/%	测量次第	对应时间 /s	热负载 Q_M/mW	对应质量 /g	热负载 Q_M/mW
置信水平 $P=99.74\%$				404 ±8	149 ±3	0.2146 ±0.0051	143 ±3
组间平均值				394	155	0.2241	150
组间标准偏差 s				14	9	0.0134	9
组间 A 标准不确定度 u				9.8	6.2	0.00944	6.4
组间扩展不确定度 $U=2u$				20	12	0.0189	13
组间扩展不确定度 $U=3u$				29	19	0.0283	19
置信水平 $P=95.46\%$				394 ±20	155± 12	0.2241 ±0.0189	150 ±13
置信水平 $P=99.74\%$				394 ±29	155 ±19	0.2241 ±0.0283	150 ±19

当采用定质量法人工测量时，如果热负载 $Q=150\text{mW}$，存在 $\Delta M_{测量}=0.015\text{g}$，合成标准不确定度 $u(Q_M)=3.5\text{mW}$，扩展不确定度 $U=3u_c(Q_M)=10\text{mW}$，置信水平为 99.73%，则 $\Delta=(4\sim10)U=40\sim100\text{mW}$。即有微型金属杜瓦瓶热负载标称值 $Q=150\text{mW}$，允许误差极限 $\Delta=\pm(40\sim100)\text{mW}$ 时，传统天平、计时器人工测量热负载符合测量器具配置要求，测量能力指数 $M_{cp}=\Delta/U=4\sim10$ 符合检验 A 级要求。然而，一般用户不接受微型金属杜瓦瓶热负载技术指标为（150±40）mW，通常可以接受（150±15）mW，按检验 A 级测量能力指数 4 的要求，测量扩展不确定度 $U=\Delta/M_{cp}=1.88\text{mW}$，置信水平为 95.45%，标准不确定度 $u(Q_M)=0.94\text{mW}$。可见，现有传统天平、计时器人工测量热负载的测量能力明显不足，不能满足（150±15）mW 测量准确度的要求。

根据上述分析，应该考虑测量原理误差、非工作状态检测误差、热容量产生的附加热流量误差、冷氮气产生的质量测量误差、时间测量误差、测量基准误差、检验工况误差、检验员误差对热负载测量误差的影响。

检验员误差主要表现在结霜（露）量、热容量、操作读数等方面，熟练操作、充分预冷可以减小或消除热容量和操作读数误差。当灌注液氮操作一致性和重复性得到有效控制时，不考虑环境温度、湿度的影响，能够有效地控制和修正结霜（露）质量的一致性。

在固定检测地域环境气压日变化的影响较小，可以忽略，环境温度、湿度的影响通过检验工房可以得到有效的控制，此时可以忽略检验工况误差。

测量基准误差受结霜（露）质量和残留冷氮气质量的影响，液氮蒸发耗尽时刻难以准确检测和判断，测量基准的确定具有人为（定义）的误差。人工或自动测量热负载时都用人为定义的结霜（露）质量进行修正（不是测量误差的修正），实现热负载测量，并不能给出测量基准的误差大小。工程实践中结霜质量一般选定 0.01g（国军标、行业标准），测量液氮蒸发过程中 0.31~0.01g 之间的液氮蒸发时间，并没有扣除 0.31g 测量时刻的结霜质量，实际测量假定 0.3g 液氮质量中仍然包括此时刻的结霜质量，国家军用标准中推荐方法确定的真实液氮质量小于 0.3g。当选取约定结霜（露）质量 0.015g，测量液氮蒸发过程中 0.33~0.015g 之间的液氮蒸发时间；这里假定 0.33g 测量时刻的结霜（露）质量为 0.015g，若能真实地测量出此时刻的结霜（露）质量，就可以减小液氮质量的测量误差，使得能够真实地测量 0.3g 液氮气化的时间。当热负载 150mW，液氮质量存在 0.01g 测量误差将产生 13.4s 的时间测量误差。

当微型金属杜瓦瓶热负载 150mW 时，存在 0.01g 结霜（露）质量，热负载的测量原理误差为 5mW，非工作状态检测误差为 10~20mW，热负载实测值取整误差 0.5mW，按随机误差均匀分布合成得热负载测量误差 19~35mW。可以看出，在实验室环境工况下检测热负载，一般测量误差达到 30mW，相对误差为 20%，微型金属杜瓦瓶的真实热负载并不容易测量得到，减小和控制热负载测量误差有赖于提高检测系统的测量准确性和建立新的可靠的测量方法。

减小热负载测量误差的途径有以下几种：

（1）制定合理降温速率，有效控制灌注液氮的速率和时间，利用精确控制灌注液氮装置加注液氮，可以减小结霜（露）和非工作状态测量产生的误差；监测微型金属杜瓦瓶内管温度，能充分预冷，有效地消除热容量产生的误差。

（2）理论分析或实验测量修正热负载测量地域的环境气压影响。在昆明地区利用准确度 0.1K 陶瓷工业铂电阻温度计检测液氮温度为 75.49K；查表得到液氮在测量工况下的汽化潜热 L 为 201.015J/g。

（3）在微型金属杜瓦瓶机械接口处设置加热平衡热沉，利用良好的热接触和平衡热沉的热质量，保持微型金属杜瓦瓶机械接口处的温度接近环境温度，减小非平衡状态产生的测量误差；同时，可以改变微型金属杜瓦瓶周围空气温度，抑制结霜（露），减小或消除测量基准产生的测量误差。

（4）控制测量环境的温度、湿度，进行合理测量设计，建立有效可靠的测量程序，提高操作技术水平，增强操作人员责任心，都可有效减小测量误差。

综上所述，可以归纳得出如下几个结论：

（1）微型金属杜瓦瓶热负载测量受测量原理和方法制约，不可避免会产生结霜（露）和冷氮气，直接影响热负载测量的准确性和可靠性，测量质量不高。工程实践中约定结霜质量一般选定 0.01g（国家军用标准、行业标准）。传统测量程序选取结霜（露）质量 0.01g，测量液氮蒸发过程中 0.31~0.01g 之间的液氮蒸发时间并没有扣除 0.31g 测量时刻的结霜质量，实际测量假定 0.3g 液氮质量中仍然包括此时刻的结霜质量，国家军用标准中推荐方法确定的真实液氮质量小于 0.3g。当选取约定结霜（露）质量 0.015g，测量程序修改为测量液氮蒸发过程中 0.33～0.015g 之间的液氮蒸发时间。这里假定 0.33g 测量时刻的结霜（露）质量为 0.015g，若能真实地测量出此时刻的结霜（露）质量，就可以减小液氮质量的测量误差，使得能够真实测量 0.3g 液氮汽化的时间。当热负载 150mW，液氮质量存在 0.01g 测量误差将会产生 13.4s 的时间测量误差。

（2）当存在 0.015g 液氮质量测量误差，对于典型热负载 150mW，规定质量 0.3g 测量产生的热负载测量误差为 7.5mW；规定时间 300s 测量产生的热负载测量误差为 10mW。定时间法测量热负载合成标准不确定度 4.7mW，扩展不确定度 14mW；定质量法测量热负载合成标准不确定度 3.5mW，扩展不确定度 10mW。当热负载小时，规定时间法测量 A 类标准不确定度 $u(Q_M)=6.4\text{mW}$，扩展不确定度 $U=3u_c(Q_M)=19\text{mW}$。当热负载大时，规定质量法测量 A 类标准不确定度 $u(Q_M)=14.3\text{mW}$，扩展不确定度 $U=3u_c(Q_M)=43\text{mW}$。所以，当热负载小时，推荐规定时间法测量热负载；当热负载大时，推荐规定质量法测量热负载。

4.2　高精度热流测试技术

4.2.1　测试装置的构成及各部分描述

微型金属杜瓦绝热特性综合测量装置主要由电子天平、流量计、数字源表、恒温器和计算机控制系统组成，电子天平、流量计和数字源表分别通过 RS-232 串口与计算机控制系统通信，计算机控制系统内配置秒表计时器，并提供液氮和温度检测判据的选项；杜瓦组件放置在电子天平上，或者放置在恒温器的恒温腔体中，进行称量法或流量法的热负载测量。

测试装置包括：

（1）天平：电子天平。可读性 0.1mg，重复性 0.1mg。

（2）计时器：秒表，计算机 CPU 时钟。

（3）流量计：响应时间 0.1s、体积或质量流量分辨率 0.1mL/min 和精度 ±0.5% F.S。

（4）计算机：控制软件。

在图 4-8 中，左侧框图为被测对象、测量原理的分类和直接测量量，以及对应的测量通道；右侧框图为测试装置的组成和测量通道，以及各测量功能的组合状态和相互连接关系。图 4-9 所示为测式装置的结构框图。

在图 4-10 中，杜瓦 3 内管热端机械接口 1 插入热沉 2 中央孔中，通过接触传导和辐射传热把热沉 2 与环境空间热交换储蓄的热量传递给内管热端机械接口 1，保持杜瓦 3 内管热端机械接口 1 始终处于环境温度，4 个腰形和 2 个圆形开孔增加热沉 2 的热交换面积。红外探测器/杜瓦 3 或杜瓦 3 安装或不安装热沉 2 放置

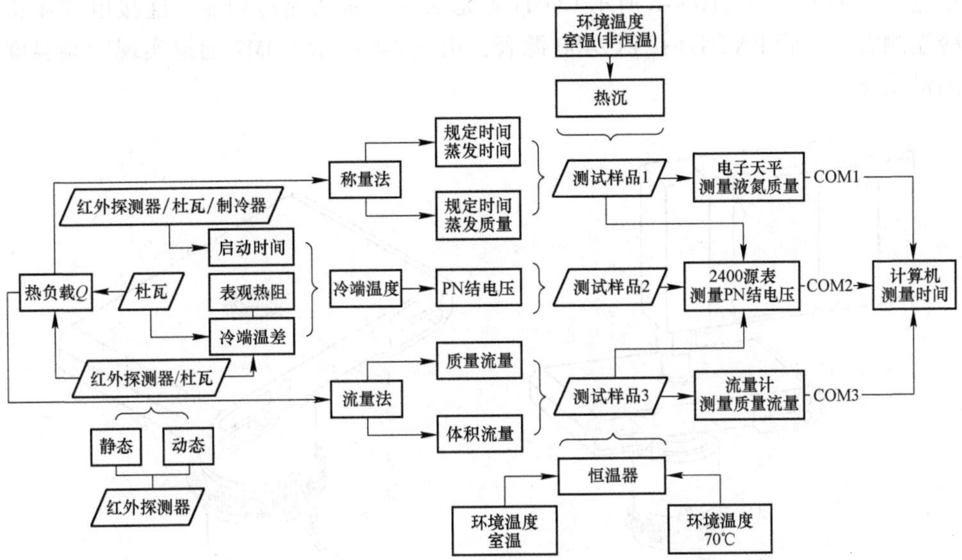

图 4-8　组成结构框图

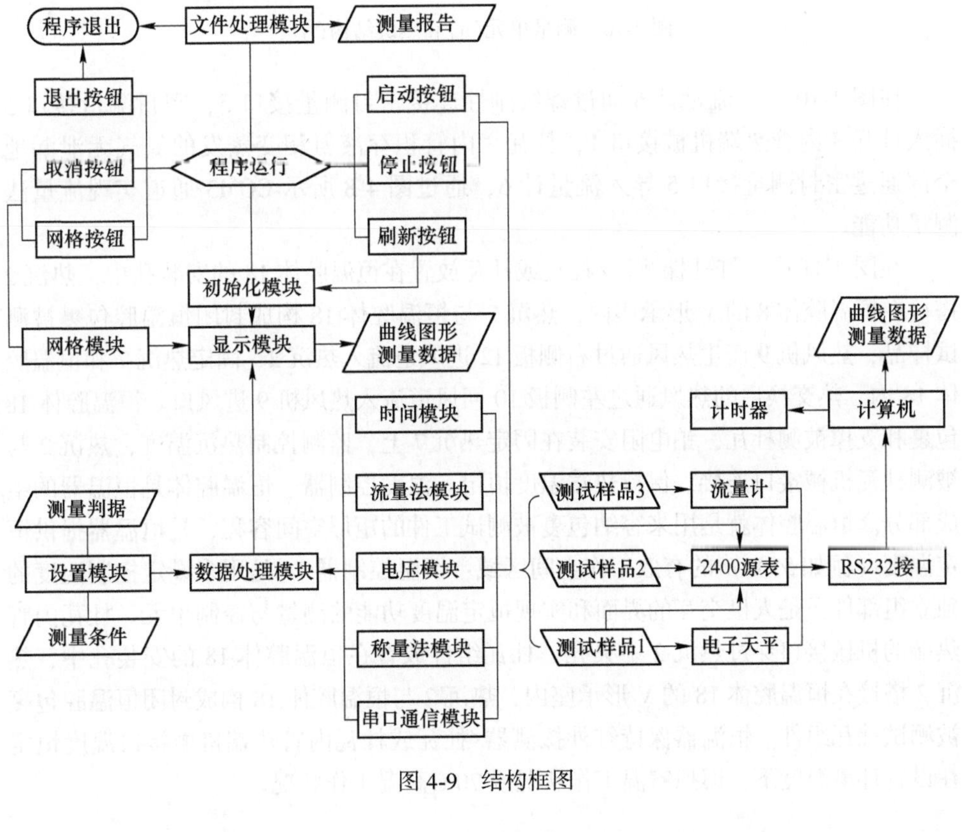

图 4-9　结构框图

在电子天平上，通过图 4-8 所示 COM1 通道实现称量法测量功能。连接电缆 4 将冷端测温二极管 PN 结连接到 2400 源表，由图 4-8 所示 COM2 通道实现冷端温度测量功能。

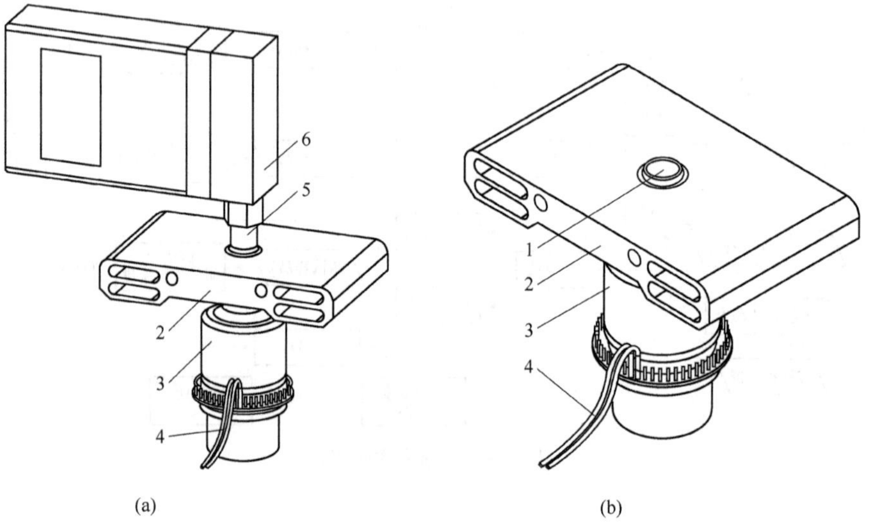

图 4-10　测量单元(a)和热沉结构(b)

在图 4-10 中，流量计 6 通过螺纹刚性连接密封测量接口 5，密封测量接口 5 插入杜瓦 3 内管热端机械接口 1，杜瓦 3 内管积存液氮相变蒸发的氮气无泄漏地全部通过密封测量接口 5 导入流量计 6，通过图 4-8 所示 COM3 通道实现流量法测量功能。

在图 4-11 中，红外探测器/杜瓦或杜瓦放置在恒温腔体 18 的安装孔中，热沉 2 搭接在恒温腔体 8 的 V 形承座内，热沉 2 与恒温腔体 18 构成封闭恒温腔包裹被测试样品，热风机 9 产生热风通过右侧板 12 进风道流入热沉 2、固定热沉 7 和恒温腔体 18 内，热交换后的热风通过左侧板 10 回风道流入热风机 9 进风口。恒温腔体 18 包裹和支撑被测杜瓦，铂电阻安装在固定热沉 7 上，监测控制热沉温度，热沉 2 与被测杜瓦机械接口连接，保持热端温度恒定。温度控制器、恒温腔体是恒温器的组成部分。恒温腔体就是用来容纳包裹被测试工件的矩形空间容积，是恒温器提供恒定温度（例如 55℃）的有效工作空间区域；恒温控制器 11 是用来设定控制温度的独立组部件，是人机交互的界面和实现恒定温度功能的测量与控制单元。杜瓦内管热端的机械接口穿过热沉 2 中央孔，杜瓦组件放置在恒温腔体 18 的安装孔中，热沉 2 搭接在恒温腔体 18 的 V 形承座内，热沉 2 与恒温腔体 18 构成封闭恒温腔包裹被测试杜瓦组件。恒温器保持红外探测器/杜瓦或杜瓦内管热端机械接口温度恒定在设置环境温度下，模拟室温工作状况或 70℃高温工作状况。

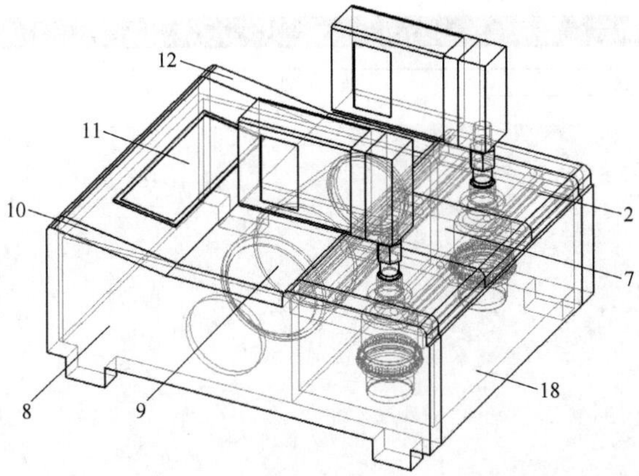

图 4-11 热负载测试装置示意图

固定热沉 7 中间没有安装工件的孔，固定在恒温器上分隔左右的热沉 2 与被测工件同时联通左右热沉热风通道，并且安装有铂电阻温度传感器，测量设定的控制温度。

热风机就是图 4-11 中热风机 9 为横置于恒温器中的圆柱状灰色细线部分，是市场选购的工业或家用热吹风机。恒温腔体 18 就是用来容纳包裹被测试工件的矩形空间容积，就是图 4-11 中矩形灰色细线部分，是恒温器提供恒定温度（例如 55℃）的有效工作空间区域。

图 4-12 和图 4-13 所示分别为称量法和流量法选项卡的界面。

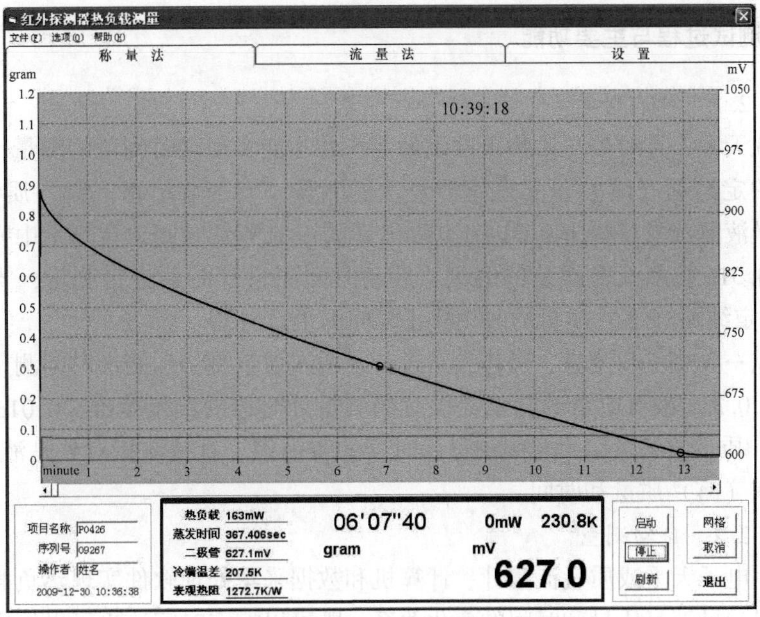

图 4-12 称量法测量界面

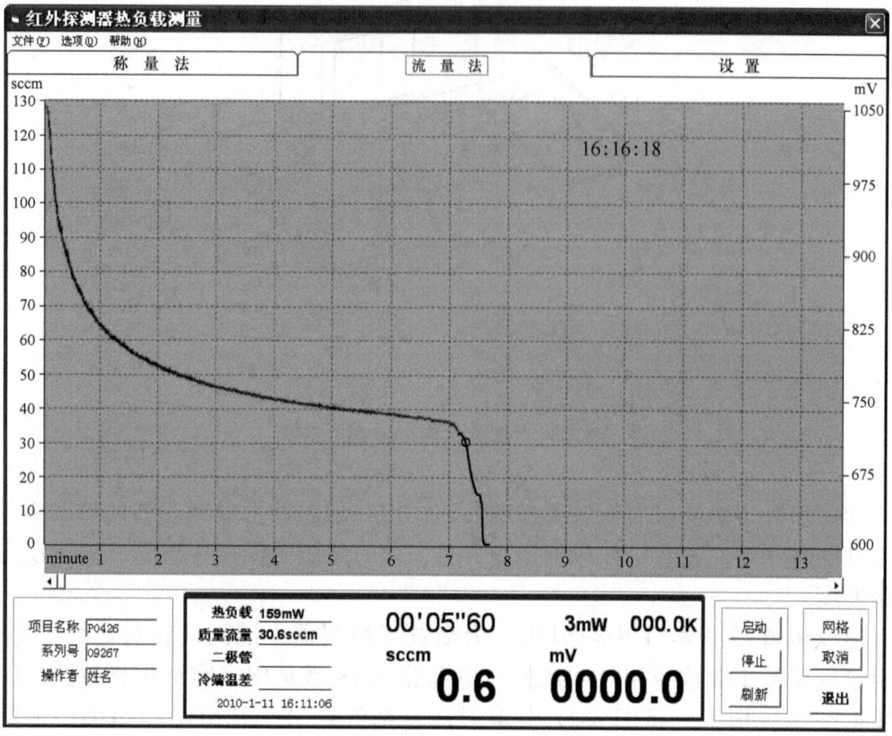

图 4-13 流量法测量界面

4.2.2 测试过程与主要功能

4.2.2.1 人工测量

传统天平、计时器、人热负载测量系统并不能实现定时间法的测量，只能采用扣除约定结霜（露）量实现定质量法的测量。当选取结霜（露）质量 0.01g 时，测量液氮蒸发过程中 0.31~0.01g 之间的液氮蒸发时间。在测量中操作人员检测到 0.31g 检测液氮质量的时刻，启动时间测量计时器进行测量，当检测到 0.01g 约定结霜（露）质量的时刻停止时间测量计时器。

完成一次热负载测量，操作人员进行了两次质量测量和两次时间测量计时器的操作。0.31g 液氮质量的测量提供时间测量计时器的测量基准，0.01g 约定结霜（露）质量的测量给出时间测量计时器的实测值。直接测量对象是液氮质量、约定结霜（露）质量和时间。

4.2.2.2 自动测量

利用电子天平或质量流量计、计算机和数据采集处理软件实现热负载自动测量，可以记录液氮质量和时间的变化关系，既可以按定时间法也可以按定质量法进行数据处理。然而，测量数据中包含结霜（露）和冷氮气影响的干扰信息，同样遇到液氮蒸发耗尽时刻无法准确检测和判定的难题，测量基准的确定具有人为的误差。

测式装置（图 4-11）测量杜瓦热负载过程如下：

（1）在室内环境温度下测量。接通电子天平电源开关，将杜瓦组件放置到电子天平上，按压去皮按钮，置初始称量指示读数为 0。取出杜瓦组件，将液氮灌注到杜瓦内管里，待内管积存液氮液面距离热端机械接口端面 1/3 时，把杜瓦组件放置到电子天平上。运行计算机上的测量控制软件，在称量法选项卡里点击启动按钮，开始测量，液氮蒸发气化完毕，点击停止按钮，结束测量。或者接通流量计电源，显示器指示质量流量读数为 0，把流量计上的密封测量接口插入灌注了液氮的杜瓦内管热端机械接口中，运行计算机上的测量控制软件，在流量法选项卡里点击启动按钮，开始测量，液氮蒸发气化完毕，点击停止按钮，结束测量。

（2）恒定温度 70℃测量时，将杜瓦放置在恒温腔体 8 中，安装热沉 2，接通恒温器电源，待恒温器温度控制器指示设定控制温度值读数时，将液氮灌注到杜瓦内管里，待内管积存液氮液面距离热端机械接口端面 1/3，把流量计上的密封测量接口插入灌注了液氮的杜瓦内管热端机械接口中，运行计算机上的测量控制软件，在流量法选项卡里点击启动按钮，开始测量，液氮蒸发气化完毕，点击停止按钮，结束测量。

（3）测量杜瓦冷端温度过程如下：将连接电缆安装连接到二极管 PN 结的输出插针端子上。接通 2400 源表电源开关，数字显示屏上指示 PN 结输出电压读数。在热负载测量过程中，测量控制软件同时采集质量或质量流量、电压数据，直接测量量与间接测量量热负载、温度实时显示在窗口上。测量结束，显示实测热负载值、最低冷端温度值和冷端温差。

微型金属杜瓦组件绝热特性综合测量装置及方法，可提高测量准确度和客观真实地测量红外探测器封装杜瓦的热负载；能够检验红外探测器/杜瓦、杜瓦的真空完善性和冷端表观热阻，以及红外探测器/杜瓦/制冷器的启动时间，可以用于红外探测器/杜瓦/制冷器、红外探测器/杜瓦、杜瓦和其他小型真空绝热容器的热负载和冷端温度测量。它是由电子天平、流量计、2400 源表、温度传感器和恒温器，以及计算机和控制软件组成。电子天平、质量流量计和 2400 源表与软件编程秒表计时器构成质量、质量流量、电压和时间测量模块，能够测量和绘制质量-时间、质量流量-时间和电压-时间曲线。恒温器解决了 71℃高温工作状态热负载测量问题，减小了测量误差和测量不确定度，提高了测量质量。

恒温器包括热风机、铂电阻、温度控制器、热沉（热交换器）、恒温腔体和电源，提供室温至 71℃恒温环境。循环热风流过恒温腔体和热沉，恒温腔体包裹和支撑被测样品，铂电阻安装在固定热沉上，监测控制热沉温度，热沉与被测样品机械接口连接，保持热端温度恒定在设置环境温度下，模拟室温工作状况或71℃高温工作状况，消除结霜和机械接口温度过低的影响，保证测量准确可靠，填补了传统人工测量无法检测71℃高温工作状态的空白。

计算机控制系统提供了液氮和温度检测判据的选项，能够灵活方便地选择检测判据：

（1）传统方法规定的液氮蒸发耗尽时刻。

（2）统计分析归纳出的推荐检测时刻。

（3）达到热平衡时冷端最低温度发生规定变化量的检测时刻。

控制系统自动鉴别测量时刻，无人工判读过程，消除人工判读的随机测量误差。操作者完成灌注液氮、安装热沉、连接密封测量接口等准备工作，控制软件启动运行，计算机采集和分析数据，满足检测判据就给出测量结果报告，液氮蒸发耗尽1min后，停止数据采集，无人工干预，自动完成测量过程。

计算机控制系统包含温时间、电压、称量法、流量法、界面控制、通信端口控制和参数测试计算七个功能模块。根据应用不同，计算机控制系统可随时更新，提供了极大的灵活性和可扩展性，能够实现被测样品环境温度恒温控制和软件自动识别检测时刻，能够直接测量液氮质量、质量流量、二极管电压、蒸发时间和启动时间，间接测量静态或动态热负载、冷端温度、冷端温差和表观热阻。

4.2.3 检测判据

无论流量法还是称量法测量热负载，都必须规定检测时刻和数据处理方法。传统人工测量规定液氮耗尽时刻为检测时刻，称量法难以准确检测或判定液氮耗尽时刻，流量法不能检测到唯一的液氮耗尽时刻，因而产生随机测量误差。规定微型金属杜瓦瓶内管冷端达到最低温度为检测时刻，尽可能客观真实地反映杜瓦瓶的热负载。这一检测新规定既能减小结霜（露）对称量法测量的影响，也统一了称量法和流量法的检测时刻。尽管称量法和流量法测得的热负载仍然存在检测区间的差异，但其测量观测值相差不会太多。当排出结霜（露）对直接测量液氮质量和时间的影响，规定时间1min处理称量法测量观测值，可以得到接近于流量法的测量观测值。

自动流量法和称量法热负载测量具有数据处理的灵活性，规定检测时刻、检测区间和数据处理方法，不考虑测量操作和过程影响因素，理论上流量法和称量法通过液氮热物性参数可以相互转换，其检测观测值的差异不会很大。通过热负载测量实践和研究，在统计分析的基础上归纳总结出有效的检测时刻判据准则，可以找出影响热负载测量准确性的因素和改进测量质量的方法。

4.2.4 高精度热负载测量

在传统人工测量方法中，无论是称量法还是流量法都要求人工识别检测时刻，常有漏测或误判检测时刻问题。测量操作者是测量仪器的一部分，要求认真仔细地观察识别稍纵即逝的检测时刻，受到操作者经验限制，测量结果误差较大。近年来，有应用计算机采集电子天平或流量计测量数据的测试装置出现，把测量过程图形化存储回放，方便人工识别检测时刻，避免了漏测的发生，判读和识别检测时刻仍然由人工来完成，与传统人工测量比较，并没有实质的进步，测量结果不确定度依然很大。

一般在环境温度非恒温条件下测量，灌注液氮使得机械接口处结霜和温度过低，导致热端偏离了正常工作状态，冷热端温差减小改变了传导漏热，测量得到的热负载偏小，不能真实反映红外探测器封装杜瓦的真空绝热特性。另外，传统测量方法规定检测时刻为液氮耗尽时刻，称量法或流量法都难以准确判定液氮耗尽时刻，测量结果蕴含人工识别检测时刻的随机测量误差。

冷端温度可以采用二极管 PN 结的温度特性测量。冷端温度是指杜瓦内管冷端能够达到的最低温度，由液氮定标二极管温度系数和检测二极管电压计算而得。冷端温差是指杜瓦内管冷端温度与液氮定标二极管温度之差，冷端温差是由冷端结构和工艺特征决定的。通常传导漏热占总漏热的 80%以上，在传导、对流和辐射漏热，以及 PN 结焦耳热的综合作用下，冷端温差除热负载（总漏热）得到表观热阻，可以直观近似反映冷端温差消耗的制冷功率。

杜瓦的结构形式与所封装的红外探测器芯片、配接的制冷方式、系统整机接口等紧密相关，是制冷型红外探测器不可缺少的重要组成部分，为探测器芯片提供制冷工作环境和光机电接口。表征组件杜瓦腔体绝热能力的真空度和真空维持时间，并不能一一直接检测得到。逆向或者正向设计都要搞清楚组件用户可接收的降温时间与热负载或真空度及真空有用寿命的关系。

真空度是通过热平衡状态下检测单位时间内经过杜瓦传导、对流和辐射传热导入内管积存液氮的总热流，运用相变在相同温度和压力下两相间的比焓差计算其热负载（总热流），这样检测到的热负载不包括组件处于工作状态的焦耳热、目标和背景辐射热，由杜瓦的表观热导间接定性知晓真空度好坏。

杜瓦真空度长时间维持在设计允许最低真空度的耐久性能力，用终止真空抽气，永久性地冷压封接时刻到真空失效经历的时间度量，由真空获得工艺质量特性决定。真空维持时间即真空寿命是依据真空失效机理，运用可靠性工程的加速寿命试验方法，收集获取的定时或者定数截尾失效数据和寿命分布信息，通过统计分析评定寿命，确认杜瓦获得真空工艺是否符合用户定制真空有用寿命的要求。

4.3　微型金属杜瓦真空获得与寿命试验测试系统

4.3.1　真空可靠性概述

可靠性是装备重要的通用质量特性之一，对于军用杜瓦，又是装备战斗力形成和提升的重要保证。《中国制造 2025》中指出“要加强可靠性技术开发应用，使产品的性能稳定性、质量可靠性、环境适应性、使用寿命等指标达到国际同类产品先进水平”，必须要在产品寿命周期全过程中严格落实可靠性工作要求，提高产品质量与可靠性水平。

随着电子、信息、智能制造等技术的迅速发展，电子元器件、零部件及其材料的失效率逐步降低，产品可靠性不断提高。同时，为了适应日益繁重的战训任务需求，产品除了具备速度高、探测距离远、生存能力强等功能特性外，还必须具备故障少、维修便捷、易于保障、安全性高等优良的通用质量特性，这对产品的质量与可靠性提出了更高的要求。企业如何保障产品的质量与可靠性，如何评估产品具备什么样的质量与什么样的可靠性，如何设计更高质量更高可靠性的产品等成为企业发展的重中之重。

红外焦平面探测器制冷组件是高性能红外系统的核心部件，在航天、工业、环境和医学等领域都发挥着重要的作用。随着红外焦平面组件工程应用的迅速发展，其可靠性受到越来越多的关注。一方面，组件用户要求得到高可靠性的产品；另一方面，研制机构希望通过试验数据向用户说明产品的可靠性水平，并在研制过程中提高产品的可靠性。然而，由于红外焦平面组件技术密集度高、结构复杂且价高量少，其可靠性研究对技术和资金都有很高的要求。

美国、法国等国家在红外焦平面组件技术方面处于领先地位，其在红外焦平面组件可靠性研究方面的投入和可靠性水平也处于领先，其已有的研究和做法可以为国产红外焦平面组件可靠性研究提供参考和借鉴。目前，新一代国产红外焦平面组件产品正处于验收考核和任务应用前的验证阶段，其可靠性指标需要适合的评价考核方法来验收。在任务应用前，需要有适合的验证方法来证明红外焦平面组件能满足任务要求。而事实上，目前国内外都没有成熟的可靠性考核方法，需要开展相关研究，根据实际情况来建立科学、适用的可靠性评价方法。

杜瓦是连接红外焦平面混成芯片与制冷机的重要部件，其真空寿命是红外焦平面组件的关键可靠性指标之一。杜瓦的真空寿命就是芯片和杜瓦组件封装后的存放时间，即装有芯片的微型金属杜瓦经过排气工艺抽气结束后封离，其真空度降到终止真空度的时间。终止真空度是维持红外芯片能正常低温 80K 工作的最低真空度。当真空度下降时，杜瓦内残气对流换热加剧，导致热负载增加，最终使制冷机热负荷过大，无法保证焦平面混成芯片的工作温度，造成红外探测器杜瓦组件失效。杜瓦内部真空度的保持时间直接关系到红外探测器的储存寿命，由于真空度退化导致红外探测器失效的寿命称为储存寿命，影响真空度的主要原因有杜瓦漏气和材料放气。

随着红外焦平面探测器制冷组件在导弹上的应用，要求红外焦平面探测器制冷组件储存时间越来越长，对红外焦平面探测器制冷组件的储存寿命要求越来越严，因此，对杜瓦组件的储存寿命研究就显得越来越重要。由于杜瓦在正常工作条件下的失效时间一般比较长，因此主要采用加速寿命试验的方法来评价杜瓦的真空寿命。

根据可靠性术语的定义，可以将红外焦平面探测器杜瓦组件的真空寿命区分为使用寿命和有用寿命。当满足用户要求在工作、非工作和储存条件下，不允许进行维修处理，组件真空用寿命 20 年，则要求抽气封离前组件杜瓦腔体的气体负载出气速率小于 5×10^{-16}Pa·m^3/s，此时组件杜瓦腔体的气体压力肯定小于 1×10^{-4}Pa。有文献给出 20 年真空有用寿命对应的出气速率为 8.6×10^{-16}Pa·m^3/s。通常将要求绝热的空气抽成 $10^{-4}\sim10^{-5}$Pa 的真空度。气体压力小于 1×10^{-3}Pa 时，高真空绝热达到最大效率；气体压力大于 1×10^{-2}Pa 时，高真空绝热能力变差，热负载增大真空失效。

在现有产品真空获得工艺过程中，并没有有效的监测仪表实时在线检测，人们无法可靠地确认抽气过程中动态气体源在抽气多长时间以后小于 10^{-16}Pa·m^3/s，也不知道杜瓦腔体的气体压力是否小于 1×10^{-4}Pa，依靠揣摩和经验工作，盲目制定真空获得工艺，反映出知识认知、技术能力的不足。目前，主要依据真空失效机理，运用加速寿命试验，通过检测反映杜瓦高真空绝热能力的热负载大小，来判断静态真空质量特性的好坏，从而验证确认产品的真空有用寿命。

通过实时在线检测真空获得关键工艺参数真空度、气体源负载出气速率，运用稀薄气体物理和真空技术原理，建立真空有用寿命与关键工艺参数的测量方程，设计制造专用传感器，研制建立真空度、气体源负载和真空有用寿命测量系统。从产品制造工艺角度回答真空获得工艺质量满足用户长寿命要求，达到提高型号产品质量与可靠性的目的，具有提高型号产品真空可靠性、降低生产成本的重大意义。解决长期困扰用户和制造商难以明确预计真空有用寿命的瓶颈问题和共性问题，达到提高型号产品质量与可靠性的目的。

杜瓦真空失效的气体源，主要有大气通过微小漏孔进入腔体的气体、压力差抽出零部件组装配合间隙气体、真空腔体的材料体内溢出和表面脱附气体，这些气体源负载使得杜瓦腔体真空度下降，导致杜瓦高真空绝热功能失效，致使红外焦平面探测器杜瓦制冷组件出现制冷超时故障。在充分抽气真空获得工艺前提下，早期真空失效主要是存在较大漏率的微小漏孔进入大气引起的失效，中后期真空失效主要是存在较小漏率的微小漏孔进入气体、腔体的材料体内溢出和表面脱附气体导致的失效。杜瓦真空度下降失效，不仅导致高真空绝热功能失效，而且由于可使真空度下降的气体能沉积附着在红外焦平面阵列光敏像元上遮蔽衰减接收辐射，造成光电性能下降。

红外探测器的真空保持时间，是一个重要的寿命指标，只能用加速寿命试验方法，收集获取的得截尾失效数据和寿命分布信息，进行统计分析评定寿命，确认杜瓦瓶真空获得工艺符合用户定制真空有用寿命的要求。红外探测器真空寿命测量装置，就是检测真空产生过程中探测器封装杜瓦腔体里的出气率，由测量方程计算出真空寿命值。

4.3.2　在线检测微型金属杜瓦瓶寿命的装置及方法

4.3.2.1　背景技术

在线检测红外焦平面探测器杜瓦瓶寿命的装置及方法，尤其是针对封装制冷型红外焦平面探测器杜瓦瓶在线实时抽气过程中的高真空绝热功能有效性的检测装置及方法，属于红外与真空技术领域。

目前，为检测生产所得制冷型红外焦平面探测器组件的真空度，通常采用图4-14所示的现有技术装置进行检测，该装置包括真空室、与真空室相连的若干工位接口，以及与真空室通过CF真空法兰4相连的第一BA热阴极规管2。待测制冷型红外焦平面探测器杜瓦组件1通过排气管6与工位接口相连，即可对数个待测制冷型红外焦平面探测器杜瓦组件1进行检测。

图4-15所示为现有技术装置的原理真空系统图，是由测量真空的第一BA热阴极规管2检测到真空度p_b，但不能客观准确反映工件②中各待测制冷型红外焦平面探测器杜瓦组件1的真空度p，二者相差2~3个数量级。现有非解真空杜瓦瓶真空获得工艺过程中，并没有有效地监测仪表实时在线检测生产过程中影响真空寿命的气体源释放气体量，无法可靠地确认抽气多长时间瞬态气体源负载符合真空长寿命要求，也不知道杜瓦瓶腔体里的气体压力是否符合高真空绝热要求，仅凭经验盲目制定真空获得工艺。封离真空杜瓦瓶是通过检测反映高真空绝热能力的热负载大小判断真空度好坏，依据非解真空杜瓦瓶真空失效机理，运用加速寿命试验方法，收集获取得截尾失效数据和寿命分布信息，进行统计分析评定寿命，确认杜瓦瓶真空获得工艺符合用户定制真空有用寿命的要求。

可见，目前运用图4-15技术原理产生真空的真空获得设备①，不能检测出工件②中待测制冷型红外焦平面探测器杜瓦组件1的真空获得关键工艺参数真空度、气体源出气速率和真空有用寿命。它的工艺过程是经历长时间抽气，由经验确定冷压封接时刻，盲目认为符合用户要求指标，即封接形成非解真空杜瓦瓶，然后，再运用可靠性工程技术开展加速寿命试验，由统计分析得到真空有用寿命。

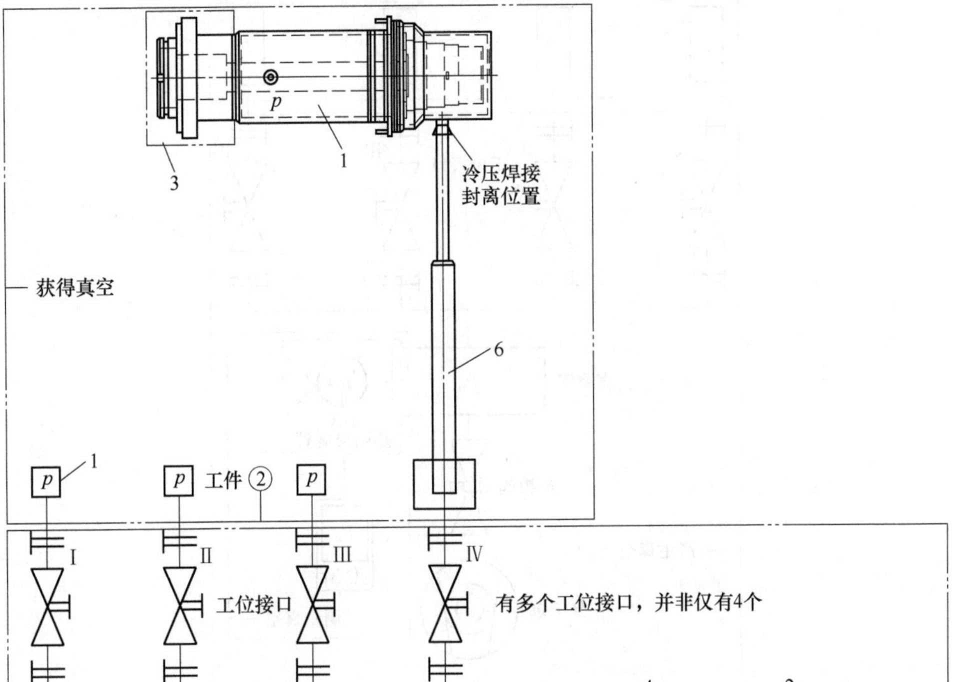

图 4-14 现有技术装置的结构示意图

然而，验证非解真空杜瓦瓶真空有用寿命的试验昂贵费时。有效加速寿命试验，一般需要样本（待测制冷型红外焦平面探测器杜瓦组件 1）30~60 个，要求失效数至少 5 个。首先试验时间的长短取决于试验中允许出现多少个故障，最小试验时间是要求的可靠性水平、施加的应力和试验加速的函数，往往需要几个月

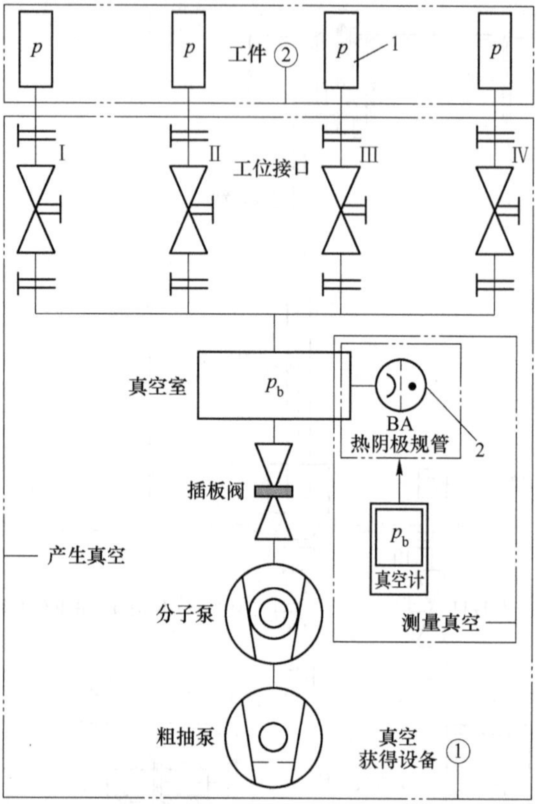

图 4-15　现有技术装置的原理真空系统图

或十几个月。其次，无法知晓杜瓦瓶腔体里的真空度，只能通过天平或流量计检测单位时间液氮蒸发量，利用相变在相同温度和压力下两相间的比焓差计算热负载，间接推断杜瓦瓶的高真空绝热能力。如此反复多次，才能确认依靠经验盲目制定的真空获得工艺，是符合用户寿命要求的有效的真空获得工艺。无论是寿命或真空度都是终止抽气、封离真空后才进行的质量参数测试，因此，有必要研发一种在抽气生产过程中就能实现在线实时检测瞬态真空度和寿命的装置和方法。

通过在获得真空生产线上对工件进行实时在线检测关键工艺参数真空度、气体源出气速率，运用稀薄气体物理和真空技术原理，建立真空有用寿命与关键工艺参数的数学模型，在产品制造工艺过程中监视真空获得工艺质量满足用户长寿命要求，具有提高待测制冷型红外焦平面探测器杜瓦组件真空可靠性、降低生产成本的重大意义，可解决长期困扰用户和制造商难以明确预计真空有用寿命的瓶颈问题和共性问题，达到提高产品质量与可靠性的目的。这项测试技术从无到有，提供了实时在线检测待测制冷型红外焦平面探测器杜瓦组件真空获得关键工艺参数真空度、气体源出气速率和真空有用寿命的方法和途径；能够方便地识别符合用户定制寿命要求的最佳抽气时间，有利于优化真空获得工艺，避免过度抽气消耗时间和资源，提高生产效率和降低生产成本，也能够有效地控制真空获得工艺质量参数，提高待测制冷型红外焦平面探测器杜瓦组件的高真空绝热能力和可靠性；不再需要进行昂贵费时的加速寿命试验，在产品组件生产线上获得真空的同时，就已经可靠地预计了产品的寿命。

4.3.2.2 测试装置及方法

为解决上述问题，提供一种在线检测红外焦平面探测器杜瓦瓶寿命的装置及方法，包括真空室以及与真空室相连的若干工位接口，通过测量排气管与一个工位接口相连的测量组件；测量组件的另一端设有第二 BA 热阴极规管，第二 BA 热阴极规管依次与真空计、计算机相连。通过在获得真空生产线上对工件进行实时在线检测关键工艺参数真空度、气体源出气速率，运用稀薄气体物理和真空技术原理，建立真空有用寿命与关键工艺参数的数学模型，进而得到气体源出气速率，在产品制造工艺过程中监视真空获得工艺质量，满足用户长寿命要求。有利于优化真空获得工艺，提高生产效率和降低生产成本，也能够有效地控制真空获得工艺质量参数，提高待测制冷型红外焦平面探测器杜瓦组件的高真空绝热能力和可靠性。

通过下列技术方案实现：一种在线检测红外焦平面探测器杜瓦瓶寿命的装置，包括真空室以及与真空室相连的若干工位接口，还包括通过测量排气管与一个工位接口相连的测量组件；测量组件的另一端设有第二 BA 热阴极规管，第二 BA 热阴极规管依次与真空计、计算机相连。

工位接口为若干个，分别通过排气管与数个待测制冷型红外焦平面探测器杜瓦组件相连。待测制冷型红外焦平面探测器杜瓦组件是正处于获得真空生产线上正待抽气生产的制冷型红外焦平面探测器杜瓦组件。

待测制冷型红外焦平面探测器杜瓦组件包括窗口、连接器、内管、外管和制冷机接口。测量组件包括窗口、连接器、内管和外管，并通过内管固定件与第二 BA 热阴极规管激光焊接。测量组件与待测制冷型红外焦平面探测器杜瓦组件的结构组成不变，仅仅拆除制冷机接口。

排气管和测量排气管分别通过接口法兰与工位接口相连。工位接口上均设有截止阀。第二 BA 热阴极规管通过信号传输电缆与真空计相连。真空计通过 RS-232 传输电缆与计算机相连。真空室还通过 CF 真空法兰与第一 BA 热阴极规管相连。该第一 BA 热阴极规管 2 在装置出现故障时启用，发挥分段检测的作用。

能在生产线上实时检测抽气过程中封装制冷型红外焦平面探测器的杜瓦瓶腔体里的瞬态真空度、气体源出气速率和非解真空杜瓦瓶寿命。图 4-16 是微型金属杜瓦瓶寿命测试装置的原理真空系统图，测量真空的组合体③的测量值 p' 稍大于工件②中待测制冷型红外焦平面探测器杜瓦组件 1 的实际值 p。总体技术方案首先最大限度保持组合体③的测量组件 1′与工件②的待测制冷型红外焦平面探测器杜瓦组件 1 的结构组成不变，仅仅拆除组件制冷机接口，改造并保留内管和全部装载物，包括焦平面阵列、读出集成电路、键合引线、冷屏等。其次，最小限度引入第二 BA 热阴极规管 2′腔体容积和表面气体产生的测量误差。组合体③必须保证与待测制冷型红外焦平面探测器杜瓦组件 1 具有最大限度的相似性，它的腔体容积、表面积和结构形状特征相似且可比拟。

如图 4-16、图 4-17 所示，组合体③的测量组件 1′是由待测制冷型红外焦平面探测器杜瓦组件 1 改造而成，仅只拆除制冷机接口，增加内管固定件 5。拆除制冷机接口的测量组件 1′与第二 BA 热阴极规管 2′构成组合体③，测量组件 1′与第二 BA 热阴极规管 2′通过激光焊接连接为一个整体，真空空间包括第二 BA 热阴极规管 2′的腔体 9、测量组件 1′的腔体 8 和测量排气管 6 的腔体 7。组合体③通过测量排气管 6 与工位接口的接口法兰 15 连接。第二 BA 热阴极规管 2′的测量信号通过传输电缆 10 连接到真空计 11，被测量真空度既能在真空计 11 本地显示，也能通过 RS-232 传输电缆 12 连接到计算机 13，计算机 13 读取真空计 11 测

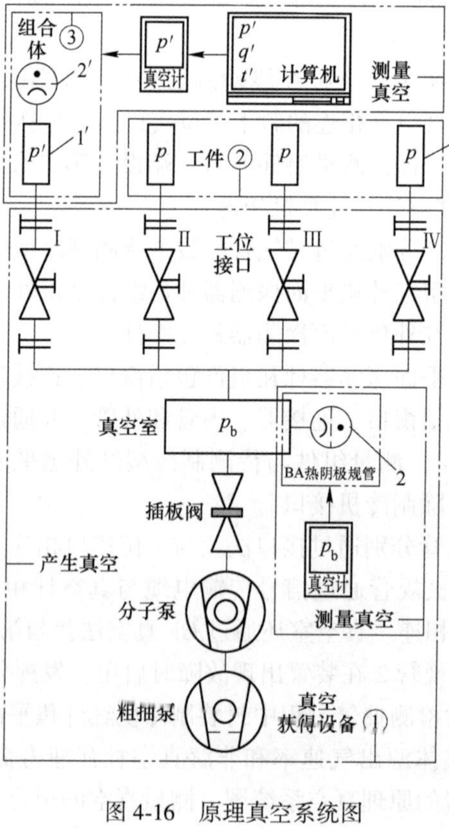

图 4-16　原理真空系统图

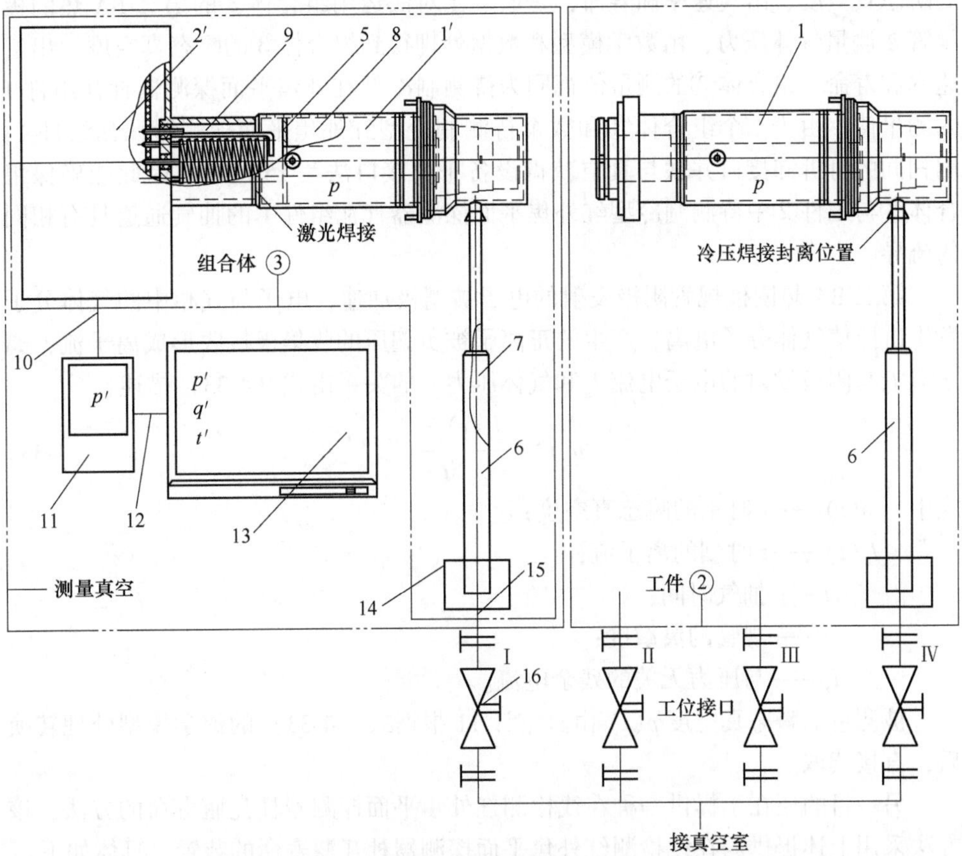

图 4-17 装置结构示意图

量得到的瞬时真空度数据分析计算处理，并输出真空度、出气速率和寿命数据，其中真空度和出气速率（气体微流量）是真空物理与技术的基本物理量。真空度是直接测量收集极接收的离子流，由规管常数转换得到气体压力的间接测量，它的量值可追溯到压力国家基准，从而使准确性和一致性得到保证。间接测量的出气速率和寿命通过直接测量的真空度由数学模型计算得到。

1 个组合体③和数个待测制冷型红外焦平面探测器杜瓦组件 1，通过并联与真空获得设备①的多个工位接口连接，并将组合体③安装连接在最远端工位接口上。组合体③的腔体容积和表面积都大于待测制冷型红外焦平面探测器杜瓦组件 1，它的气体源负载比待测制冷型红外焦平面探测器杜瓦组件 1 的气体源负载大；当组合体③检测到符合用户真空质量特性参数要求的真空度、出气速率和寿命时，工件②中待测制冷型红外焦平面探测器杜瓦组件 1 的真空度、出气速率和寿命优于用户要求值。抽气过程中待测制冷型红外焦平面探测器杜瓦组件 1 腔体里的瞬态真空度、出气速率和寿命，是通过比对法运用组合体③的第二 BA 热阴极规管 2′测量气体压力，由数学模型和数据处理得到组合体③的瞬态真空度、出气速率和寿命。组合体③的测量值视同为待测制冷型红外焦平面探测器杜瓦组件 1 的测量值。由于 1 个组合体③和数个待测制冷型红外焦平面探测器杜瓦组件 1，用相同的可拆卸接口并联与真空获得设备①的接口法兰 15 连接，因此能确保组合体③与工件②中待测制冷型红外焦平面探测器杜瓦组件 1 的抽气通道具有相同的流导。

第二 BA 热阴极规管阴极发射的电子被栅极加速，电子与气相中的气体分子发生碰撞使气体分子电离，产生的正离子被负偏压的收集极接收形成离子流，离子流 I_c 与阴极发射的电子电流 I_e 和气体压力 p 的关系由式（4-33）描述：

$$p(t)=\frac{I_c(t)-I_r}{SI_c} \tag{4-33}$$

式中　$p(t)$——t 时刻的瞬态真空度；

$I_c(t)$——t 时刻的离子流；

t——抽气时间；

S——规管的灵敏度；

I_r——与压力无关的残余电流。

被测量的瞬态真空度 $p(t)$ 由真空计 11 根据式（4-33）的数学模型处理转换后，直接读取。

另一目的还在于提供一种在线检测红外焦平面探测器杜瓦瓶寿命的方法，该方法采用上述提供的在线检测红外焦平面探测器杜瓦瓶寿命的装置，具体如下：

（1）启动真空获得设备①，接通各工位接口的截止阀 16 进行抽气，当组合体③腔体压力小于 1×10^{-1}Pa 时，运行真空计 11，接通第二 BA 热阴极规管 2′的阴极灯丝，由计算机 13 显示和采集真空计 11 测量的组合体③腔体里的瞬态真空度 $p(t)$。

（2）运用稀薄气体物理和真空技术原理，建立真空有用寿命与关键工艺参数的数学模型如下：

$$t_{ls}(t)=\frac{P_{max}-p(t)}{Q(t)}V=\frac{P_{max}-p(t)}{d[p(t)]}t_i \tag{4-34}$$

$$Q(t)=\frac{d[q_G(t)]}{dt}=\frac{Vd[p(t)]}{t_i}$$

式中　$t_{ls}(t)$——经历抽气时间 t 的真空有用寿命，s；

P_{max}——设计允许最大气体压力，Pa；

$p(t)$——t 时刻的瞬态真空度，Pa；

$Q(t)$——t 时刻气体源出气速率，$Pa\cdot m^3/s$；

$q_G(t)$ ——t 时刻通过排气管的气体流量，Pa · m^3/s；

t_i——给定测量时间间隔，s；

V——平衡状态的理想气体所占有的体积，m^3。

（3）按步骤（2）的数学模型计算，即得到实时的出气速率和真空有用寿命。

由式（4-34）可知，封离真空待测制冷型红外焦平面探测器杜瓦组件 1 的真空度，一要满足高真空绝热要求，二要符合用户要求的真空有用寿命。通常将要求绝热的空间抽成 10^{-4} ~ 10^{-5} Pa 的真空度。气体压力小于 $1×10^{-3}$ Pa 时，高真空绝热达到最大效率；气体压力大于 $1×10^{-2}$ Pa 时，高真空绝热能力变差，热负载增大真空失效。因此，无需长时间抽气，即可满足高真空绝热效率达到最大。而要维持真空长寿命，就要长时间充分抽气，才能满足气体源出气速率的要求。当满足用户要求使用地域自然环境温度随机应力下工作或非工作过程中，不允许进行维修处理的组件真空有用寿命达到 20 年，则要求抽气封离前组件杜瓦瓶腔体的气体源出气速率小于 $5×10^{-16}$ Pa · m^3/s，此时组件杜瓦瓶腔体的气体压力肯定小于 10^{-5} Pa。

抽气过程中通过组合体③的第二 BA 热阴极规管 2′测量气体压力 $p(t)$，被测量真空度既能在真空计 11 本地显示，也能通过计算机 13 的检测控制软件读取真空计 11 测量得到的时间序列瞬时真空度数据，最小数据采样时间 1s。对时间序列瞬时真空度数据可视化，得到表征组合体③抽气微分方程的实测抽气曲线。按数学模型式（4-34）计算处理数据，并实时显示输出真空度、出气速率和真空有用寿命。

图 4-18 所示为一个腔体容积 $2.3×10^{-5}$ m^3 制冷型红外焦平面探测器杜瓦组件的抽气实例，$p(t)$ 的采样时间 1s，$p(t)$-t 曲线未进行数据滤波和拟合处理，就是实测值的可视化曲线。$p(t)$-t 曲线中 6 个向上显著升降变化是因为在这 6 个时间点上进行了加热出气处理，其他较小的不显著的异常波动应该是测量仪器或真空获得设备所致。出气速率 $Q(t)$、真空有用寿命 $t_{ls}(t)$ 按式（4-34）数学模型和 $p(t)$ 实测值数值计算而得。真空抽气 1.5 天杜瓦腔体压力 $1.2×10^{-3}$ Pa，出气速率 $3.8×10^{-14}$ Pa · m^3/s，预计寿命 1.5 年；真空抽气 15 天杜瓦腔体压力 $1.6×10^{-5}$ Pa，出气速率 $4.1×10^{-16}$ Pa · m^3/s，预计寿命 16.5 年。

微型金属杜瓦瓶寿命测试装置及方法，其测量参数的技术指标如下：

（1）真空度测量范围 6.6~$6.6×10^{-8}$ Pa，扩展不确定度 10%~30%；

（2）气体源出气速率测量下限 $5×10^{-16}$ Pa · m^3/s，扩展不确定度 10%；

（3）真空有用寿命上限 20 年，扩展不确定度 18%。

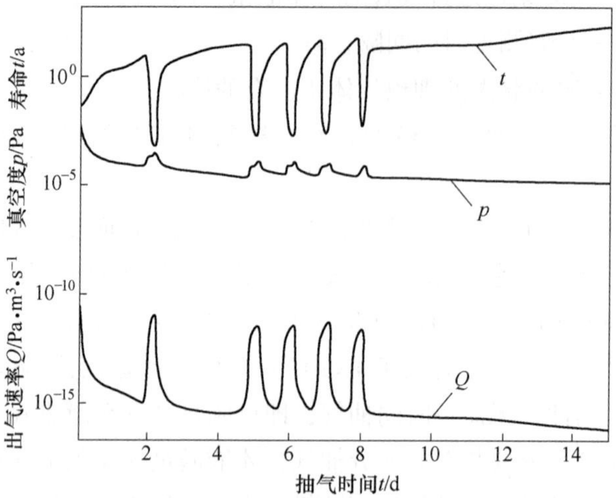

图 4-18　实测抽气曲线

若用户要求真空有用寿命 20 年，真空失效的气体压力 1×10^{-2} Pa，排气封离后杜瓦腔体的气体压力 1×10^{-5} Pa、容积 $3.24\times10^{-5}\,m^3$ 的红外焦平面探测器杜瓦组件，则要求排气封离前的气体源负载出气速率小于 $5\times10^{-16}\,Pa\cdot m^3/s$。有文献给出 20 年真空有用寿命对应的出气速率为 $8.6\times10^{-16}\,Pa\cdot m^3/s$。如果真空度 P、出气速率 Q 和容积 V 测量值存在 10%～30%的测量误差，时间测量误差 1%，出气速率的测量误差要求小于 $5\times10^{-17}\,Pa\cdot m^3/s$。那么测量时间大于 2h，就能满足 20 年真空有用寿命 t_{ls} 的测量误差小于 3.56 年（17.8%）。

4.3.2.3　*原理与误差传递*

由于存在造成红外焦平面探测器杜瓦组件真空失效的气体源，使真空腔体的气体压力随经历的环境温度和时间而变化，可以由下式描述气体源负载平均出气速率：

$$Q = RV = \frac{P_t - P_{min}}{t}V \tag{4-35}$$

式中　Q——最大气体源负载出气速率（各种气体源的总和），$Pa\cdot m^3/s$；

R——最大升压率，Pa/s；

V——真空腔体的容积，m^3；

P_{min}——真空腔体的最小气体压力，Pa，在充分排气的情况下 $P_{min}<1\times10^{-4}$ Pa；

P_t——t 时刻的气体压力或设计允许的最大气体压力，Pa；

t——排气封离后经历的时间，s。

因为真空腔体在观察（储存）时间与有用寿命时间内的气体源负载平均出

气速率相等，故由式（4-35）得：

$$t_{ls} = \frac{P_{max} - P_{min}}{P_t - P_{min}} t \tag{4-36}$$

式中 P_{max}——设计允许最大气体压力，Pa；

t_{ls}——红外焦平面探测器杜瓦组件的真空有用寿命时间，s。

由式（4-35）和式（4-36）得：

$$t_{ls} = \frac{P_{max} - P_{min}}{Q} V \tag{4-37}$$

测量链的误差传递。对式（4-37）偏微分得误差传递方程：

$$\partial t_{lsQ} = -\frac{P_{max} - P_{min}}{Q^2} V \partial Q, \quad \partial t_{lsP} = \frac{1}{Q} \partial V, \quad \partial t_{lsV} = \frac{P_{max} - P_{min}}{Q} \partial V \tag{4-38}$$

合成 P、Q、V 误差分量得真空有用寿命时间误差：

$$u_{t_{ls}} = \sqrt{\partial t_{lsQ}^2 + \partial t_{lsP}^2 + \partial t_{lsV}^2} \tag{4-39}$$

排气状态微分方程

$$V\frac{dp}{dt} = -pS_e + Q_C + Q(t) = -pS_e + Q \tag{4-40}$$

式中 $V\frac{dp}{dt}$——t 时刻杜瓦腔体里气体量的瞬时净增量，$Pa \cdot m^3/s$；

pS_e——抽气系统在恒定有效抽速 S_e（与气体压力无关）抽气每秒流经杜瓦排气管进气口的气体量，$Pa \cdot m^3/s$；

p——杜瓦腔体里的气体压力，Pa；

Q_C——包括漏气、稳态渗透及材料蒸发等不随时间变化每秒进入杜瓦腔体并影响压力的气体量，$Pa \cdot m^3/s$；

$Q(t)$——随时间变化的杜瓦腔体所有材料表面解吸气体源（虚漏）每秒所产生的气体量，$Pa \cdot m^3/s$，用经验公式 $Q(t) = kt^{-\beta}$ 近似表示，β 与材料有关，取 0.7~2 之间值；

Q——t 时刻各种气体源的总和（气体源负载）出气速率，$Pa \cdot m^3/s$。

对式（4-40）偏微分得误差传递方程：

$$\partial Q_{dt} = -\frac{dp}{dt^2} V \partial dt, \quad \partial Q_{dp} = \frac{1}{dt} V \partial dp, \quad \partial Q_V = \frac{dp}{dt} \partial V \tag{4-41}$$

合成 dt、dp、V 误差分量得出气速率误差：

$$u_Q = \sqrt{\partial Q_{dt}^2 + \partial Q_{dp}^2 + \partial Q_V^2} \tag{4-42}$$

其中，t 时刻与 $t-1$ 时刻气体压力差的误差由 $dp = p_t - p_{t-1}$ 得：

$$\partial dp = p_t \partial p_{t-1}, \quad \partial dp = -p_{t-1} \partial p_t \tag{4-43}$$

合成 p_t、p_{t-1}误差分量得气体压力差的误差：

$$u_{dp} = \sqrt{\partial p_t^2 + \partial p_{t-1}^2} \tag{4-44}$$

这里的 p_t、p_{t-1} 为直接测量量，Q、dp 为间接测量量；式（4-43）中 ∂p_t、∂p_{t-1}误差分量就是气体压力允许的测量误差。

4.3.2.4 测控软件及溯源校准技术

直接测量量真空度和间接测量量的数据采集、处理方式及其测量控制技术。涉及对数据进行采集并处理。数据采集可有两种方式：一是利用仪器保存的数据文件进行后续计算处理，二是开发软件直接读取数据仪器采样数据并保存数据。如果采用第二种方式，就得考虑采样速率（可设置），实时绘制数据图像。

数据处理运用 VC 或 MATLAB 进行编程，开发专用测控校准软件。数据处理包括读取数据、数据绘图、数据计算、结果显示及保存。图 4-19 所示为软件的功能框图。

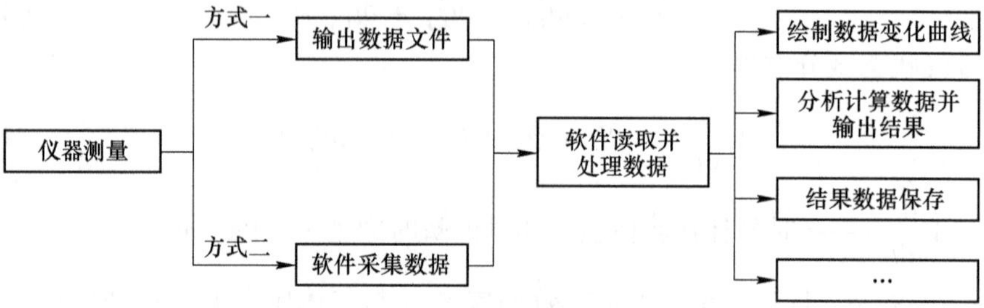

图 4-19 软件功能框图

测量链不确定度评定和测量质量保证方法、测量系统溯源和校准技术。

A 校准

校准是用户自主选择的国际通行的溯源方法。校准被定义为：在规定条件下，为确定测量仪器或测量系统所指示的量值，或实物量具或参考物质所代表的量值，与对应的由标准所复现的量值之间关系的一组操作。校准的主要功能是为了确定测量仪器的示值和标准值之间的关系（即示值误差）。

对测试设备进行自校准（内部校准）时，应符合国家有关的规定，并能证实其具备从事校准的能力。必须：（1）确保校准的测量溯源性；（2）校准方法必须使用标准方法，并须经过证实能正确运用标准方法；（3）校准人员应经过培训和考核，并获得相应的资格；（4）校准记录信息充分，校准数据或结果报告准确；（5）报告被校准量值的测量不确定度及包含因子。

B 溯源

溯源就是通过一条具有规定不确定度的不间断的比较链，使测量结果或测量标准的值能够与规定的参考标准，通常是与国家测量标准或国际测量标准联系起来的特性。这条不间断的比较链称为溯源链。

任何测试设备都具有不同程度的误差，测试设备的误差只有在允许的范围内才能应用，否则将带来错误的测量结果。溯源性可以使测试设备的同种量值都追溯到同一个测量标准（通常是国家基准或国际基准），从而使准确性和一致性得到保证。因此，量值溯源是保证测试设备达到可用的准确度的重要手段。量值溯源是通过比较链进行的，比较链是指与基准、副基准、工作基准、标准等相比较的环节，通过检定、校准、比对、测量、测试等形式，将测量结果与测量标准的量值联系，以达到量值溯源的目的。

量值溯源的一致性是国际间相互承认测量结果的前提条件，量值溯源视为测量结果可信性的基础。在量值溯源方面，应符合中国量值溯源体系的要求。

C 量值传递

量值传递就是将国家计量基准所复现计量单位量值，通过检定或其他传递方式传递给下一等级的计量标准，并依次逐级传递到工作器具，以保证被测量的量值准确一致。量值传递是测量仪器量值准确的保证，量值准确一致的前提是测量结果必须具有溯源性。溯源性是量值传递的逆过程，与计量器具或测量标准相关，描述测量结果或测量标准的值所具有的特性。

D 溯源等级图

为使所进行的测量在其溯源到计量基准的途径中，尽可能减少环节和降低不确定度，并给出最大的可信度，通常建立溯源等级图，按照溯源等级图的要求进行溯源。

国家溯源等级图是对量值传递和溯源的程序所作的技术规定。从计量基准通过计量标准向测试设备进行量值传递的程序包括名称、测量范围、准确度、不确定度、允许误差和传递方法等。它反映了测量某个量的测试设备等级的全貌，可指导测试设备实现量值的溯源。

E 测量量

红外焦平面探测器杜瓦组件真空特性主要参数真空度是直接测量，气体源负载和真空有用寿命都是间接测量，由腔体里的气体压力、腔体容积、过程经历时间等直接测量量计算导出。

被测量需要量值向上一直溯源到国家基准的测量量有压力（Pa）、容积（m^3）、时间（s）。

红外焦平面探测器杜瓦组件真空特性主要参数测试，可归结为杜瓦腔体气体压力、容积和过程时间的测试。在测得气体压力、腔体容积和过程时间后，所有特性参数可根据定义计算得到。

4.3.3 定容式极小流量寿命试验测试系统

先进高性能红外探测系统需要可靠地评估红外探测器组件的工作寿命，该试验测试系统用于研究高效率真空获得工艺技术与寿命试验检测技术。红外探测器的真空保持时间，是一个重要的寿命指标，只能用加速寿命试验方法，收集获取的截尾失效数据和寿命分布信息，通过统计分析评定寿命，确认杜瓦瓶真空获得工艺符合用户定制真空有用寿命的要求。红外探测器真空寿命测量装置，就是检测真空产生过程中探测器封装杜瓦腔体里的出气率，由测量方程计算出真空寿命值。

高性能先进红外焦平面探测器一般都要工作在低温（77K），杜瓦真空绝热是保证实现低功耗大制冷量低温环境的前提。一般器件封装的成本占 70%～80%。因而杜瓦真空获得的高效率，将决定着器件批量生产的效率和降低制造成本。大面阵探测器（极少数国家现已经研制出了像素超过 10^6 的红外焦平面器件，如 1024×1024 元、2048×2048 元等）具有识别距离更远、图像更清楚、分辨率更高等优点。然而大面阵 HgCdTe 器件势必给器件的封装和真空获得带来困难。例如，以相邻像元中心距为 25μm 计算，1024×1024 元探测器的芯片面积至少是 25. 6mm×25. 6mm，而 2048×2048 元的芯片面积至少为 51. 2mm×51. 2mm。所以对大尺寸焦平面探测器的封装和真空获得，就成了研制高性能大面阵红外器件必须首先解决的关键问题，其重要性不言而喻。另外，杜瓦真空表面积的增大和封装器件尺寸的增大，都将制约和影响红外焦平面探测器的真空寿命，所以，高效率杜瓦真空获得的工艺技术是提高器件生产效率、降低成本和延长真空寿命的有效途径，可以更有利于规模化生产，大大降低制造成本。

一代、二代红外器件杜瓦容积为 5～30mL，排气接口流阻很大，烘烤温度又低（80℃，受限于 HgCdTe 器件），很难做到充分排气，严重制约器件真空寿命的提高，一般真空排气时间需要 15～30 天。法国 SOFRADIR 公司针对 288×4 二代器件的排气时间小于 20 天。国外器件的真空寿命一般都在 10～15 年。在 20 世纪 90 年代美、法等西方国家就已成功研制出了第二代或第三代（像素高达 10^6）红外焦平面热成像系统，并已批量生产装备部队。目前，法国、美国、以色列等国家的红外焦平面探测器技术处于领先水平，主要生产厂家有 Sofradir、Texas Instryments、Rockwell/Boeing 、SATMullard 等，其中法国 Sofradir 公司 20 世纪 80 年代末期开始批量生产。

目前，绝大部分 HgCdTe 焦平面探测器被用于红外军事技术领域，装备武器、车辆、舰船、飞机、卫星等设备设施以完成红外制导、观瞄、侦察等任务，其优异的性能是目前其他同类探测器还无法达到或完全取代的。正是由于 HgCdTe 焦平面探测器的这种特殊应用，使得欧美等发达国家就 HgCdTe 焦平面探测器的制备技术，甚至成品、制备设备等都对中国实行严格的封锁和禁运，因此国内的研究单位完全以自主研究为主。

国内红外器件真空寿命短，有些产品仅有 3 年的寿命要求，好一点的也只有

5 年的真空寿命，国外产品一般都在 10～15 年。法国 SOFRADIR 公司 288×4 二代器件能够通过+70℃、1500h 的高温储存试验，国产一代产品仅有国军标 70℃、72h 高温储存试验的要求。我们与国外的差距很大。真空寿命既取决于真空排气工艺，也取决于吸气剂的吸气量，还受到真空零部件和组装连接等制造工艺质量的限制。因此，实验室模拟动态或静态真空环境，在人工控制条件下进行探测器组件的寿命试验，检测评估杜瓦漏、放气量和热负载，记录失效时间和失效原因。收集失效数据，利用统计方法进行分析，得到红外组件性能指标和可靠性指标的估计。

热像仪 3 年售后服务故障记录里，约有 30%是红外焦平面探测器杜瓦制冷组件不能在规定温度下工作，有近 20%的故障描述为制冷超时。热像仪在南方沿海湿热环境（30～40℃）中使用，SOFRADIR 公司或国产化的红外焦平面探测器杜瓦制冷组件，都有杜瓦真空失效导致降温时间超过规定时间的故障出现。杜瓦真空保持是否符合用户定制 10～20 年长寿命要求，一直是用户和制造商关心的急需解决的计量测试和质量与可靠性瓶颈问题。

红外探测器真空获得与寿命试验测试系统主要由真空获得、寿命试验测试和控制系统组成，共用一套极高真空获得设备和压力测量显示记录处理装置，系统集成辅助真空（热负载）检测装置，能开展排气、放气、热负载变化规律的试验室模拟检测研究，是依据排气工艺、动态或静态真空特性要求进行主要工艺参数检测的非标准设备；能实现探测器组件的真空获得、寿命试验、极小气体流量、残余气体成分和压力检测、热负载测量等功能，可作为真空排气工艺、可靠性研究的技术平台。

装置的主要组成部分框图如图 4-20 所示。真空获得部分包括 2 工位高效率排气平台、烘烤温度控制、吸气剂处理电源、压力和温度采集控制等。系统极限真空 1×10^{-9}Pa，分子泵抽气速率大于 600L/s；烘烤温度（200±5）℃；直流稳压稳流电源 0～35V、0～10A。其中标准设备包括标准真空元件和阀门、真空测量、分子泵、离子泵、无油干泵、直流电源、温度控制器等。寿命试验测试部分借鉴静态膨胀真空标准装置及微（极小）流量计，集成四极质谱仪和恒温控制技术，实现加速寿命试验、残余气体分析、放气量失效分析、压力与热负载分析。寿命试验测试部分包括 2 工位检测接口、微（极小）流量计、温度控制单元、压力检测、四极质谱仪、数据采集分析单元等。测量室真空 1×10^{-5}Pa，测量下线 1×10^{-12}Pa · L/s。其中标准设备包括标准真空元件和阀门、真空（压力）测量、四极质谱仪、电子天平、质量流量计、温度控制器、工控计算机等，定容室、标准容积、小孔板、寿命试验环境模拟装置、数据处理、检测程序、工艺控制等为非标准部分。

定容式气体极小流量计工作原理图如图 4-20 所示。定容式流量计由定容室、

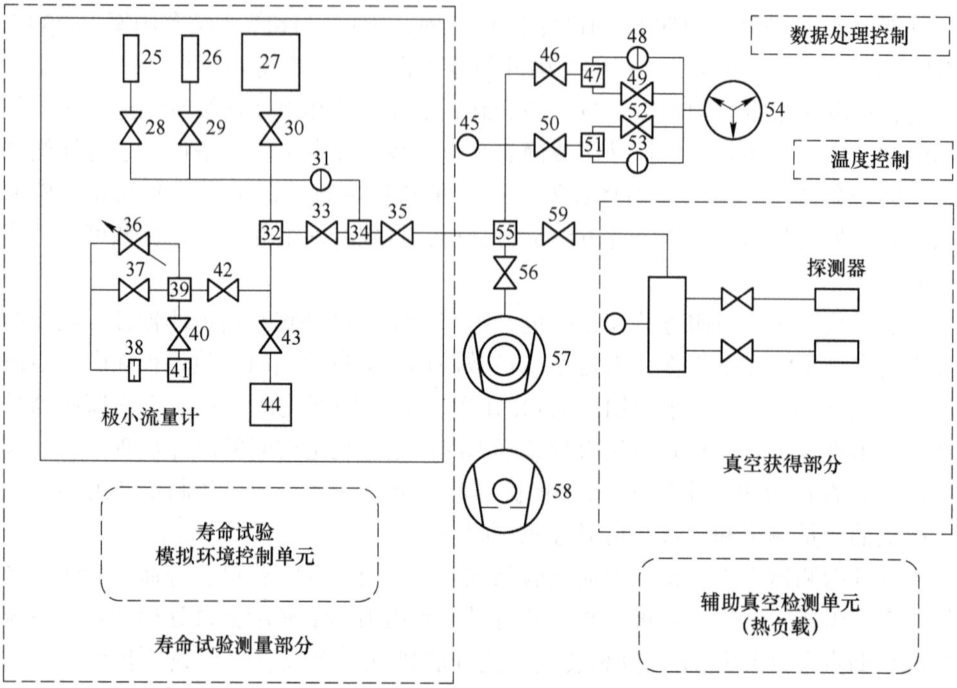

图 4-20 工作原理及组成框图

25，26—探测器；28~30，33，35，37，40，42，43，46，49，50，52，59—截止阀；
56—角阀；45—磁悬浮转子规；54—溅射离子泵；57—分子泵；58—机械泵；
27，32，34，39，41，47，51，55—定容室各体积；31，48，53—电容薄膜规；36—针阀；
38—流导小孔；44—标准体积

恒温箱、阀门、电容薄膜规、抽气机组和供气系统等组成，用于产生和测量待测流量。定容室与配气系统相连接，可在定容室中充入所要求压力的气体，向外提供标准流量。探测器组件放气量的测量采用定容法。在温度不变的理想条件下，探测器组件中气体引入定容室中，将引起定容室中的压力变化，保持定容室的容积不变，通过测量一定时间内定容室中的压力变化值，由式（4-45）计算流入定容室的流量：

$$Q = V\frac{p_2 - p_1}{t_2 - t_1} \tag{4-45}$$

式中 Q——气体流量，Pa·m³/s；

V——定容室的体积（探测器组件的内部容积及流量计的工作容积之和），m³；

p_1——t_1时刻定容室中的压力值，Pa；

p_2——t_2时刻定容室中的压力值，Pa；

t_1——测量开始时刻，s；

t_2——测量结束时刻，s。

4.4 验证封装红外探测器杜瓦绝热功能的检测装置

4.4.1 概述

热像仪的工作准备时间（或启动时间）是指从开启热像仪到显示正常图像所需的时间，大多数制冷型红外探测器的降温时间决定了用户可接收工作准备时间，通常小于10min。设计人员由特定应用和制冷量确定工作温度范围、制冷方式和制冷功率，优化红外焦平面探测器杜瓦制冷机组件的制冷接口，使得高真空绝热效率与真空完好性都能满足用户要求的降温时间和真空有用寿命。然而，用户定制要求的热像仪工作准备时间如何分解为组件的制冷接口指标，工程上怎么实现测量检验和量值溯源，设计理论数学模型计算值与实物产品检验实测值符合的程度怎样？

杜瓦的结构形式与所封装的红外探测器芯片、配接的制冷方式、系统整机接口等紧密相关，是制冷型红外探测器不可缺少的重要组成部分，为探测器芯片提供制冷工作环境和光机电接口。表征组件杜瓦腔体绝热能力的真空度和真空维持时间，并不能一一直接检测得到。逆向或正向设计都要搞清楚组件用户可接收的降温时间与热负载或真空度及真空有用寿命的关系。

真空度是通过热平衡状态下检测单位时间内经过杜瓦传导、对流和辐射传热导入内管积存液氮的总热流，运用相变在相同温度和压力下两相间的比焓差计算其热负载（总热流），这样检测到的热负载不包括组件处于工作状态的焦耳热、目标和背景辐射热，由杜瓦的表观热导间接定性知晓真空度好坏。

杜瓦真空度长时间维持在设计允许最低真空度的耐久性能力，用终止真空抽气永久性的冷压封接时刻到真空失效经历的时间度量，由真空获得工艺质量特性决定。真空维持时间（即真空寿命）是依据真空失效机理，运用可靠性工程的加速寿命试验方法，收集获取的截尾失效数据和寿命分布信息，进行统计分析评定寿命，确认杜瓦获得真空工艺符合用户定制真空有用寿命的要求。

无论是正向或逆向设计封装红外探测器杜瓦，它的绝热功能及特性参数指标都需要验证检测。可以采用顾客定制热像仪的工作准备时间，红外整机设计人员选择制冷方式和制冷功率，分配确定红外探测器杜瓦制冷机组件的降温时间。热负载是表征杜瓦绝热能力的综合指标，它的大小直接影响杜瓦所损耗制冷机功率的数量，精确检测热负载有利于合理分配杜瓦和制冷机的接口技术指标。运用稀薄气体物理和真空技术原理，建立检测装置、检测程序和绝热特性参数的数学模型，提供检测绝热特性关键参数真空度、热负载和降温时间等的方法和途径，在研究开发过程中能有效指导优化杜瓦绝热设计和制定恰当制冷接口技术指标，解决正向或逆向设计红外探测器杜瓦组件绝热功能的综合性验证检测问题。既能够验证绝热设计的符合性，分配制定可检测参数指标；又有利于优化真空获得工艺，避免过度抽气消耗时间和资源，提高生产效率和降低生产成本；在生产阶段，能够有效控制红外探测器的降温时间、热负载和寿命等指标的一致性，保证产品质量和可靠性，对于减小斯特林循环制冷机的尺寸、重量和功耗，推动红外探测器封装技术、真空获得技术和可靠性技术的发展都有重要意义。

4.4.2 制冷接口检测状态及参数指标

4.4.2.1 组件状态分类

对于由目标、环境、热像仪、红外焦平面探测器杜瓦组件构成的热系统，当制冷机工作产生冷源，破坏原有稳定温度场时，这个热系统就存在宏观的热流，流向温度减小的方向。被测组件装配程度和所处状态的绝热特性指标，以及检测的难易程度并不相同（表 4-5）。组件状态符合用户检测降温时间的要求，分别检测组件在常温环境温度+23℃或高温环境温度+55℃（+70℃）的降温时间，最大降温时间对应高温工作状态。例如某热像仪状态 01 实测常温+23℃降温时间 4min，状态 02 实测高温+55℃降温时间 8min；而指标要求常温+23℃降温时间小于等于 6min，高温+55℃降温时间小于等于 10min。120 个某红外焦平面探测器杜瓦制冷机组件状态 31 实测常温+23℃降温时间最小 4.32min、最大 5.85min、中值 5min、平均值 4.95min、标准偏差 15.63，指标要求常温+23℃降温时间小于于等于 6min。

表 4-5 红外探测器杜瓦组件绝热特性参数检测状态及指标

被测对象	检测条件							检测指标			
	冷源	制冷量	FPA	会聚光学	状态		环境温度/℃	可测性	气体压力 P/Pa	降温时间 t/s	热负载 Q/mW
红外焦平面探测器杜瓦组件	液氮	未知	工作	有	1	1	+23	难+	P_{11}	—	Q_{11}
						2	+55	难++	P_{12}	—	Q_{12}
			工作	无	2	1	+23	难	P_{21}	—	Q_{21}
						2	+55	难+	P_{22}	—	Q_{22}
			非工作	无	3	1	+23	易	P_{31}	—	Q_{31}
						2	+55	难	P_{32}	—	Q_{32}

续表 4-5

被测对象	检测条件							检测指标			
	冷源	制冷量	FPA	会聚光学	状态		环境温度/℃	可测性	气体压力 P/Pa	降温时间 t/s	热负载 Q/mW
红外焦平面探测器杜瓦制冷机组件	制冷机	Q(mW),在 80K 时	非工作	无	3	1	+23	易	P_{31}	t_{31}	—
						2	+55	易	P_{32}	t_{32}	—
			工作	无	2	1	+23	难	P_{21}	t_{21}	—
						2	+55	难+	P_{22}	t_{22}	—
			工作	有	1	1	+23	难+	P_{11}	t_{11}	—
						2	+55	难++	P_{12}	t_{12}	—
启动热像仪组件工作	制冷机	$Q\pm\Delta Q$(mW),在($80\pm\Delta T$)K 时	工作	有	0	1	+23	易	P_{01}	$t_{01}\pm\Delta t_{01}$	—
						2	+55	易	P_{02}	$t_{02}\pm\Delta t_{02}$	—

4.4.2.2 真空度与热负载

如何得到制冷型红外焦平面杜瓦组件在工作状态下的热负载实测值，准确客观反映常温环境+23℃或高温环境+55℃、+70℃的热负载？红外焦平面探测器阵列不工作由杜瓦结构、真空特性决定的热负载，红外焦平面探测器阵列工作产生焦耳热的热负载，有会聚光学系统聚焦辐射热流情况下的热负载。红外焦平面探测器阵列在规定 80K 工作温度下，无会聚光学系统处于环境温度 23℃或 55℃时，其固有热负载取决于设计、结构、材料、制造等，有传导、对流、辐射热传导。最直接实用的指标是制冷型红外焦平面杜瓦组件配置会聚光学系统处于环境温度+23℃或+55℃，红外焦平面探测器阵列工作在规定 80K 温度下的降温时间与杜瓦真空腔体的气体压力。

静态热负载小于动态热负载几十毫瓦或上百毫瓦，用静态热负载增加百分比判断杜瓦真空失效，忽略了作用于冷指上探测器处于工作状态产生的焦耳热，透过窗口汇聚到探测器上的目标和背景辐射热流，以及高温+55℃（+70℃）环境温度的影响，即使静态热负载增加百分比达到50%，通常也没有真空失效。

红外焦平面探测器杜瓦组件真空失效最直接有效的鉴别方法，就是在光电探测系统启动运行时，检测组件在工作状态下的降温时间是否符合用户要求。工作在环境温度+55℃（+70℃）时，杜瓦具有最大动态热负载，通常高温比常温时高出 60mW。

红外焦平面探测器杜瓦组件的质量特性与杜瓦真空腔体的气体压力有关，杜瓦终止真空抽气永久性冷压封接时刻的真空度会随时间缓慢降低，引起光电性能和热性能的下降。杜瓦终止真空抽气永久性封接以后，并不能容易地检测到真空腔体的气体压力，其真空度高低难以直接检测。

4.4.2.3　降温时间

红外焦平面探测器杜瓦制冷机组件的降温时间是指制冷机在正常工作条件下启动，制冷温度从环境温度降至规定工作温度所需的时间，单位为 min、s。

红外焦平面探测器杜瓦组件在工作状态下的热环境以及杜瓦绝热特性存在差异，针对特定研究对象都有专属的降温曲线。降温曲线蕴涵复杂的结构、材料热特性（热扩散系数、热导率、比定压热容、发射率等），可以建立导热物理过程的偏微分方程，以时间和空间坐标的函数描述热系统中的温度场，由此关联到固体、稀薄气体、辐射传热。对于特定研究对象固体、辐射传热由设计制造和环境因素决定，稀薄气体传热与充满变数的真空度有关。在热像仪的使用环境状态，杜瓦真空度变化将得到不同形状的降温曲线。影响降温时间的零部件主要有冷屏、键合引线、装载基板以及接触界面粘接剂等，这些零部件的热物性、形状、尺寸都与传热有关。如表面粗糙度、热导率、比定压热容、发射率、密度、结构形状、几何尺寸等。

4.4.3　验证检测绝热特性参数

4.4.3.1　测试装置

图 4-21 所示为测量装置系统图。检测装置由产生、测量真空和热负载测量等部分组成。产生真空的超高真空抽气机组由粗真空泵 1、高真空泵 2、手动插板阀 3、真空法兰 4、手动微调针阀 5、手动截止阀 6、真空管道等组成。被测工件 10、产生恒定温度环境的恒温器 11 构成验证检测对象。测量真空由 BA 热阴极电离规管 7 与真空计、微小流量与压力传感器 8、标准容器 9、计算机 18、测量与控制软件等组成。其他组成部分包括精密恒流源 12、质量流量计 13、电压表 14、稳压稳流电源 15、温度计 16、可编程逻辑控制器 17 等。

微型金属杜瓦绝热特性参数检测装置具有如下多种功能：

（1）抽出杜瓦腔体里气体产生真空的抽气功能。

（2）调节控制杜瓦腔体里气体压力的设定功能。

（3）直接检测杜瓦内管积存液氮蒸发汽化溢出氮气的质量流量检测功能（可溯源）。

（4）冷端装载基板上电阻负载产生已知焦耳热的电压、电流检测功能（可溯源）。

（5）2N2222 温度传感器输出电压检测功能（可溯源）。

（6）时间检测计时器功能（可溯源）。

（7）杜瓦腔体容积检测功能（可溯源）。

（8）恒温器温度控制与检测功能（可溯源）。

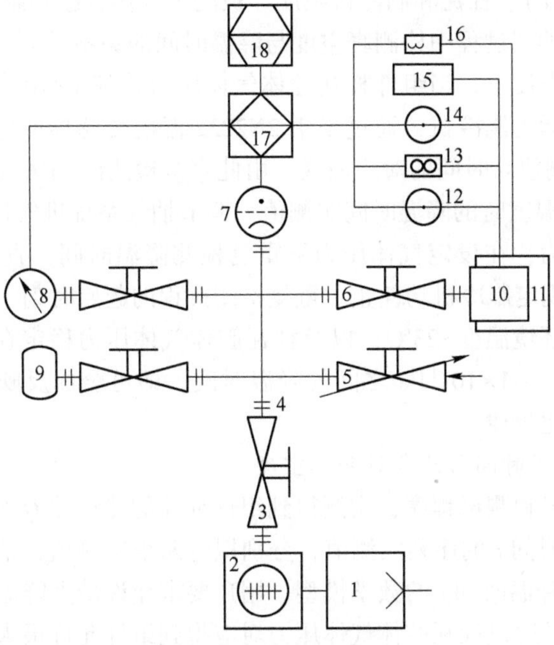

图 4-21 测量装置系统图

(9) 检测组件出气速率及预测有用寿命功能。

4.4.3.2 测试方法

A 红外焦平面探测器杜瓦组件

红外焦平面探测器杜瓦组件由红外焦平面探测器芯片（红外探测器芯片、读出电路芯片）和杜瓦组成。被测工件真空抽气过程中在杜瓦内管（集成式冷指）灌注液氮，利用汽化潜热检测热负载。用贴片电阻或焦平面阵列（FPA）工作产生焦耳热。

在规定环境温度下，当组件杜瓦腔体气体压力达到 1×10^{-5} Pa 时，将液氮加注到杜瓦内管里，液氮液面符合规定积存量，安装检测质量流量计。通过采集液氮汽化过程的质量流量与时间的对应曲线，按检测数学模型间接检测得到热负载实测值。调节抽气系统进气口针阀，逐渐增大杜瓦腔体气体压力，在设定气休压力下重复检测热负载，直至气体压力增大缓慢而热负载实测值急剧增大止。重复检测过程的起始时刻，必须保证 FPA 的温度恢复到常温环境温度+23℃，以及杜瓦腔体气体压力稳定在设定值。通常检测气体压力 $1\times10^{-5}\sim1\times10^{-1}$ Pa 之间的热负载，即可全面反映组件的热负载与气体压力的变化规律。

B 红外焦平面探测器杜瓦制冷机组件

红外焦平面探测器杜瓦制冷机组件由红外焦平面探测器芯片（红外探测器芯

片、读出电路芯片)、杜瓦和制冷机组成。被测工件耦合已知制冷量 Q @ 80K 的制冷机，在真空抽气过程中检测真空度与降温时间的关系。

在规定环境温度下，当组件杜瓦腔体气体压力达到 1×10^{-5} Pa 时，接通制冷机电源开关启动运行制冷机，通过采集 2N2222 温度传感器的电压输出信号，得到 PN 结电压实测值与时间的对应曲线，由此直接检测出 FPA 温度从环境温度达到规定 80K 工作温度时的降温时间实测值。调节抽气系统进气口针阀，逐渐增加杜瓦腔体气体压力，在设定气体压力下重复检测降温时间，直至偏离 FPA 规定 80K 工作温度和规定制冷机功耗止。重复检测过程的起始时刻，必须保证 FPA 的温度恢复到常温环境温度+23℃，以及杜瓦腔体气体压力稳定在设定值。通常检测气体压力 $1\times10^{-5}\sim1\times10^{-1}$ Pa 之间的降温时间，即可全面反映组件的降温时间与气体压力的变化规律。

4.4.3.3　降温时间与热负载和真空度

通过检测装置和测试程序，实测得到组件杜瓦的热负载 Q 与气体压力 P、气体压力 P 与降温时间 t 的序列实测值，分别拟合两组实测值，消去气体压力即可求得热负载 Q 与降温时间 t 的数学模型。用户要求允许最大降温时间对应得到杜瓦腔体气体压力，通过杜瓦腔体气体压力对应得到组件允许最大热负载。由此得到组件真空失效对应的允许最大气体压力和热负载。

焦耳热激励流量法检测热负载，运用附加的焦耳热 Q_{ji} 激励产生对应的质量流量 F_i。进行几组检测得到对应的(Q_{ji}，F_i)。例如：(Q_{j1}，F_1)，(Q_{j2}，F_2)，…，(Q_{jn}，F_n)。Q_j 由 $P = I^2R = V^2/R\ V$ 给出，实际上通过检测电流 I 或电压 V，计算出 Q_j。F_i 直接检测，由流量计给出。直接检检测：I、V、F；间接检检测 Q_g、Q_j。根据(Q_{j1}，F_1)，(Q_{j2}，F_2)，…，(Q_{jn}，F_n) 绘制数据处理直(曲)线。反推得到 Q_g、F_g。这里假定 Q_{ji} 的线性变化，一定存在 F_i、F_{ji} 的线性变化。

利用附加的 Q_{ji}激励产生对应的 F_i。进行几组测量得到对应的（Q_{ji}，F_i）。例如：（Q_{j1}，F_1）；（Q_{j2}，F_2）；…；（Q_{jn}，F_n）。

拉格朗日插值法：

(1) 两点一次插值（线性插值）。

$$L_1(x) = \frac{x - x_1}{x_0 - x_1}y_0 + \frac{x - x_0}{x_1 - x_0}y_1$$

(2) 三点二次插值（抛物线插值）。

$$L_2(x) = \frac{(x - x_1)(x - x_2)}{(x_0 - x_1)(x_0 - x_2)}y_0 + \frac{(x - x_0)(x - x_2)}{(x_1 - x_0)(x_1 - x_2)}y_1 + \frac{(x - x_0)(x - x_1)}{(x_2 - x_0)(x_2 - x_1)}y_2$$

利用拉格朗日插值公式和相似理论推导焦耳热激励流量法检测热负载的测量方程：

$$F_g + F_j = \frac{(Q_g + Q_j) - (Q_g + Q_{j2})}{(Q_g + Q_{j1}) - (Q_g + Q_{j2})}F_1 + \frac{(Q_g + Q_j) - (Q_g + Q_{j1})}{(Q_g + Q_{j2}) - (Q_g + Q_{j1})}F_2$$

令 $Q_j = 0$，$F_j = 0$。则：

$$F_g = \frac{Q_{j2}F_1 - Q_{j1}F_2}{Q_{j2} - Q_{j1}} \tag{4-46}$$

$$Q_g = \frac{Q_{j2}F_1 - Q_{j1}F_2}{F_1 - F_2} \tag{4-47}$$

推导过程：

$$\frac{F_g}{F_1} = \frac{F_g}{F_g + F_{j1}} = \frac{Q_g}{Q_g + Q_{j1}},\ \frac{F_g}{F_2} = \frac{F_g}{F_g + F_{j2}} = \frac{Q_g}{Q_g + Q_{j2}},\ F_g Q_g + F_g Q_{j1} = F_1 Q_g$$

$$Q_g = \frac{F_g Q_{j1}}{F_1 - F_g} = \frac{Q_{j1}}{\frac{F_1}{F_g} - 1} = \frac{Q_{j1}}{\frac{F_1}{\frac{Q_{j2}F_1 - Q_{j1}F_2}{Q_{j2} - Q_{j1}}} - 1} = \frac{Q_{j1}}{\frac{Q_{j1}F_1 - Q_{j1}F_2}{Q_{j2}F_1 - Q_{j1}F_2}} = \frac{Q_{j2}F_1 - Q_{j1}F_2}{F_1 - F_2}$$

其中，直接测量量为 I、V、F；间接测量量为 Q_g、Q_j。表 4-6 中给出观测数据按测量方程计算验证实例，Q_i 存在数据修约误差。

表 4-6 焦耳热激励流量法检测热负载数据处理实例

测量 Q_g	i	1	2	1	2	1	2	1	2
28.7	F_i/mL · min^{-1}	30.6	32.5	34.5	36.4	38.3	47.9	57.5	67.1
150	Q_i/mW	160	170	180	190	200	250	300	350
0	Q_{ji}/mW	10	20	30	40	50	100	150	200
	计算 Q_g/mW	151		152		149		149	
19.2	F_i/mL · min^{-1}	21.1	23.0	25.0	26.9	28.8	38.4	48.0	57.6
100	Q_i/mW	110	120	130	140	150	200	250	300
0	Q_{ji}/mW	10	20	30	40	50	100	150	200
	计算 Q_g/mW	100		100		100		100	
57.6	F_i/mL · min^{-1}	59.5	61.4	63.4	65.3	67.2	76.8	86.4	96.0
300	Q_i/mW	310	320	330	340	350	400	450	500
0	Q_{ji}/mW	10	20	30	40	50	100	150	200
	计算 Q_g/mW	300		300		300		300	

4.4.4 结论

杜瓦绝热特性参数的检测装置、检测程序和数学模型，提供了检测绝热特性关键参数真空，能够有效检测出真空度、热负载和降温时间等表征杜瓦绝热特性参数的技术指标，不仅验证绝热设计的符合性，也是优化设计和制定恰当制冷接口技术指标的试验手段，还可以用来指导探索获得真空长寿命的工艺方法和途径，能间接预计推断真空有用寿命。

在研究开发过程中能有效地指导杜瓦绝热设计与制造。它既能够验证绝热设计的符合性，分配制定可检测参数指标；又有利于优化真空获得工艺，避免过度抽气消耗时间和资源，提高生产效率和降低生产成本；也能够有效地控制真空获得工艺质量参数，提高红外探测器杜瓦组件的高真空绝热能力和可靠性。

参 考 文 献

[1] 张国刚. 红外探测器用微型制冷机工程化研究 [J]. 激光与红外，2006，36（增刊）：811-813.

[2] 陈国邦. 低温容器标准蒸发率的计算 [J]. 制冷学报，1980（4）：19-30.

[3] 李娟，汪荣顺. 小型高真空多层绝热杜瓦日蒸发率性能研究 [J]. 低温与超导，2006，34（6）：404-407.

[4] 胡连方. 气压对低温容器内液体蒸发率的影响 [J]. 低温工程，1984（2）.

[5] 李建林. 结霜（露）对微型金属杜瓦瓶热负载测量质量的影响 [J]. 红外技术，2007，29（12）：724-729.

[6] 朱魁章，乐子玲，孙鹏红，等. 红外微型金属杜瓦的真空寿命研究 [J]. 低温与超导，1989，26（4）：11-15.

[7] 张亚妮，朱三根，龚海梅. 微型金属杜瓦组件加速寿命试验的研究 [J]. 红外，2008，29（3）：11-15.

[8] 陈国邦，张鹏. 低温绝热与传热技术 [M]. 北京：科学出版社，2004：200.

[9] 陈光明，陈国邦，沈永年，等. 制冷与低温原理 [M]. 北京：机械工业出版社，2000：72，80，249.

[10] 徐烈，方荣生，马庆芳，等. 低温容器——设计、制造与使用 [M]. 北京：机械工业出版社，1987：4，6，423.

[11] 达道安，李旺奎，肖祥正，等. 真空设计手册 [M]. 北京：国防工业出版社，1991：1200.

[12] 裴春生，厉彦忠，石泳，等. 工质热物理性质的计算方法及程序设计 [J]. 低温与超导，2000，28（3）：67.

[13] 龙杰勋，刘凯全，卢德明，等. GJB 8674—2015　热像仪用多元金属杜瓦瓶通用规范 [S]. 北京：总装备部军校出版发行部，2016.

[14] 柳汉莹，朱魁章，纪斌，等. SJ 20784—2000 微型杜瓦总规范 [S]. 北京：中国电子技术标准化研究所，2001.

[15] 喻松林，赵玲，张剑薇，等. SJ 20831—2002　4N 红外焦平面探测器杜瓦组件参数测试方法 [S]. 北京：中国电子技术标准化研究所，2003.

[16] 柳汉莹，朱魁章，纪斌，等．GJB 7398—2011 微型杜瓦通用规范［S］. 北京：总装备部军标出版发行部，2012.

[17] 屈金祥，陆燕．小型低温真空光学实验装置设计［J］. 红外与激光工程，2006，35（4）：464.

[18] 蔡毅，胡旭．红外成像寻的用红外探测器现状和发展趋势［J］. 红外与激光工程，2006，35（1）：7-11.

[19] 陈国邦，张鹏．低温绝热与传热技术［M］. 北京：科学出版社，2004：199，20.

[20]《数学手册》编写组．数学手册［M］. 北京：高等教育出版社，1979：222，885.

[21] 达道安，李旺奎，肖祥正，等．真空设计手册［M］. 北京：国防工业出版，1991：26.

[22] 日本真空技术株式会社．真空手册［M］. 北京：原子能出版社，1986：212.

[23] 叶德培．测量不确定度［M］. 北京：国防工业出版社，1996：18，24，49，80.

[24] 杨世元，李成，张学增，等．测量设备的质量保证［M］. 北京：国防工业出版社，1997：214.

[25] 中国兵器工业质量协会．实用统计技术方法 36 种［M］. 北京：兵器工业出版社，2003：45，49.

[26] 国家质量技术监督局计量司．测量不确定度评定与表示指南［M］. 北京：中国计量出版社，2005.

[27] 倪育才．测量不确定度理解与应用［M］. 北京：中国计量，2004：1-5.

[28] 杨照金，等．夜视测试与计量技术概论［M］. 北京：国防工业出版社，2019：189-196.

[29] 陈奕钦．测量不确定度“'93 国际指南”应用实例［M］. 北京：中国计量出版社，1998.

[30] 国家质量技术监督局计量司组．测量不确定度评定与表示指南［M］. 北京：中国计量出版社，2005.

[31] 李东升，郭天太．量值传递与溯源［M］. 杭州：浙江大学出版社，2009.

[32] 李建林，朱颖峰，赵鹏，等．一种在线检测红外焦平面探测器杜瓦瓶寿命的装置及方法：ZL2019 1 413702. 5［P］. 2021. 05. 17.

[33] 李建林，徐世春，陈正超，等．一种杜瓦组件绝热特性综合测量装置：ZL2017 2 310861. 5［P］. 2018. 04. 27.

[34] 李建林，周效军．利用流量法测量微型金属杜瓦瓶热负载及其计算方法［J］. 红外与激光工程，2011，40（1）：143-148.

[35] Alexander V A，Baruch S A，Avi T, et al. Multi-slope warm-up calorimetry of Integrated Dewar-Detector Assemblies［C］. SPIE Vol. 9451 945122-1-10.

5 微型金属杜瓦的高可靠长寿命预计与测试技术

5.1 可靠性概述

可靠性是产品在规定的条件下规定的时间内完成规定功能的能力，简称为“三个规定”一个能力。影响产品可靠性的因素包括功能、条件和时间，对能力的数学度量就是可靠度。“规定条件”包括使用时的环境条件和工作条件（如温度、湿度、振动、冲击、辐射等环境条件），使用时的应力条件、维护方法、储存时的储存条件，使用时对操作人员的技术等级要求等。在不同的规定条件下产品的可靠性是不同的，要讨论产品的可靠性必须指明规定的条件是什么。“规定时间”是指产品规定的工作时间。随着产品工作时间的增加，产品出现故障的可能性增加，产品的可靠性是随着工作时间下降的。因此，谈论产品的可靠性离不开规定的工作时间。这里的规定时间单位是广义的，不仅是日历时间的时、分、秒，也可以是工作次数、循环次数、行驶里程等。“规定功能”是指产品规定的必须具备的功能及其性能指标。所要求的功能多少及其性能指标的高低，直接影响产品可靠性的高低。因此，在分析评价产品的可靠性时，必须首先明确要求产品完成的规定功能是什么，只有规定了清晰的功能，才能给出清晰的产品可靠或不可靠的判断。

可靠性与时间密不可分，可以通过研究可靠性的数学特性来掌握红外焦平面探测器制冷组件在不同寿命周期的失效规律。可靠性的衡量指标有很多种类，主要包括可靠度、产品失效概率、失效概率密度函数、失效率函数、平均寿命和可靠寿命等。可靠性基本数学模型，主要有以下几种：

（1）可靠度 $R(t)$ 和失效分布函数 $F(t)$。可靠度 $R(t)$ 是时间的函数，是指产品在规定条件和规定时间 t 内完成规定功能的概率，记作 $R(t)$，$R(t) = P\{T > t\}\ (0 < t < \infty)$。其中，$t$ 为失效时间，T 为产品的寿命。未到 t 之前在规定的工作环境内产品的失效概率记作 $F(t)$，失效分布函数 $F(t) = P\{T \leqslant t\} = 1 - R(t)$ $(0 < t < \infty)$，为产品在规定时间 $0 \sim t$ 内的失效概率。

（2）失效密度 $f(t)$ 为产品在 t 时刻的单位时间内发生失效的概率，也即在 $0 \sim \infty$ 的时间内产品可能失效的概率，可作为 $F(t)$ 的密度函数，记作 $f(t)$，$f(t) = \mathrm{d}F(t)/\mathrm{d}t = F'(t)$。

(3) 失效率 $\lambda(t)$。是产品可靠性的重要指标，定义为已工作到 t 时刻的产品，在时刻 t 后的单位时间内发生失效的概率，称为该产品的失效率函数，简称失效率，$\lambda(t)=f(t)/F(t)$。

(4) 平均寿命。表示一个产品平均能工作多长时间的量，对于不可修复的产品，平均寿命就是平均寿终时间，记为 MTTF (mean time to failure)；对于可修复的产品，平均寿命就是平均无故障工作时间，记为 MTBF (mean time between failure)；可以用指数分布来描述平均寿命 θ：

$$\theta = \int_0^{\infty} R(t)\,\mathrm{d}t = \int_0^{\infty} \mathrm{e}^{-\lambda t}\,\mathrm{d}t = 1/\lambda \tag{5-1}$$

(5) 可靠寿命 $R(t_r)$。它与一般理解的寿命有不同含义，概念也不同。假设产品的可靠度为 $R(t)$，使可靠度等于给定值 r 的时间 T_r 被称为可靠寿命：

$$T_r = -(1/\lambda)\ln r \tag{5-2}$$

指数分布、威布尔分布和正态分布是三种常见的失效分布函数类型，在具体的产品失效分布函数未知的情况下，可根据相关失效分布函数类型，由参数估计推导出上述一些可靠性特征量的估计值。

红外焦平面探测器制冷组件作为红外系统实现光电转换的核心元件，红外探测器的灵敏度和可靠性基本决定了红外光电探测系统的最佳性能。其灵敏度控制着系统的探测能力，可靠性则决定着系统工作的平均寿命和失效率等应用中的问题。因此，提高红外探测器的可靠性对于发展红外光电探测系统来说具有不可估量的重要价值。碲镉汞红外焦平面探测器的发展和应用进一步推动了可靠性研究的深入，由于探测器结构复杂价格昂贵并且数量较少，其可靠性研究尤其是可靠性评价方面存在较大的难度。

热成像技术在先进武器装备中扮演越来越重要的角色，在搜索、跟踪、观察、瞄准等领域得到广泛应用。先进武器系统都选用红外焦平面阵列，红外焦平面阵列是二代热成像系统的关键组件，用于封装红外焦平面阵列的微型金属杜瓦的可靠性制约着红外焦平面探测器在武器系统中的应用。开展微型金属杜瓦可靠性模型、可靠性指标分配、可靠性设计和可靠性增长研究，通过可靠性试验暴露几种主要失效模式，进行失效分析和失效机理研究，指导制造工艺控制工艺缺陷和改进设计，可以对微型金属杜瓦可靠性水平的提高提出建设性的意见，为提高微型金属杜瓦的平均无故障工作时间（MTBF）积累技术经验。红外焦平面探测器封装微型金属杜瓦可靠性工程技术研究内容包括以下几项：

(1) 可靠性分析与设计。根据焦平面探测器组件研究现状制定可靠性工作计划，建立设计分析平台，开展设计方法研究，开展探测器及工艺可靠性分析与设计，完善可靠性模型，进行可靠性分配与预计。

(2) 可靠性试验。试验方法及装置研究；按可靠性试验大纲开展可靠性试验及可靠性增长试验（RGT），试验内容包括高低温存储、温度循环、冲击、振动、电老化等。

(3) 可靠性故障（失效）模式及影响分析。开展探测器、读出电路、焦平面探测器芯片、测温二极管等元部件的故障（失效）模式及影响的研究分析，探测器各种特性及性能测试评价技术研究，数据处理与数据库完善。

(4) 探测器组件可靠性增长。探测器组件可靠性增长技术研究，可靠性增长设计，可靠性增长试验，工艺可靠性及改进研究。

现阶段研究的关键技术主要有以下几个方面：

(1) 红外焦平面探测器组件的可靠性设计。对红外焦平面探测器的电学、热学力学等特性进行有限元分析（FEA），从结构、工艺等方面开展红外焦平面探测器的可靠性设计，完善可靠性模型。

(2) 失效模式及影响分析。通过温度循环（室温—工作温度）和高温储存等试验，以及特性测量评价，重点考察红外焦平面探测器组件的热学/力学特性、电学特性的失效模式和影响，发现和寻找红外焦平面探测器组件在设计及研制过程中的薄弱环节及缺陷。

(3) 可靠性增长。通过失效模式分析，针对暴露的问题制定工艺改进措施，并通过工艺研究加以实现，循环开展可靠性增长设计和可靠性增长试验，不断提高红外焦平面探测器组件的可靠性，为可靠性数据库积累丰富、翔实的试验数据，最终达到实现红外焦平面探测器组件可靠性增长的目的。

这些研究成果可以应用于各种红外焦平面探测器组件，有效提高在研红外焦平面探测器产品的可靠性，为红外焦平面探测器的设计、研制及工程化生产积累技术经验和数据，并为红外焦平面探测器组件的可靠性增长提供有益的参考；可以大幅提升红外焦平面探测器组件可靠性研究的技术水平，加快红外焦平面探测器研制成果向工程化生产的转化，最终实现为各型用热像仪提供高性能、高可靠性维修性、低成本的红外焦平面探测器组件的目的，这对于前视红外、红外搜索跟踪、制导、战场观瞄、火控等多种军用装备的发展具有重要意义。

红外焦平面探测器制冷组件是高性能红外系统的核心部件，在航天、工业、环境和医学等领域都发挥着重要的作用。随着红外焦平面组件工程应用的迅速发展，其可靠性受到越来越多的关注。一方面，组件顾客要求得到高可靠性的产品；另一方面，研制机构希望通过试验数据向顾客说明产品的可靠性水平，并在研制过程中提高产品的可靠性。然而，由于红外焦平面组件技术密集度高、结构复杂且价格高、数量少，其可靠性研究对技术和资金都有很高的要求。

美国、法国等国家在红外焦平面组件技术方面处于领先地位，其在红外焦平面组件可靠性研究方面的投入和可靠性水平也处于领先。其已有的研究和做法可以为国产红外焦平面组件可靠性研究提供参考和借鉴。在国外，从 20 世纪 80 年代起，西方国家对红外焦平面探测器的发展给予了极大重视，投入了巨额资金和大量的人力、物力，二代红外焦平面探测器技术已相当成熟。以法国 Sofradir 公司为例，288×4 焦平面组件累计销售达 1 万支以上，其可靠性和工程化程度均已达到相当高的水平。红外焦平面探测器组件的 MTBF 一般可达数千小时，可以经受 71℃1500h 和-54℃ 6 个月的长时间高低温储存。尽管有关红外焦平面探测器可靠性研究的具体报道非常少见，但可以肯定他们投入很大精力开展了可靠性基础研究工作，积累了大量的数据和经验，制定出了一些方法和规范，较好地掌握了红外焦平面探测器的可靠性技术，其产品具有较好的可靠性和环境适应性。此外，红外焦平面探测器稳定生产所具有的高成品率和低成本，以及大批量、长时间的装备使用也可以说明其产品可靠性水平的高低。随着红外焦平面探测器组件向更大规模、更高性能、智能化方面发展，由于红外焦平面探测器更加复杂，所以对组件的可靠性、可维修性及寿命提出了更高的要求。

目前，新一代国产红外焦平面组件产品正处于验收考核和任务应用前的验证阶段，其可靠性指标需要适合的评价考核方法来验收。在任务应用前，需要有适合的验证方法来证明红外焦平面组件能满足任务要求。而事实上，目前国内外都没有成熟的可靠性考核方法，需要开展相关研究，根据实际情况来建立科学、适用的可靠性评价方法。我国红外焦平面探测器可靠性技术水平与国外的差距主要体现在：总体可靠性水平技术很低，可靠性工作不是起始于设计，而是开展于项目研制的中、后期；可靠性基础研究薄弱，缺乏研究技术和手段，缺少可靠性试验研究、数据和模型；尚未形成规范的方法，以及全面、系统的可靠性技术研究局面，对研究工作的指导作用小；工艺研究和工艺改进与可靠性研究之间的联系不够密切，探测器工艺可靠性低，给探测器的可靠性和环境适应性造成不利影响。

5.2 故障物理分析

故障物理模型是在对引起产品故障发生的物理、化学、生物等过程进行深入研究的基础上，建立描述故障时间或性能参数与引起故障的要素之间定量关系的确定性模型。故障物理模型一般分为两类：一类是性能退化模型（可称之为 P 模型），即产品性能随时间和引起退化的各要素之间关系的数学方程，模型指明了性能退化的因果关系，因此改变模型中的参数即可改变性能退化的轨迹，给定性能阈值即可获得产品故障时间；另一类是故障时间模型（可称之为 T 模型），即产品故障时间与引起故障的各要素之间关系的数学方程，模型指明了产品故障时间的因果关系，改变模型的参数即可改变产品的故障时间。值得指出的是：因为故障物理模型是确定性方程，改变模型中的参数即对应着产品的设计、工艺和使用条件的变化，因此基于故障物理模型可以直接判断产品故障时间是否满足要求，很多情况下故障时间直接与产品寿命相关。

基于故障物理模型分析计算产品的故障时间一般要遵循以下几个步骤：

（1）开展全面充分的故障机理分析，获得产品故障所有可能的机理。

（2）选择或研究每一个故障机理对应的故障物理模型。

（3）按照故障机理之间的相互影响关系计算整个产品的故障时间（最简单的处理是，假设各个机理之间是独立的，因此利用故障物理模型计算出的最短时间就是整个产品的故障时间）。

产品的故障必然是由特定的工作应力或环境应力引起的某种机理造成的，故障物理分析法的焦点是关注主要的失效模式，在对有关物理现象及失效机理深入认识和理解的基础上，利用仿真方法或推导出定量模型进行分析预测。通过了解可能发生的失效模式和机理，发现产品或现有技术中潜在问题，并在问题发生前进行预防。基于故障物理的可靠性预计着眼于失效的物理过程以及引起杜瓦真空失效或退化的机理，涉及材料学、表面科学和真空科学技术等多学科知识。

所谓失效物理（或称为可靠性物理）就是从原理上，即从原子和分子的角度出发，来解释元件、材料失效的现象。失效物理学的基础是数理统计方法、可靠性工程和材料科学工程学。失效物理的基本研究内容是失效的物理模型定性及定量的描述方法、失效物理模式的识别及其应用。无疑，对失效物理的深入研究和广泛应用，必将加强失效分析的广度和深度。

失效机理是研究失效的物理、化学原因、失效过程及其影响因素等。如果认为失效物理的研究内容主要是失效模式（模型）及其应用的话，那么失效机理的研究则主要集中在失效的本质（物理、化学原因）和过程。失效机理和失效模式不同，以人的生病来打比喻，失效机理相当于病理，而失效模式则相当于病症。具体地说，失效机理主要研究各种失效方式，研究材料成分、组织结构和性能等内部因素对失效过程的影响。

失效分析是从结果求原因的逆向认识失效本质的过程，结果和原因具有双重性，因此，失效分析既可以从原因入手，可以从结果入手，还可以从失效的某个过程入手，即以失效过程中间状态的现象为原因，推断过程进一步发展的结果，直至过程的终点结果；以失效过程中间状态的现象为结果，推断该过程退一步的原因，直至过程起始状态的直接原因；从过程中的终点结果出发，不断由过程的结果推断其原因；从过程起始状态的原因出发，不断由过程的原因推断其结果。所以，失效分析其实是一个从失效模式到失效原因再到失效机理的诊断过程，逐层深入递进。

（1）失效模式是指失效的表现形式，一般可理解为失效的类型。失效模式诊断是失效分析中首当其冲的重要问题，它对整个失效分析和预防决策具有“定向”的作用。失效模式常可分为一级失效模式、二级模式、三级失效模式等。

(2) 失效原因是指酿成失效事件的直接关键因素。失效原因也可分为一级、二级，甚至三级失效原因。一级失效原因，一般指酿成该失效事件的首先失效件(肇事件) 失效的直接关键因素。按照其处于投付使用过程中的阶段或工序，可分为设计原因、制造原因、使用原因、环境原因、老化原因等。二级失效原因是指一级失效原因中的直接关键环节，如涉及原因中又可分为设计原则、设计思路和方案、结构形状和受力计算、选材和力学性能能等次级原因。失效原因的诊断是失效分析和预测的核心和关键，它不仅是失效预防的针对性和有效性的重要前提和基础，而且它常与酿成失效事件的责任部门和人员相联系。

(3) 失效机理的诊断是指对失效的内在本质、必然性和规律性的研究，它是人们对失效性质认识的理论升华和提高。一个失效事件是外因和内因共同作用的结果。常把应力、温度、气氛介质等作为影响失效的外因；而把材料的成分、组织、缺陷、性能和它们的表现当作影响失效的内因。失效机理诊断的基础是对失效机理的研究。失效机理研究采用的方法可分为定性的方法和定量的方法。定量的方法可分为确定型方法和概率型方法。失效机理研究所采用的模型所属学科分为理化模型和物理数学模型，并可进一步细分为力学模型、物理模型、化学模型、材料学模型、数学模型以及它们联合作用的复合模型，具体的有界限模型与耐久模型、应力强度干涉模型、反应论模型、失效率模型、最弱环模型与串联模型、绳子模型与并联模型、比例效应模型、退化模型或损伤累积模型等。

基于故障物理的微型金属杜瓦真空长寿命可靠性理论与方法，有别于传统的基于"事后"故障统计数据的可靠性理论方法，故障物理方法关注杜瓦高真空绝热故障机理或导致故障的根本原因，结合物理、化学等等机理模型，基于演绎规则逻辑对故障发生过程的精确概率进行定量分析和描述，从本质上探究微型金属杜瓦的不可靠原因。因此，依据稀薄气体传热及界面气体源溢出特性描述真空失效故障发生过程，建立真空长寿命数学模型在产生真空的过程中实时"事前"精确预计微型金属杜瓦高可靠量化的真空寿命。

真空容器中漏气是绝对的，不漏是相对的，红外探测器杜瓦组件总是存在由实漏和虚漏构成的漏气。所以，红外探测器杜瓦组件设计制造有吸气剂，其真空质量特性具有可修复性。因而，实漏和虚漏导致真空度下降引起的真空失效具有反复失效的特性。真空寿命既取决于真空排气工艺，也取决于吸气剂的吸气量，还受到真空零部件和组装连接等制造工艺质量的限制。吸气剂对红外探测器杜瓦组件的使用寿命有重要的影响，它在器件排气封离后消除残余的和重新释放的气体，在器件的储存和工作期间维持一定的真空压力。由于吸气剂在红外探测器杜瓦组件出气、漏气时吸收气体，故可以大大延长红外探测器杜瓦组件的使用寿命。

当真空失效时激活吸气剂，吸气剂抽气若能使得探测器杜瓦组件恢复到正常工作压力或设计规范要求热负载，则红外探测器杜瓦组件仍然可以正常使用和工作。如果红外探测器杜瓦组件实漏和虚漏不是很大，则吸气剂可以多次激活直至饱和（吸气剂失效）。当吸气剂达到饱和时，红外探测器杜瓦组件真空压力大于设计允许的最大压力，红外探测器杜瓦组件真空失效。图 5-1 所示为红外探测器杜瓦组件真空质量特性状态。

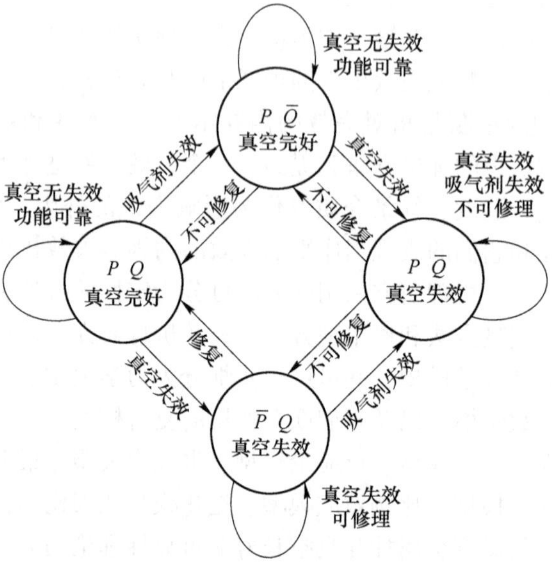

图 5-1　红外探测器杜瓦组件真空质量特性状态

杜瓦是连接红外焦平面阵列芯片与制冷机的重要部件，其真空寿命是红外焦平面组件的关键可靠性指标之一。杜瓦的真空寿命就是芯片和杜瓦组件封装后的存放时间。即装有芯片的微型金属杜瓦经过排气工艺抽气结束后，其真空度降到终止真空度的时间。终止真空度是维持红外芯片能正常工作的最低真空度。当真空度下降时，杜瓦内残气对流换热加剧导致热负载增加，最终使制冷机热负荷过大而无法保证焦平面阵列芯片的工作温度，造成红外探测器组件失效。

法国 SOFRADIR 公司的 288×4 HgCdTe 红外焦平面阵列已经批量生产，其已经通过军用设备环境试验规范，提供给各国的多种武器系统使用。二代红外焦平面阵列无论从性能、真空寿命和制冷机平均故障前工作时间都有很大的提高。美国德克萨斯仪器公司导弹寻的器集成式杜瓦的真空寿命达到 10 年。美国制冷机平均故障前时间（MTTF）达到 8750h。法国 THALES 公司技术生产的制冷机 MTTF 达到 2000h。

红外焦平面阵列的寿命只是探测器杜瓦组件可靠性的一部分，另一部分不可靠的来源是红外焦平面阵列的封装杜瓦，如图 5-2 所示。这里研究的红外焦平面阵列工作在低温，组装在特殊封装内。为使红外焦平面阵列能够在低温工作，封装杜瓦必需抽真空，达到高真空度。

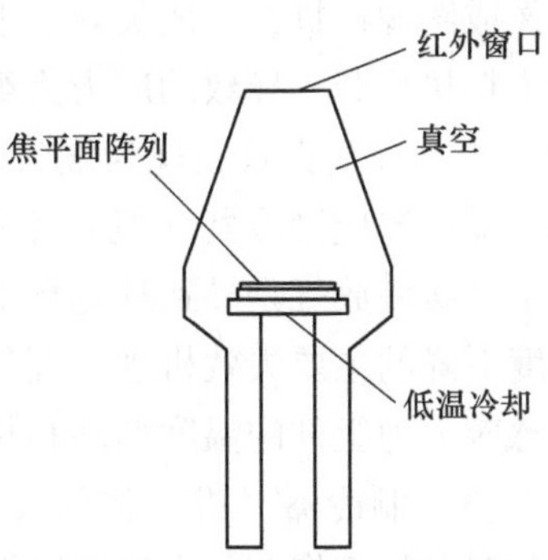

图 5-2 封装焦平面阵列的杜瓦示意图

红外焦平面探测器杜瓦组件失效定义为：

(1) 红外焦平面阵列失效；

(2) 真空完整性不能满足要求，即不能使红外焦平面阵列工作在规定温度。

产品的寿命需权衡所组成部分寿命。在探测器杜瓦组件的生产中，由最后的真空烘烤工艺，以权衡不同的寿命需求。优化产品可靠性的目的是使二者可靠性相等。

在规定的时间内、规定的工作条件下，丧失或不能完成规定的功能形成失效有三种模式：(1) 红外焦平面探测器失效；(2) 杜瓦失效；(3) 制冷器（机）失效。由于从而降低组件性能，导致任务降级甚至完全失效，形成失效。表 5-1 为制冷红外焦平面组件的失效模式及机理。一般情况下，在红外焦平面探测器（机）制冷组件任务应用中，导致组件失效的关键因素及原因有以下几种：

(1) 红外焦平面探测器失效表现为无信号输出和性能退化，造成热像仪无

表 5-1 红外焦平面的失效模式及机理

部件名称	寿命阶段	失效模式	失效机理	对应的试验应力
真空杜瓦	储存	泄漏	密封不良、裂缝	温度循环
		材料放气	放气导致真空下降	高温
	运输	机械磨损（泄漏）	密封不良、裂缝	振动和冲击的强度、持续时间
		机械毁坏	裂缝	振动和冲击的强度、持续时间
	工作	泄漏	密封不良、裂缝	温度循环
		—	—	振动和冲击的强度
		材料放气	放气导致真空下降	高温
混成芯片	储存	像元退化	MCT 材料退化	高温
	运输	无	无	无
	工作	互连失效	铟柱互连疲劳	工作温度循环次数
冷头粘接	储存	粘接老化	粘接胶老化	高温
	运输	粘接断裂	粘接胶强度弱	振动和冲击的强度、持续时间
	工作	粘接断裂	粘接胶强度弱	振动和冲击的强度、持续时间
		粘接疲劳	粘接胶疲劳	工作温度循环次数

图像或图像模糊，形成失效。混成碲镉汞与硅读出集成电路芯片铟柱互连疲劳、冷头粘接疲劳，导致的应力为组件开关时的温度冲击。

（2）杜瓦失效表现为漏气和电气引线开路或短路，不能提供连接和真空绝热工况，造成制冷器（机）不能供给焦平面探测器芯片低温 80K 工作所需的制冷量。缓慢放气是导致杜瓦真空度下降的主要原因。真空杜瓦缓慢放气是导致真空度下降的主要失效机理，漏气是非主要失效机理，高温会加速杜瓦真空劣化。敏感应力为组件的温度循环和长期高温储存。

（3）制冷器（机）失效表现为不制冷和制冷温度小于规定温度，使焦平面探测器芯片工作在额定温度以上，造成探测器无信号输出或输出信号质量差，使得热像仪无图或图像模糊，影响任务的完成，形成失效；制冷器（机）驱动电路失效，导致制冷器（机）工作不正常，形成失效；制冷器（机）磨损或污染失效。

为使红外焦平面阵列可以工作在制冷低温，封装杜瓦需达到并保持高的真空水平，生产过程中应在规定工序对封装进行烘烤。通常烘烤工序温度为 95℃，该温度对内部红外焦平面阵列有不利影响，将导致边缘像元的失效，这些像元失效主要由于光电二极管 R_0A 下降的像元退化。更低的烘烤温度和更短的烘烤时间有利于延长红外焦平面阵列寿命，而更高的烘烤温度和更长的烘烤时间有利于延长真空寿命。为使这两个互为矛盾的要求达到平衡，工艺设计师需要采用分析工具对装配工艺进行权衡分析。权衡分析工具的另一用途是：产品可靠性由红外焦平面阵列和封装杜瓦可靠性构成，对红外焦平面阵列和封装杜瓦可靠性进行优化，使其同时失效。一个超过另一个的可靠性过设计，将使后者成为制约产品寿命的因素，而没有意义。所以，理想的烘烤时间-温度方案应能使红外焦平面阵列寿命与真空寿命相等。

真空失效机理与红外焦平面阵列不同，其真空失效的激活能也不同。故应单独进行加速寿命试验，确定不同温度下封装的真空失效率。综合考虑产品两个部件红外焦平面阵列和封装的两个退化模型，达到烘烤时间-温度方案的优化，进一步优化产品可靠性。

5.3　真空失效机理与模式

5.3.1　材料的渗透性

因为在真空容器器壁两侧的气体总是存在压力差，所以即使壁面固体上存在的微孔小到足以阻止正常气流通过，但壁面材料总要或多或少地渗透一些气体。气体从密度大的一侧向密度小的一侧渗入、扩散，通过和逸出固体阻挡层的过程称为渗透。在这种情况下的稳态流率称为渗透率。

从微观的角度来看，渗透过程按以下步骤进行(图 5-3)。

首先，气体原子或分子碰撞到真空器壁的外表面；被器壁外表面吸附；吸附时有的气体分子能离解成原子态；气体在入射一侧的壁面表层达到一个平衡溶解度；由于浓度梯度的存在，气体向壁面的另一侧扩散；气体扩散到器壁的另一面重新结合成分子态后释放；或气体扩散到器壁的另一面后解吸和释出。

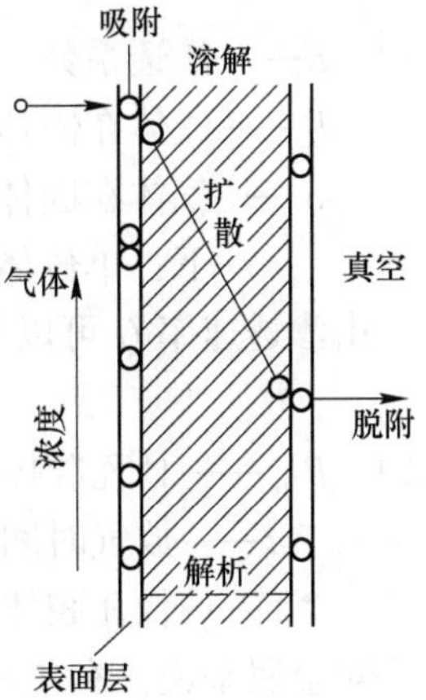

图 5-3 气体渗透过程示意图

一般说来，在渗透过程中，扩散这一环节是最慢最关键的一步，它与渗透气体及壁面材料的种类和性质有密切关系。对于金属材料来说，例如氢气通过钢铁材料的渗透过程，是先以分子态吸附在材料的表面上，然后由铁表面的亲和力引起氢分子较弱的 H—H 键断裂，使氢离解成原子态并渗透过材料，在壁面的另一侧重新结合成分子态氢；氢气对于非金属材料，则是以分子态形式扩散渗透。

集成式杜瓦的冷指金属薄壁零件与杜瓦真空腔两侧存在压差时氦气渗透的计算，根据扩散定律，对于不产生离解的分子态渗透，可推导出渗透量的表达式

$$Q = K \cdot A \cdot \Delta p^{1/j}/h \tag{5-3}$$

式中 Q——气体透过固体壁面的渗透速率；

K——某种气体对某种固体的渗透系数；

A——壁的面积；

Δp——器壁两侧的气体压力差；

j——溶解常数，对金属中的双原子气体 $j=2$，对非金属中的气体 $j=1$；

h——壁厚。

其中 K 值与气体-固体配偶的性质有关。只要知道渗透系数 K，就可以根据该材料的壁厚 h、壁的面积 A、壁两侧的气压差 Δp，由式（5-3）求得渗透速率。K 的意义是器壁两侧的压力差为一个大气压下，温度为 0℃（即在标准状态下）渗透过单位厚度（cm）的单位面积（cm^2）壁面的气体量。所以 K 的单位常用制外单位表示，如使用 cm^2/s 则与扩散系数的单位一致，形式简单，但物理意义不够明确；而使用 $cm^3(STP)/(cm^2 \cdot s \cdot Pa \cdot mm^{-1})$ 表示每 mm 厚的材料，在每 Pa 的压差下，每秒通过每 cm^2 面积的渗透气体量（以标准状态下的 cm^3 计），虽然单位形式比较复杂，但物理意义比较明确。

扩散系数、溶解度、渗透系数这三个参数都是温度的指数函数。渗透系数 K、扩散系数 D、溶解度 S 之间存在以下关系

$$K = DS \tag{5-4}$$

式中　K——渗透系数；

D——气体在固体中的扩散系数，cm^2/s；

S——气体在固体中的溶解度（标态），表示压力在大气压力的平衡条件下，单位体积的固体材料中所溶解的气体体积数。

由渗透速率 Q 可以计算氦气微渗漏对腔体真空度的影响为

$$P_{He} = Q \cdot t/V \tag{5-5}$$

式中　P_{He}——杜瓦腔体内部氦气渗透所产生的分压；

t——放气时间；

V——杜瓦腔体的总容积。

对金属来说，有些金属（如不锈钢、铜、铝、钼等）的气体渗透系数很小，在大多数实际应用中可以忽略不计。但对某些金属（如铁、镍等），氢气对它们就具有较高的渗透率。氢气对钢的渗透率随含碳量的增加而增加，所以选择低碳钢做真空室材料为好；另外有些金属对气体的渗透具有选择性，如氢气就极容易渗透过钯，氧气易透过银等。

封离真空的非解真空微型金属杜瓦长时间储存使用，可能因氢渗透而引起真空失效。

5.3.2　材料的出气

任何固体材料在大气环境下都能溶解、吸附一些气体。当材料置于真空中时，就会因解溶、解吸而出气。对一般真空设备来说，材料的出气是真空系统中最主要的气源。常用的出气速率单位有 $Pa \cdot L/(s \cdot cm^2)$。出气速率通常与材料中的气体含量和温度成正比。所以有时（如微型金属杜瓦）也用高温下材料的出气总量作为选材依据。出气总量的单位：考虑体积含量为主时可用 $Pa \cdot L/g$；考虑表面含量为主时则用 $Pa \cdot L/cm^2$。

材料出气速率是温度的函数，表示为

$$q = q_o \exp[-E/(RT)] \tag{5-6}$$

则单位时间内容器器壁表面出气量为

$$Q_m = A \cdot q \tag{5-7}$$

式中　q——出气速率；

q_o——常数；

E——出气活化能；

R——气体普适常数；

T——绝对温度；

Q_m——器壁表面出气量；

A——出气表面的面积。

因为出气速率与温度有关，所以在设计真空系统时必须选用实际使用时的温度数据。如无此数据，则可根据两个不同温度下的数值按式（5-6）进行估算。另外从式中也可以看出，出气速率按指数变化，所以出气量是时间的慢变化函数(即时间延长一个数量级，出气速率降低较慢)。已经出过气（经除气后）的材料经长时间暴露大气后，能重新吸气并恢复到原来的情况。因此，对真空系统来说，为了降低出气率，缩短抽空时间，应该经常保持在真空状态。例如，经常运转的真空系统如果只是在两次运转之间短时间暴露大气的话（如1h以内），则大约等效为材料已在真空中进行了10h的出气时间；对于经常运转而只暴露于低真空的材料，则可等效于已经历了100h的出气时间。

另外，材料的出气速率不仅和所经历的出气时间有关，而且和材料的表面预处理方法、表面状况有很大关系。例如：对于清洁的表面来说，表面的光洁度越高，吸附的水气就越少；在干燥氮气或空气中烘烤，可使不锈钢表面形成一层密实的淡黄色氧化膜，也可以减少出气，而且可以将表面的污染物氧化成气体或烧掉；用有机溶剂去脂时，表面的单分子层污染是无法除掉的，只能靠在真空下烘烤来除掉。例如，温度在200℃以上的真空环境下的烘烤可有效地除掉水气，但要有效地除掉氢，则必须在400℃以上的温度下进行真空烘烤。

5.3.3 气体吸附

气体或蒸汽被固体表面捕获而附着在表面上，形成单层或多层气体分子层的现象叫作吸附。能捕集气体的固体叫吸附剂，而被吸附的气体成分叫吸附质。发生吸附作用的原因是由于在吸附剂表面存在着力场。

根据吸附力的不同，气体吸附可分为物理吸附和化学吸附。物理吸附是气体分子受范德瓦尔斯力的吸引作用附着在吸附剂表面之上，与气体的液化过程相类似，其特点是吸附较弱，吸附热较小，吸附不稳定，较易脱附，但对吸附的气体一般无选择性，温度越低吸附量越大，能形成多层吸附，分子筛吸附泵和低温泵的吸气作用就属于物理吸附。化学吸附是靠固体表面原子与气体分子间形成吸附化学键实现的，与发生化学反应相类似，同物理吸附相比，化学吸附的特点是吸附强，吸附热大，稳定不易脱附，吸附有选择性，温度较高时发生化学吸附的气体分子增多，只能紧贴表面形成单层吸附(在化学吸附的分子上面还能形成物理吸附)，溅射离子泵和电子管中吸气剂的吸气作用就包括化学吸附。

气体吸附的逆过程，即被吸附的气体或蒸汽从表面释放出来重新回到空间的过程，称为脱附或解吸。解吸现象可以是自然发生的，也可以是人为加速的。自然解吸有两种情况：一是从宏观平均地看，每个吸附气体分子在表面停留一段时间后，都要发生脱附飞回空间，这时也会有其他气体分子发生新的吸附，在气体温度、压力一定的条件下，吸附速率与脱附速率相等，表面上的气体吸附量维持恒定；另一种情况是在抽真空的过程中，空间气体压力不断降低，表面上脱附速率大于吸附速率，气体吸附量逐渐减少，气体从表面上缓缓放出，这种现象在真空中叫作材料的放气或出气。工程中最关心的问题是表面上的气体吸附总量和抽空时的放气速率，但至今还没有很准确通用的计算方法，只能从实践经验中总结出：在低真空阶段，表面吸附及表面放气与空间气体相比，数量很小，其影响可以忽略不计；在中真空阶段，表面放气量已接近空间气体量，对二者应同样重视；进入高真空乃至超高真空阶段，表面放气（不计系统漏气时）已成为主要气体负荷，放气的快慢直接影响着抽空时间。

通过人为的手段有意识地促进气体解吸现象的发生，在真空技术中叫做去气或除气。人工去气可以缩短系统达到极限真空的时间；可以获得没有气体分子遮盖的清洁表面。加热烘烤去气方法通过提高吸气表面的温度，增加分子热运动能量来促进解吸，边加热边排气，常用于超高真空系统容器内表面及内部构件的去气和真空电子器件内灯丝等内部金属元件的去气。

5.3.4　微型金属杜瓦偶然失效

杜瓦腔体里的气体来源主要有壳体漏气以及壳体内零部件的出气。在近似条件下，壳体内零部件放气和壳体漏气造成的腔体压强的变化如图 5-4 所示。四种情形分述如下：

（1）压强保持原值不变，直线 a 说明杜瓦既不漏气，也不放气。这只是一种理想情况。

（2）压强先上升较快后逐渐趋于一定的极限值，曲线 b 表明只有放气。因为不论是蒸气源的放气或材料的放气，在达到一定的压强后都有饱和的趋势。这种情况是忽略了管壳漏气的理想状况。

（3）压强直线上升，直线 c 说明只有漏气。漏气率正比于内外压强差。外部是大气压，内部压强很低，后者与前者相比可以忽略不计，因此漏气率正比于大气压，是一个常数。直线 c 忽略管内放气。

（4）压强开始上升很快，后来变的较慢，且不出现饱和迹象，曲线 d 表明同时存在放气和漏气。前一段时间是放气和漏气的共同作用，表现为曲线；一段时间后主要是漏气产生的作用，表现为直线。曲线 d 基本真实地反映了电真空器件管内气体压强变化的情况。

对于微型金属杜瓦而言，腔体内气体压强升高是真空失效的主要原因。把杜瓦真空失效的三阶段与腔体内气体压强变化相结合，得到如图 5-5 所示的杜瓦真空失效与压强关系曲线。

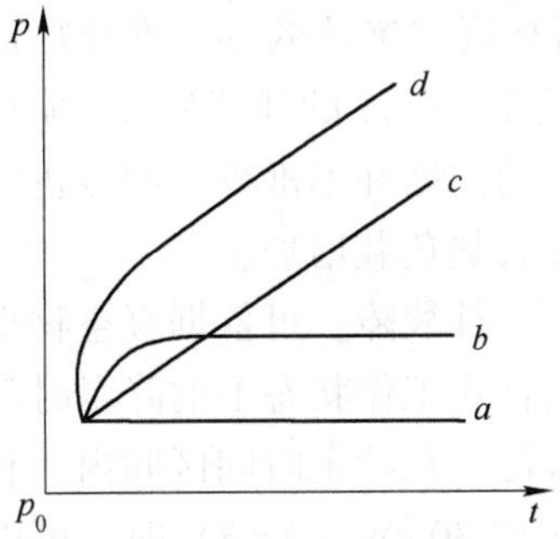

图 5-4 杜瓦腔体里的压强与时间关系

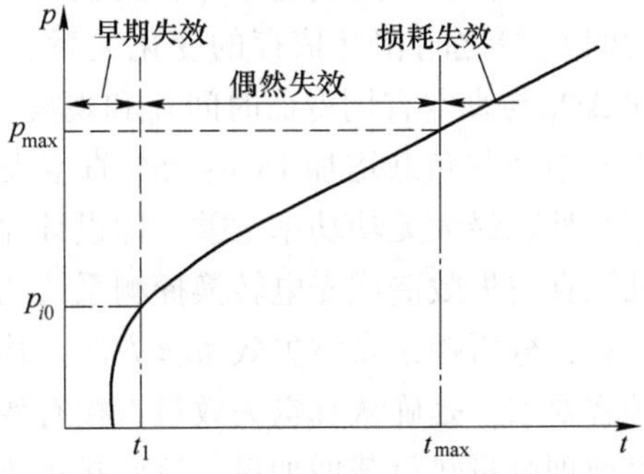

图 5-5 杜瓦真空失效期随时间变化图

在杜瓦封离真空抽气机组后的一段时间内（$0 \sim t_1$），腔体内零部件放气和壳体漏气两个因素造成腔体内压强上升，杜瓦处于早期真空失效期。在杜瓦使用或者储存期间，腔体内放气基本结束，腔体内压强的上升主要来源于壳体漏气，这时压强与时间呈线性关系。当腔体内压强处于它能够正常工作的范围内，杜瓦真空处于偶然失效期。当压强上升到它能够正常工作的压强上限值 P_{max} 后，杜瓦真空处于损耗失效期。

在 t_1 到 t_{max} 这段时间内，压强和时间呈线形关系。测量不同时间腔体内气体压强，用数学拟合出压强上升率 q。则杜瓦处于偶然失效期的时间 τ 为

$$\tau = (P_{max} - P_{i0})/q \tag{5-8}$$

由此可见，只要多次测量杜瓦腔体内压强的大小，根据测量数据拟合出管内压强的上升率，就可以估算杜瓦真空的偶然失效期。

5.4 真空失效的界定与表征

红外焦平面探测器杜瓦组件的质量特性与杜瓦真空腔体的气体压力有关，杜瓦真空度会随时间缓慢降低，引起光电性能和热性能的下降。杜瓦排气封离后，并不能容易地检测到真空腔体的气体压力，其真空度高低难以直接测量。一般通过检测单位时间内经过杜瓦传导、对流和辐射传热导入内管积存液氮的总热流，利用相变在相同温度和压力下两相间的比焓差计算其热负载（总热流），间接判断确认杜瓦真空好坏。这样检测到的热负载不包括组件处于工作状态的焦耳热、目标和背景辐射热，通常称作静态热负载。工程实践中，人们认识到热负载测量观测值不准确不可靠，扩展不确定度接近 10mW。

当组件经历时间达到真空有用寿命时，其杜瓦最低真空度（最大气体压力）、最大热负载和最大降温时间超出设计允许值。从真空物理稀薄气体理论出发，分析讨论热负载 Q_D、热负载增加百分比 ΔQ_D、残余气体传导热负载 Q_G、残

余气体压力 P、平均漏气速率 Q、真空有用寿命时间 t_{ls} 和观察（储存）时间 t、降温时间 t_{cd} 等之间相互依存的变化关系。依据高真空绝热效率，推导热负载加百分比 ΔQ_D 与真空有用寿命时间 t_{ls} 和观察（储存）时间 t 的计算公式，实例显示文献报告中“热负载增加 15%～25%真空失效”的判据并不准确。制冷机额定制冷功率与杜瓦最大无功功率之差，即设计允许最大热负载增加量。

杜瓦真空失效造成光电转换探测系统的核心部件故障，可依据真空物理稀薄气体理论，分析探讨真空失效考核方法。检测组件在工作状态下的降温时间是否符合顾客要求，是确认真空失效最直接有效的方法。在特定时间区间内，利用液氮蒸发原理测量热负载增加量，达到扩展不确定度 30mW（$k=3$）时，可以认为杜瓦真空有用寿命不符合顾客要求。顾客定制 15 年真空有用寿命，即要求杜瓦漏气速率小于 5×10^{-15}Pa · m^3/s，真空失效的气体压力大于 1×10^{-2}Pa。

红外焦平面探测器杜瓦组件在所规定的工作和储存条件下，应保持其真空度高于设计允许值，当制冷机运行在正常工作状态，特性指标符合设计规范要求，因窗口结霜和气体传导热量损耗（热负载）增加到超出保证探测器最大工作温度要求，杜瓦真空腔体的气体压力超过了设计允许的最大气体压力，不能完成规定高真空绝热功能要求时，红外焦平面探测器杜瓦组件真空失效。

根据可靠性术语的定义，红外焦平面探测器杜瓦组件的真空寿命可区分为有用寿命和使用寿命。无修理（电激活吸气剂），由制造工艺质量特性决定的真空寿命为有用寿命，用排气封离后到第一次出现真空失效经历的时间度量。使用寿命是指有修理（电激活吸气剂），靠吸气剂延长寿命周期的真空寿命。它是真空可修复红外焦平面探测器杜瓦组件耐久性的特性指标，用达到吸气剂失效和真空失效所经历的时间度量。

度量真空失效的质量特性有气体压力（真空度）或热负载、降温时间。文献中给出真空失效的最大允许气体压力有 1Pa、1×10^{-1}Pa、1.333×10^{-2}Pa。工程实用方法为直接测量 0.3g 液氮汽化时间或液氮汽化的质量流量，间接测量（计算）热负载。对当热负载测量值超出规定极限热负载时真空失效。一般认为，热负载增加百分比达到 15%、20%、25%时真空失效。通常耦合了制冷机的红外焦平面探测器杜瓦组件，并不能容易地测量得到真空腔体的气体压力或热负载。对制冷机特性指标符合设计规范要求，在规定测试条件下启动运行制冷机，当检测探测器从环境温度达到规定工作温度的降温时间超过设计允许的最大降温时间时，认为红外焦平面探测器杜瓦组件真空失效。降温时间由顾客所定制，一个典型应用在+23℃环境温度的接收值小于 5min。

5.5 真空失效的气体源

组件杜瓦真空腔体气体压力增大的原因，可能由上述任何一种或者其全部因素所造成（见图 5-6）。通过合理选择材料可以控制体出气（扩散）和渗透气体源；在装配前后进行有效的处理可以控制表面出气和蒸发；虚漏可以通过合理有效地结构设计来克服。一般制造工艺缺陷带来的漏气远比壳体材料渗透大几个数量级；材料出气因材料经历不同而异，出气率要比漏气率大 1~3 个数量级。由于存在上述造成真空失效的诸多原因，实际漏、出气的可能性是变化无常的，不可能从制造工艺过程中完全消除，因此必须通过测试来淘汰有漏、出气的红外焦平面探测器杜瓦组件。

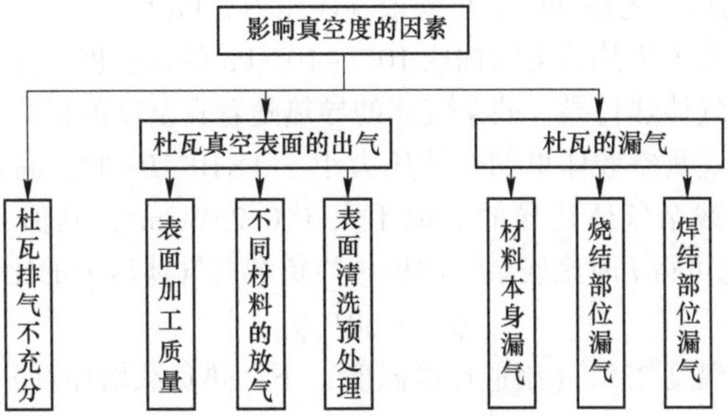

图 5-6 影响杜瓦真空度的因素

5.6 热负载与热负载增加量

红外焦平面探测器杜瓦组件的热传导有传导、对流、辐射三种途径，通过优化设计导热截面积，选择热导率与辐射率小的材料和利用高真空绝热等措施，可以控制组件杜瓦的热负载在设计允许的范围内，热负载由式（5-9）计算：

$$Q_D = Q_R + Q_S + Q_G + Q_J + Q_{TB} \tag{5-9}$$

式中 Q_D——红外焦平面探测器杜瓦组件的动态热负载，W；

Q_R——辐射传导造成的热量损耗，W；

Q_S——固体材料传导的热量损耗，W；

Q_G——组件杜瓦真空腔体残余气体传导造成的热量损耗，W；

Q_J——探测器工作时产生的焦耳热损耗，W，不工作时 $Q_J=0$；

Q_{TB}——透过窗口汇聚到探测器上的目标和背景辐射热流，W。

其中 Q_R 和 Q_S 与组件杜瓦真空腔体的气体压力无关，与杜瓦的结构、材料、工艺技术等工程因素有关，且与所处环境温度有关，一般 $Q_S/Q_R<1$。而 Q_G 在低气体压力范围内是气体压力的函数，由式（5-10）给出：

$$Q_G = \frac{2\pi\alpha r_2 Lk\Lambda(T_2 - T_1)P}{k + \alpha r_2 \Lambda P \ln\frac{r_1}{r_2}} \tag{5-10}$$

式中 Q_G——最小残余气体传导造成的热量损耗；

α——适应系数（调节系数）；

k——气体的热传导系数，W/(cm·K)；

Λ——自由分子热传导系数，W/(cm·K·Pa)；

T_1，T_2——外壳和内管壁的温度，K；

r_1，r_2——外壳和内管的半径，cm；

L——内管的长度，cm；

P——制造工艺达到的最小残余气体压力，Pa。

高真空绝热是将要求绝热的空间抽成 $10^{-4} \sim 10^{-5}$Pa 的真空度，排除气体的对流传热和绝大部分的气体热传导。残余气体的导热随着真空度的提高或气体压力的降低而减小。当杜瓦真空腔体里的气体压力小于 1×10^{-3}Pa 时，高真空绝热达到最大效率，相应的残余气体传导的热流不大于 0.25W/m^2，其值小于辐射热流的 3%。由相似理论可得 t 时刻残余气体传导热负载与气体压力的比例关系：

$$Q_{Gt} = 30P_t Q_R \tag{5-11}$$

在规定检测温度 23℃（制造环境温度）下，热负载增加百分比定义为：

$$\Delta Q_D = \frac{Q_{Dt} - Q_D}{Q_D} = \frac{Q_{Gt} - Q_G}{Q_R + Q_S + Q_G} = \frac{\Delta Q_G Q_G}{Q_D} \tag{5-12}$$

其中
$$\Delta Q_{Gt} = \frac{Q_{Gt} - Q_G}{Q_G}$$

或者，热负载增加量为：

$$\Delta Q_D Q_D = \Delta Q_{Gt} Q_G \tag{5-13}$$

式中 ΔQ_D——红外焦平面探测器杜瓦组件热负载增加百分比,%；

ΔQ_G——组件杜瓦真空腔体残余气体传导的热负载增加百分比,%；

Q_{Dt}，Q_{Gt}——t 时刻红外焦平面探测器杜瓦组件的热负载和残余气体传导的热负载，W。

最大热负载增加百分比按式（5-14）计算：

$$\Delta Q_{Dmax} = \frac{Q_C - Q_D}{Q_D} = n - 1 \tag{5-14}$$

其中
$$Q_C = nQ_D,\quad n \geqslant 1$$

式中 Q_C——制冷机的额定制冷功率，W；

n——安全系数（冗余系数），一般 $n=2$ 或 3。

5.7 设计允许的最大气体压力

理论分析和试验测量表明，红外焦平面探测器杜瓦组件真空腔体的气体压力对热负载的影响很大。当气体压力小于设计允许的最大气体压力时，残余气体传导的热量损耗仅占辐射和传导传热损耗的百分之几或更小，虽然气体压力范围变化大，但是热负载变化很小，此时的热负载称为红外焦平面探测器杜瓦组件的固有热负载 Q_{NG}。当气体压力大于设计允许的最大压力时，残余气体传导热流量占辐射和传导传热的百分之十几或更大，此时热负载由缓慢增大变为快速增大。设计允许的最大气体压力由红外整机分配给制冷机的最大功率确定，取决于红外焦平面探测器杜瓦组件的固有热负载和允许热负载增加量，受结构设计、选用材料和制造工艺水平等因素的限制。当红外焦平面探测器杜瓦组件的热负载达到或超过设计允许最大热负载时，组件杜瓦真空腔体的气体压力即为设计允许的最大气体压力。根据气体分子传热分析，可以证明设计允许的最大气体压力由式（5-15）给出：

$$P_{\max} = \frac{Q_G(1 + \Delta Q_{Gt})}{a - bQ_G(1 + \Delta Q_{Gt})} \tag{5-15}$$

式中 $P_{\max}$——设计允许的最大气体压力，Pa；

Q_G——杜瓦真空腔体残余气体传导造成的热量损耗，W；

a，b——由气体在杜瓦外壳和内管壁的适应系数、气体的热传导系数、自由分子热传导系数、外壳和内管壁的温度、外壳和内管的半径、外壳和内管的长度等结构设计、选用材料和制造工艺水平决定的常数，由式（5-10）给出。

当红外焦平面探测器杜瓦组件置于偏离制造环境温度时，在分子平均自由程大于外壳与内管间距的杜瓦真空腔体中 $P/T^{-1/2}$ 是一个恒定值，这是因为 P 与 T 之间存在热分子压力效应，P 与 T 有如下比例关系：

$$P_T = \frac{\sqrt{T}P_{23℃}}{\sqrt{296.15}} \tag{5-16}$$

式中 P_T——对应环境温度 T 的气体压力，Pa；

$P_{23℃}$——制造环境温度 296.15K（23℃）下的气体压力，Pa；

T——红外焦平面探测器杜瓦组件与环境热平衡的温度，K，例如：T= 328.15K、343.15K（+55℃、+70℃）。

5.8 真空有用寿命与降温时间

由于存在造成红外焦平面探测器杜瓦组件真空失效的气体源，故真空腔体的气体压力随经历的环境温度和时间而变化，可以由式（5-17）描述平均漏气速率：

$$Q = RV = \frac{P_t - P_{\min}}{t}V \tag{5-17}$$

式中　Q——最大漏气速率（各种气体源的总和），$Pa \cdot m^3/s$；

R——最大升压率，Pa/s；

V——真空腔体的容积，L；

P_{min}——真空腔体的最小气体压力，Pa，在充分排气的情况下 $P_{min} < 1 \times 10^{-3}$ Pa；

P_t——t 时刻的气体压力或设计允许的最大气体压力，Pa；

t——排气封离后经历的时间，s。

因为真空腔体在观察（储存）时间与有用寿命时间内的平均漏气速率相等，故由式（5-15）可得：

$$t_{ls} = \frac{P_{max} - P_{min}}{P_t - P_{min}} t \tag{5-18}$$

式中　t_{ls}——红外焦平面探测器杜瓦组件的真空有用寿命时间，s；

P_{max}——设计允许最大气体压力，Pa。

由式（5-11）、式（5-12）、式（5-18）可得：

$$\Delta Q_{Gt} = \frac{Q_{Gt} - Q_G}{Q_G} = 1000 \frac{(P_{max} - P_{min})t + P_{min}t_{ls}}{t_{ls}} - 1 \tag{5-19}$$

在有用寿命周期内观察经历时间 t 后，t 时刻的热负载增加百分比由式（5-11）、式（5-13）、式（5-19）可得：

$$\Delta Q_D = \frac{\Delta Q_{Gt} Q_G}{Q_D} = \frac{3}{203}\left[1000 \frac{(P_{max} - P_{min})t + P_{min}t_{ls}}{t_{ls}} - 1\right] \tag{5-20}$$

式中令 $Q_S = Q_R$。

由制冷机在规定温度下的额定制冷功率、红外焦平面探测器杜瓦组件固有热负载、能够达到的最小降温时间、设计允许的最大降温时间应用插值法得：

$$\begin{aligned} Q_{Dt} &= \frac{Q_C(t_{cd} - t_{cdmin}) + Q_D(t_{cdmax} - t_{cd})}{t_{cdmax} - t_{cdmin}} \\ &= \frac{Q_C[n(t_{cd} - t_{cdmin}) + (t_{cdmax} - t_{cd})]}{n(t_{cdmax} - t_{cdmin})} \end{aligned} \tag{5-21}$$

式中　Q_{Dt}——与降温时间 t_{cd} 相对应的热负载，W；

t_{cd}——降温时间，s；

t_{cdmin}，t_{cdmax}——最小、最大降温时间，s。

5.9　应用举例

上述分析讨论了热负载 Q_D、热负载增加百分比 ΔQ_D、残余气体传导热负载 Q_G、残余气体压力 P、平均漏出气速率 Q、真空有用寿命时间 t_{ls} 和观察（储存）

时间 t、t_{cd}降温时间等之间的变化依存关系，下面介绍针对不同制冷功率耦合特定杜瓦满足不同有用寿命的工程应用实例。

已知：制冷机在 77K 的制冷功率为 0.25W、0.3W、0.4W、0.5W，安全系数取 2、3，令 $Q_J=0$，$Q_{TB}=0$，$Q_R=Q_S$，$Q_G=0.03Q_R$，$P=1\times10^{-3}$Pa，红外焦平面探测器杜瓦组件真空腔体的容积为 3.24×10^{-5}m³，真空有用寿命时间 10 年、15 年、20 年。按如下思路依据式（5-9）~式（5-21）计算处理数据得表 5-2 和表 5-3。由制冷机制冷功率、安全系数得到红外焦平面探测器杜瓦组件的热负载 Q_D、最大热负载增加百分比 ΔQ_{Dmax}；考虑高真空绝热达到最大效率，并令辐射传导 Q_R与固体材料传导 Q_S相等，得到最小残余气体传导 $Q_{G\min}$，其对应最小压力 1×10^{-3}Pa。于是，按式（5-11）、式（5-12）得到最大残余气体传导热负载 Q_{Gmax}、热负载增加百分比 ΔQ_{Gmax}、残余气体压力 P_{max}。因为组件一般置于+70℃(+55℃)~(−45℃)−55℃环境温度中使用，存在热分子压力效应，所以，把最大残余气体压力 P_{max}当作+70℃（+55℃）高温环境下的气体压力，利用式（5-16）转换为制造环境温度 23℃下的压力 $P_{23℃}$。

表 5-2　制冷机额定制冷功率与杜瓦固有热负载决定的允许最大气体压力

Q_C/W	Q_D/mW（式（5-14））	Q_{Rmin}/mW（Q_D/2.03）	Q_{Gmin}/mW（0.03Q_R）	ΔQ_{Gmax}/%（式（5-12））	P_{max}/Pa（式（5-11））	$P_{23℃}$/Pa（式（5-15））
0.50	250	123	4	67.7	6.87×10^{-2}	6.37×10^{-2}
0.40	200	99	3			
0.30	150	74	2			
0.25	125	62	2			
0.50	167	82	2	135	1.36×10^{-1}	1.26×10^{-1}
0.40	133	66	2			
0.30	100	49	1			
0.25	83	41	1			

由表 5-2 可知，不考虑结霜影响，仅由残余气体传导热流而耗散制冷机的制冷功率过大，使得探测器不能工作在最佳温度，其真空失效气体压力与制冷机制冷功率、安全系数、封装杜瓦固有热负载、制造工艺水平等因素有关，一般不大于 1.26×10^{-1}Pa 或 6.37×10^{-2}Pa。

按式（5-17）计算得最大允许平均漏出气速率 Q 为 10^{-14}Pa · m³/s、10^{-15}Pa · m³/s 量级，利用式（5-18）计算有用寿命周期内的热负载增加百分比，当热负载增加百分比达到 15%时，需要的天数见表 5-3 和图 5-7，其热负载增加量不大于 40mW。

表 5-3　最大平均漏气速率决定的热负载增加量和观察时间

Q_C/W	n	$P_{23℃}$/Pa（式（5-15））	Q/Pa · m³ · s⁻¹（式（5-17））	ΔQ_{Dt}/%	Q_{Dt}/mW（式（5-13））	t/d（式（5-20））
0.50	2	6.37×10^{-2}	$^{10a}6.44\times10^{-15}$ $^{15a}4.29\times10^{-15}$ $^{20a}3.22\times10^{-15}$	15	38	$^{10a}592$ $^{15a}888$ $^{20a}1182$
0.40					30	
0.30					23	
0.25					19	
0.50	3	1.26×10^{-1}	$^{10a}1.29\times10^{-14}$ $^{15a}8.59\times10^{-15}$ $^{20a}6.45\times10^{-15}$		25	$^{10a}296$ $^{15a}444$ $^{20a}591$
0.40					20	
0.30					15	
0.25					13	

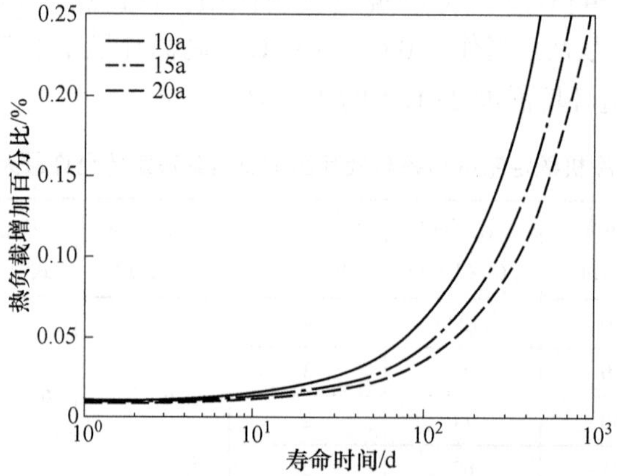

图 5-7　热负载增加百分比与有用寿命时间关系曲线

当顾客可接收降温时间范围为 260～600s，红外焦平面探测器杜瓦组件适配额定制冷功率为 0.5mW、0.4 mW、0.3mW 的制冷机，安全系数为 2 或 3，则杜瓦动态热负载与降温时间按式（5-21）计算，曲线如图 5-8 所示。

所以，综合上述讨论可以得出如下几个结论：

（1）红外焦平面探测器杜瓦组件真空失效最直接有效的鉴别方法，就是在光电探测系统启动运行时，检测组件在工作状态下的降温时间是否符合顾客要求。工作在环境温度+55℃（+70℃）时，杜瓦具有最大动态热负载，通常高温比常温时高出 60mW。然而，制冷机故障也会引起降温时间不符合顾客要求，必须注意区分。

（2）高真空绝热效率最大时，气体传导热流最小，一般要求气体压力小于 1×10^{-3}Pa。气体传导热流随着真空度降低或气体压力升高大于 6.37×10^{-2}Pa 而增

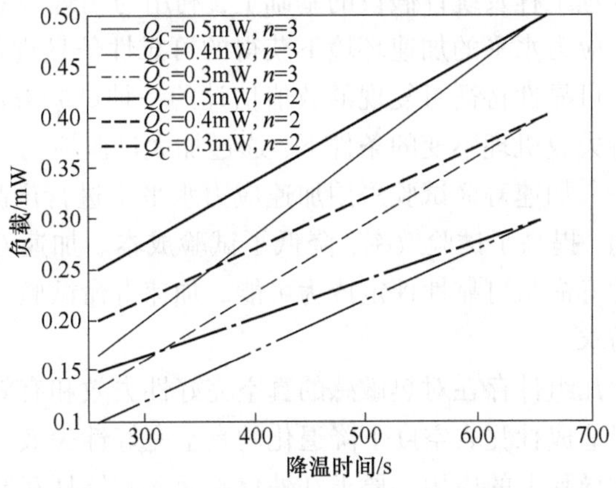

图 5-8 杜瓦动态热负载与降温时间关系曲线

大，通常气体压力大于 1×10^{-2}Pa 可视为杜瓦真空失效。

（3）静态热负载小于动态热负载几十毫瓦或上百毫瓦，用静态热负载增加百分比判断杜瓦真空失效，忽略了作用于冷指上探测器处于工作状态产生的焦耳热、透过窗口汇聚到探测器上的目标和背景辐射热流，以及高温+55℃（+70℃）环境温度的影响，即使静态热负载增加百分比达到50%，通常也没有真空失效。

（4）顾客定制有用真空寿命 15 年，要求杜瓦真空腔体的平均漏气速率 Q 小于 5×10^{-15} Pa · m^3/s。因而，在较短观察时间（制造周期）内，不能利用液氮蒸发原理测量热负载增加量而可靠地推论预测长达 15 年的有用真空寿命。在特定时间区间内，热负载增加量达到测量扩展不确定度决定的误差极限约 30mW 时，可以认为杜瓦真空有用寿命不符合顾客定制要求。

（5）真空失效的考核指标依顾客要求而异，红外焦平面探测器杜瓦组件配置不同，失效判据也不一样，并没有一个统一的真空失效衡量标准。针对特定配置组件，必须理论分析或试验确定具体可检测的失效指标值。

5.10 真空寿命试验测试技术

寿命试验是为评价分析产品寿命特征值而进行的试验。它是在实验室里模拟器件实际工作状态或储存状态，投入一定数量的样品进行试验，记录样品数量、试验条件、失效个数和失效时间等，试验结束后进行统计分析，从而评估器件的可靠性数量特征（如可靠度、失效率、平均寿命等），作为可靠性预测、可靠性设计、制定筛选条件、制定例行试验的规范和改进质量的依据。寿命试验可分为两类：一类是长期寿命试验，即按照产品的正常工作状态或储存状态进行试验；另一类是加速寿命试验，即按照超出正常工作或储存的应力进行试验。

加速寿命试验的统一定义最早由美国罗姆航展中心于 1967 年提出，加速寿命试验是在进行合理工程及统计假设的基础上，利用与物理失效规律相关的统计模型对在超出正常应力水平的加速环境下获得的可靠性信息进行转换，得到产品在额定应力水平下可靠性特征可复现的数值估计的一种试验方法。简言之，加速寿命试验是在保持失效机理不变的条件下，通过加大试验应力来缩短试验周期的一种寿命试验方法。加速寿命试验采用加速应力水平来进行产品的寿命试验，从而缩短了试验时间，提高了试验效率，降低了试验成本。加速寿命试验使得高可靠、长寿命产品的寿命与可靠性评定成为可能。加速寿命试验适应长寿命高可靠产品寿命评估的需求。

红外焦平面杜瓦组件存在对热敏感的真空完好性失效和有效像元递减退化失效两种故障。高温造成杜瓦真空度下降退化的真空完好性失效。随着红外焦平面探测器制冷组件在导弹上的应用，要求红外焦平面探测器杜瓦制冷机组件储存时间越来越长，对红外焦平面探测器杜瓦制冷机组件的储存寿命要求越来越严，因此，对杜瓦组件的储存寿命研究就显得越来越重要。由于杜瓦在正常工作条件下的失效时间一般比较长，所以主要采用加速寿命试验的方法来评价杜瓦的真空寿命。为缩短试验时间，在不改变故障模式和故障机理的条件下，用加大应力的方法进行寿命试验；基于具体失效物理（失效模式）确定的加速因子，确定产品在特定试验应力与其使用环境应力下所能经受时间之间的关系；通过高于使用应力（工作应力、环境应力）的试验应力来缩短试验时间。试验应力水平产生了与产品预期寿命期内等价的累积损伤效应。另一种测试产品性能退化特性的方法，该退化特性是时间或应力循环数的函数。

碲镉汞红外焦平面探测器杜瓦制冷机组件要求具有长寿命、可靠性水平高的特征，而微型金属杜瓦真空在使用环境和使用剖面中潜在的性能退化速度非常缓慢，评定和考核它的寿命指标必须要用加速试验方法，通过提高试验的应力水平或者增大交变应力施加的频度来缩短试验时间，利用高应力水平下的性能退化数据预测和估计常规应力下的寿命（失效时间）和可靠性水平，寿命包括工作寿命、温度循环寿命和储存寿命。美国 Santa Barbara 研究中心、Honeywell 公司、Boeing 公司和法国 Sofradir 公司在 20 世纪八九十年代先后开展了碲镉汞红外探测器可靠性技术和失效物理研究，采用 Pieruschka 1961 年提出的加大试验应力缩短试验时间的加速寿命试验方法，通过收集获取的截尾失效数据和寿命分布信息，进行统计分析，评定寿命。1981 年，Nelson 给出了加速退化试验得到的性能退化数据的统计模型与分析方法，利用性能退化轨迹评定寿命。

加速试验技术的文献专著很多，GB/T 34986—2017《产品加速试验方法》等同采用国际电工委员会 IEC 62506：2013 标准，用它指导微型金属杜瓦真空储存寿命的加速试验，应考虑试验应力水平、试验时间、试验结果、试验结果的可信度、对有用数据的分析、寿命周期费用影响、分析的复杂性等因素。工程应用中针对具体产品的加速模型、失效机理和试验设计，仍然依赖经验和假设。诸如加速系数、激活能、失效分布、不同应力下时间折算模型等需要深入研究其适用范围。加速试验不仅提供评定寿命分布和可靠性指标的信息，也是识别制造工艺缺陷（潜在故障模式）、研究失效机理、分析性能退化的有效途径。

有效加速试验，一般需要样本30~60个，要求失效数至少5个。按威布尔分布评估寿命至少需要出现5~10个样本失效，需要的样本量应该为15~30个。如果不能确定寿命的分布，当要求5%的样本量失效，至少需要30个样本进行试验。试验时间的长短取决于试验中允许出现多少个故障，最小试验时间是要求的可靠性水平、施加的应力和试验加速的函数。因此，验证微型金属杜瓦储存寿命的试验昂贵费时。可以根据现有恒定高温试验数据，用加速寿命试验（accelerated life test）和加速退化试验（accelerated degradation test）方法，对试验数据进行处理，评定微型金属杜瓦真空储存寿命。

因为，微型金属杜瓦腔体里的真空完好性具备可加速性，在此前提下，加速试验的假设条件为：

（1）在各加速应力水平下，产品的失效机理不变，失效模式不变。

（2）存在有规律的加速过程（加速模型：物理、经验或统计）。

（3）在各加速应力水平下，微型金属杜瓦真空度的退化过程服从同族的随机过程。即应力水平变化、杜瓦真空完好性退化随机过程类型不变（寿命分布不变），而仅改变过程的参数。

所以，建立的加速模型，应使得高应力短时间累计的损伤等效于使用应力长时间累积的损伤，并且它们的寿命分布不变。加速模型有以下三种类型（图5-9）：

（1）基于对产品失效过程的物理化学解释提出的物理加速模型，是通过与失效机理相关的物理原理推导得到，其数学表达形式为已知，只是模型参数待定。因此，基于物理加速模型的加速寿命试验的基本任务就是通过试验对模型参数进行辨识。物理加速模型中最典型、应用最广泛的是反应速度论模型。反应速度论模型有很多，典型的有Arrhenius模型、逆幂律（inverse power law）模型、艾林（Eyring）模型等。

（2）基于工程师对产品性能长期观察的总结提出的经验加速模型。

（3）统计加速模型。常用于分析难以对其失效过程用物理化学方法解释的产品的失效数据，是基于统计分析方法给出的。统计加速模型又分为参数模型和非参数模型。参数模型需要一个预先确定的寿命分布来进行分析，而非参数模型是一种无分布假设的模型。

用加速寿命试验（accelerated life test）和加速退化试验（accelerated degradation test）方法评定和考核杜瓦的寿命指标。杜瓦真空质量特性指标参数，

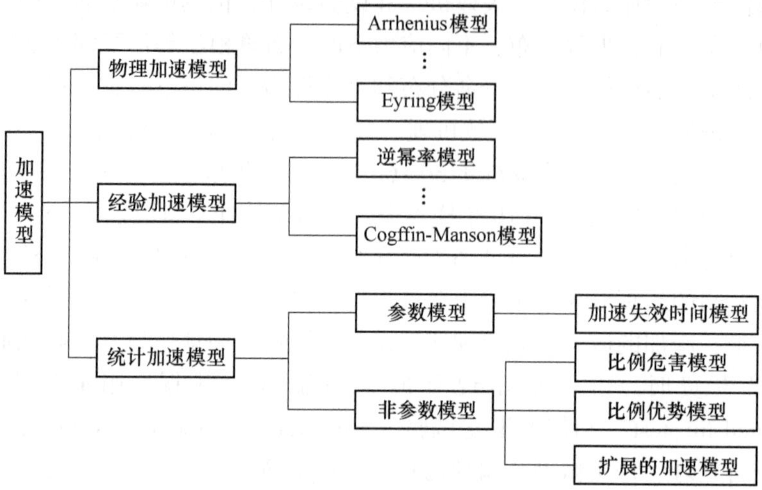

图 5-9　加速模型

实际上就是腔体里的真空度，通过封离真空的非解真空杜瓦的真空度间接测量得到，是利用液氮相变的比焓差计算预测杜瓦腔体里的真空度。寿命试验测试基本要求有以下几个方面：

（1）边界条件和极限值必须精确定义和遵守。

（2）边界条件检验和记录的测试方法及其精度都必须确定。

（3）预计检验时间。

（4）为了估计寿命，必须精确定出当标准函数不再满足时的边界值（损坏是一个连续变化的参数，如密封失效时的泄漏量）。

（5）质量特性约定和检测。

规定热负载接收或拒收判据。热负载标准值是根据一定方法确定的检验一代、二代产品真空绝热特性的技术指标，它是一代、二代产品真空绝热特性检验验收时的合格或不合格判据。定义杜瓦固有热负载等于排气封离后红外焦平面探测器杜瓦组件静态热负载测量值的算术平均值。一代产品为（137±2）mW，二代产品为（149±4）mW。

第一种方法明确合格热负载指标。一代、二代产品制造验收规范要求值：一代杜瓦固有热负载≤180mW，探测器焦耳热负载≤150mW，总热负载≤330mW。分置式制冷机 0.5W@（-45～55℃），在有 0.28W 热负载情况下，冷端冷却到 80K 不超过 8min。一代玻璃金属杜瓦热负载不大于 180mW（180×23.9%+137），适配 J-T 制冷器或 K526SC1/2W。二代金属杜瓦热负载按相似理论推论应不大于 196mW（196×23.9%+149），适配斯特林制冷机。根据经验，在室温工作条件下，总热耗功率应控制在制冷功率 1/3 左右，这样制冷机的可靠性才有保证。这时制冷机控温工作转速应在额定转数 1/3 左右，即约 1000r/min 左右，制冷机的工作寿命可达数千小时。

严酷考核真空排气能力的热负载标准值应按杜瓦固有热负载选取，考虑到杜瓦制造工艺、排气工艺和热负载测量能力等因素，可以确定热负载标准值：一代取值 140mW；二代取值 155mW。

规定热负载标准值 Q 合格为：一代 $Q \leqslant 180$mW(140mW)；二代 $Q \leqslant 195$mW(155mW)。Q 不合格为一代 $Q > 180$mW(140mW)；二代 $Q > 195$mW(155mW)。

另一种合格判据。红外焦平面探测器杜瓦组件排气封离后检测热负载 Q_1，71℃高温储存 72h 后检测热负载 Q_2，热负载 Q_2 增加不大于 15%Q_1，即试验结束后测量热负载 $Q_2 < (1+15\%)Q_1$ 合格，$Q_2 > (1+15\%)Q_1$ 不合格。

红外焦平面探测器杜瓦组件在所规定的工作、不工作和储存条件下，应保持其真空度小于设计允许的压力，当制冷机运行在正常工作状态下特性指标符合设计规范要求，红外焦平面探测器杜瓦组件热负载由于气体传导热负载增加到超出保证红外焦平面探测器最大工作温度要求时，红外焦平面探测器杜瓦组件的真空压力超过了制冷机设计允许的最大真空压力，不能完成规定真空绝热功能要求时，红外焦平面探测器杜瓦组件真空失效。其度量方法为：真空压力（真空度）或热负载。有文献给出的最大允许压力为 1Pa，也有文献给出的最大允许压力为 1×10^{-1}Pa，较多的文献给出的最大允许压力为 1.333×10^{-2}Pa。对于典型热负载 150mW 的杜瓦，工程实用方法为直接测量 0.3g 液氮气化时间，而间接测量（计算）得到热负载。当热负载测量值超出规定极限热负载时，红外焦平面探测器杜瓦组件真空失效。

预计检验测试时间

$$t = \theta \ln \frac{1}{1 - F(t)} \tag{5-22}$$

式中 t——测试时间；

θ——估计的被测产品的平均寿命；

$F(t)$——累计失效概率。

5.11 单应力加速试验模型

可靠性的“三个规定”是指：

(1)“规定条件”是对产品在生产方认定是合格产品后，从储存到使用的整个工作寿命期间将会承受到的各种应力。

(2)“规定时间”是视产品的不同而有不同的量，既可以是时间，即持续时间或断续时间；也可以是次数（如接触元件）。

(3)“规定功能”是判断产品好坏的依据，是产品的失效判据，产品失去规定功能，即称为失效。

为了通过失效发生的现象用物理、化学的方法去分析它，以便在理解或解释失效机理时，提供模型或分析问题的思维方法，就产生了失效物理模型。常用的有反应论模型。反应论模型用来模拟化学反应等因素导致的失效。它是指器件的劣化和损坏等失效，是在原子、分子级别上随时间发生的变化引起的。例如，由于电气、机械、热和化学等多方面的应力引起物质内部各种变化，如平衡状态的变化、材料组分的变化、晶体结构的变化、结合力的变化、裂纹的发展等，都是造成元器件失效的原因。而支配这些失效进程的，乃是氧化、析出、电解、扩散、蒸发、磨损和疲劳等失效机理。这些变化或反应的速度取决于应力的种类和大小。器件或材料的寿命取决于这样的反应结果，即反应产生的有害物质（如氧化物、腐蚀析出物等）的积累或裂纹的扩展达到或超过界限值，失效即随之发生，也就是说，失效寿命是随反应速度加快而缩短，它与反应速度成反比。把这样的失效物理模型称为反应论模型。它也是属于耐久模型范畴的理想化模型。这里所指的反应不仅指狭义的化学反应，而且包括蒸发、凝聚、形变、裂纹传播等具有一定速度的物理变化，都可属于反应论模型。

激活能是晶体中晶格点阵上的原子运动到另一点阵或间隙位置时所需的能量，是反映温度应力对产品寿命影响的一种指标。在从正常状态进入退化状态的过程中，存在着能量势垒，而跨越这种势垒所必需的能量是由环境应力提供的（图 5-10）。并且，越过此能量势垒（称为激活能 E）进行反应的频数是按一定概率发生的，即服从玻尔兹曼分布，此反应速度与温度的关系就是阿伦尼斯（Arrhenius）模型和艾林（Eyring）模型。激活能越小，失效的物理过程越容易进行；激活能越大，加速系数越大，越容易被加速而失效。

在使用和储存过程中的失效模式与潜在的性能退化过程有关，碲镉汞焦平面阵列像元光电转换功能退化是材料、P-N 结性能变化所致，是环境应力激发原子、分子变化的长期累积效应，这些物理化学变化的速率受限于环境应力的大小。环境应力为温度时，温度对性能退化量的影响符合反应论阿伦尼斯（Arrhenius）经验模型

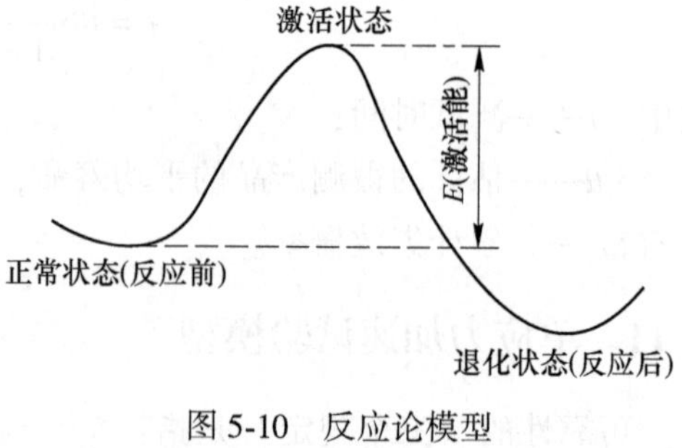

图 5-10　反应论模型

$$\frac{\partial z(t)}{\partial t} = A_0 \exp\left(\frac{E_a}{kT}\right) \tag{5-23}$$

式中　$\partial z(t)/\partial t$ ——性能退化速率；

t——经历时间；

A_0——常数；

E_a——失效机理的激活能，eV，激活能，通常为 0.7～1.0eV，美国国防部手册推荐取 0.79eV；

k——Boltamann 常数，取 8.617×10^{-5}eV/K；

T——温度应力，K。

对式（5-21）积分，在自然环境温度 T_{use}、高温试验温度 T_{stress} 下，经历时间 t_u、t_s 后性能退化量相同，推导得加速方程

$$AF = \exp\left[\frac{E_a}{k}\left(\frac{1}{T_{use}} - \frac{1}{T_{stress}}\right)\right] \tag{5-24}$$

式中，AF 为加速系数。

在加速试验应力 T 作用下，退化特征参数随时间的变化规律（轨迹）符合线性方程 $z(t) = at + b$，则激活能可由式（5-23）、式（5-24）求得

$$E_a = \frac{T_{s1}T_{s2}k\ln(a_1/a_2)}{T_{s2} - T_{s1}} \tag{5-25}$$

式中 T_{s1}，T_{s2}——恒定或者步进加速试验应力，K；

a_1，a_2——由试验过程中检测获取的退化特征参数拟合得到的退化轨迹方程的斜率。

加速试验的基本假定是：常规应力与加速应力下的寿命服从同簇的失效分布，即改变应力水平不改变失效分布，仅仅改变分布参数。设 $F_s(t_s)$、$F_u(t_u)$ 分别是应力 T_{stress}、T_{use} 下的累积失效概率，t_s、t_u 是试验时间和使用时间，则当 $F_s(t_s) = F_u(t_u)$ 时，试验应力 T_{stress} 相对于常规应力 T_{use} 的加速系数为

$$AF = \frac{t_u}{t_s} \tag{5-26}$$

所以，加速系数是与试验时间无关的常数，由试验应力决定。有效加速试验必须保证各种应力水平下的失效机理与常规应力下的失效机理一致不变，这就需要满足加速系数不随试验时间变化的原则。

5.12 单应力加速寿命试验中应注意的几个问题

单应力恒定加速寿命试验中一般要求应力水平数不得少于 4。确定加速应力水平 $S_1<S_2<\cdots<S_k$ 的一个重要原则，就是在诸应力水平 S_i 下产品的失效机理与在正常应力水平 S_0 下产品的失效机理是相同的。因为进行加速寿命试验的目的就是在高应力水平下进行寿命试验，较快获得失效数据，估计出可靠性指标，再利用加速方程外推正常工作应力 S_0 下产品的可靠性指标。在恒加速寿命试验中，k 取得越大，即水平数越多，则求加速方程中两个系数的估计越精确。最低应力水平

S_1的选取，应尽量靠近正常工作应力 S_0，这样可以提高外推的精度，但是 S_1 又不能太接近 S_0，否则收不到缩短试验时间的目的。最高应力水平 S_k应尽量选得大一些，但是应注意不能改变失效机理，特别不能超过产品允许的极限应力值。一般有下列两种取法：

（1）k 个应力水平按等间隔取值；

（2）温度按倒数成等间隔取值。

$$\Delta = \left(\frac{1}{T_1} - \frac{1}{T_k}\right) / (k - 1)\text{，}\frac{1}{T_1} - \frac{1}{T_k} = (j - 1)\Delta\text{，}j = 2\text{，}3\text{，}\cdots\text{，}k - 1 \tag{5-27}$$

根据式（5-27）可以确定加速温度应力（70℃、80℃、91℃、102℃）或者（45℃，54℃，63℃，72℃）步进应力试验方案。如果加速系数为 20，基准应力为 70℃，则加速应力为 102℃。假设真空表面水汽的激活能为 1eV，70℃、1500h 条件下的表现和 102℃、75h 条件下的表现是相同的。

前述的正常寿命试验，对于可靠性较高的产品来说，往往需要很长的试验周期和大量的样品。例如，为了鉴定产品的失效率是否达到 10^{-8}/h，在失效分布类型为单参数指数分布，置信度取值为 0.9，允许失效数 $r=0$ 时，需要抽取 23 万个样品试验 1000h，或是抽取 1000 个产品进行试验，那么试验时间将长达 26 年以上，这就意味着试验尚未完成，产品可能就被淘汰了。因此人们经过长期的实践，提出一种加速试验的方式以解决上述问题。所谓加速寿命试验就是用加大应力的方法促使投试样品在短时期内失效，从而预测产品总体在正常储存条件或工作条件下的可靠性。

（1）加速寿命试验的类型。按照试验中试件的状态，加速寿命试验可分为加速工作寿命试验和加速储存寿命试验。按照试验应力的加载方式，加速寿命试验通常分为恒定应力加速试验（恒加试验）、步进应力加速试验（步加试验）和序进应力加速试验（序加试验）三种基本类型。

1）恒定应力加速寿命试验（constant-stress accelerated life testing，CSALT）。如图 5-11 所示，恒定应力加速寿命试验是把全部试验样品分为组，试验时加到样品上的应力也分为 k 组，分别记为 S_1，S_2、…、S_k，一般 $S_1<S_2<\cdots<S_k$，它们都高于正常应力水平。然后每组样品在一个加速应力水平下进行寿命试验，试验到规定时间（也叫截尾时间）或规定的失效个数（也称截尾个数）结束。因此恒定应力加速试验是由若干个寿命试验组成。

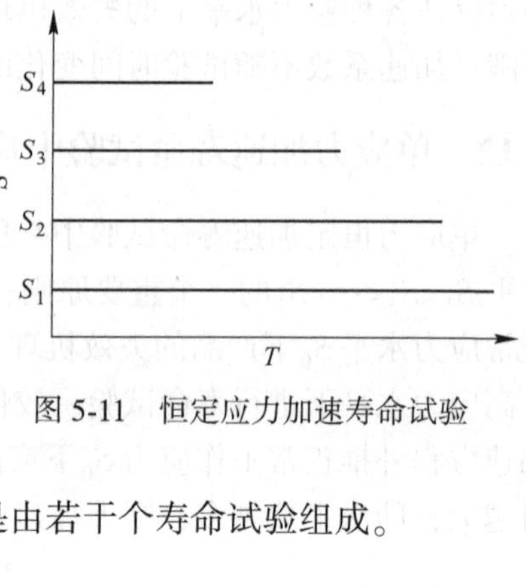

图 5-11 恒定应力加速寿命试验

2）步进应力加速寿命试验（step-stress accelerated life testing，SSALT）。步进应力加速寿命试验，也是先选定一组加速应力水平 $S_1 < S_2 < \cdots < S_k$，它们都高于正常应力水平 S_0，但试验时样品不分组，而是试验开始时把全部样品置于应力水平下进行寿命试验，待到一定时间或一定个数的样品失效，把未失效样品在应力下继续进行寿命试验。如此继续下去，应力逐步提高，直到规定时间或达到一定数量的样品失效个数，试验结束。从图 5-12 可以看出，在步进试验中一个样品先在应力水平 S_1 下工作一段时间 T_1，若发生失效，则退出试验；反之将随着应力水平的提高进入 S_2 下的寿命试验。由此可见，在步进应力加速试验中一个样品可能会遭遇若干加速应力水平的考验。而在恒定应力加速试验中，一个样品始终都在同一应力水平下试验。相比之下，步进应力加速试验的加速效率相对更高，另外还可以减少参试的样品个数。它的不足之处是可靠性特征的估计不如恒定应力加速试验下精确。为了克服这一缺点，可以安排两组样品平行进行步进应力加速试验。两组试验中的应力水平可以相同，也可以不同，这样可以增加失效个数，提高估计精度。

3）序进应力加速寿命试验（progressive stress accelerated life testing，PSALT）。序进应力加速寿命试验与步进应力加速试验基本相同，不同之处在于它的加速应力水平是随时间连续上升的，最简单的是直线上升（图 5-13）。序进应力加速试验的特点是应力变化快，失效较快。所以，进行序进应力加速试验需要专门控制应力连续变化的设备和跟踪产品失效的记录仪器。

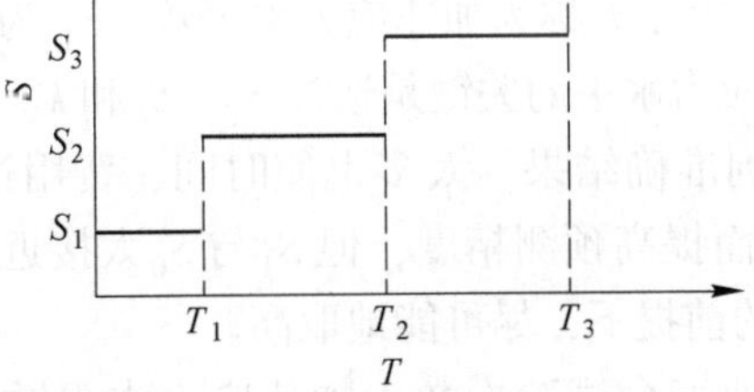

图 5-12 步进应力加速寿命试验

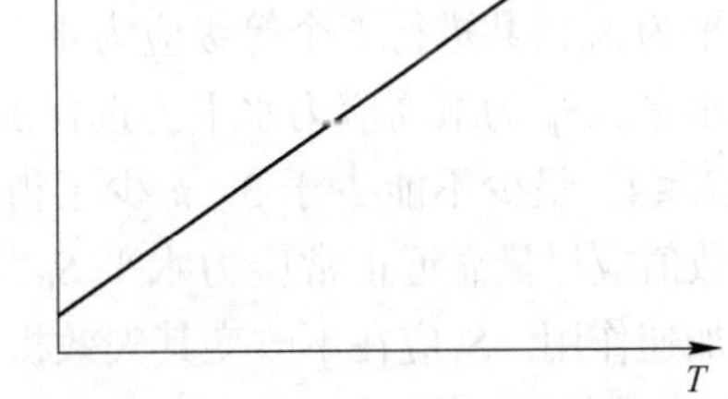

图 5-13 序进应力加速寿命试验

恒定应力加速试验、步进应力加速试验和序进应力加速试验各有特点，其主要差别见表 5-4。

表 5-4 三种不同类型加速寿命试验方法比较

方 法	优 点	缺 点	备 注
恒定应力加速试验	模型成熟，试验简单，易成功	试验所需试样多，试验时间较长	应用最广泛

续表 5-4

方　法	优　点	缺　点	备　注
步进应力加速试验	试验所需试样相对较少，加速效率相对较高	试验数据统计分析难度较大	常用于定性分析场合
序进应力加速试验	试验效率最高	需要专门的装置提供符合要求的序进应力	相关研究和应用很少

红外探测器杜瓦组件真空耐久性加速寿命试验就是用加大应力的方法促使投试样品在短时期内失效，从而预测产品总体在正常贮存条件或工作条件下的可靠性。将投试产品分成 n 组，每组在高于正常应力水平的恒定不变的应力下所进行的试验称为恒定应力加速寿命试验。

1）选择加速应力 S。产品的失效是由其失效机理决定的。失效机理促使失效过程的发展，而失效过程进行的快慢又受到所加应力的影响，不同的应力产生不同的失效机理。因此选择加速应力时既要考虑这个应力容易进行人工控制，又要考虑有相应的加速方程。通常在加速寿命试验中所指的应力有机械应力（如压力、振动、冲击、负载等）、热应力（温度）、电应力（如电流、电压等）。在遇到多种失效机理的情况下，要选择那种对主要失效机理起主导作用的加速应力，对于电子元器件来说，常可选择温度作为加速应力，对于由机械-电子零部件组成的产品也可选择温度作为加速应力或选择机械负载或选择电流（电压）作为加速应力。

2）选择加速应力水平 S_1，S_2，…，S_k。为了通过加速寿命试验准确预测正常应力水平下的寿命特征，必须遵循高应力水平下产品的失效机理与正常应力水平下产品的失效机理相同的原则。通常要同时进行几个等级应力水平的试验。设正常应力水平为 S_0，共进行 k 个等级应力水平的试验，k 称为加速应力水平数。S_1 为最低应力水平，S_k 为最高应力水平。选择加速应力水平的关键是选择 S_1、S_k 和 k。一般来说 $k \leqslant 4$，最少不能少于 3。k 少了得不到准确结果，太多也使时间、费用过多。S_1 的数值应尽量靠近正常应力水平 S_0，从而提高预测精度，但 S_1 与 S_0 太接近则起不到加速作用。S_1 应在不改变其失效机理的前提下，尽可能地取高。

3）选择样品数量。整个恒定应力加速寿命试验次数由加速应力水平数 k 决定，在 S_j 应力水平下投入试验的样品为 n_i。整个试验所需样品数 $n = n_1 + n_2 + \cdots + n_t$。在同一批产品中随机地抽取 n 个样品，然后再随机地分为 n_1 个、n_2 个，…，n_t 个。一般可以取 $n_1 = n_2 = \cdots = n_t$。如果各次试验样品取数不一样，那么应保证 n_1 和 n_t 是最多的。通常要求 n_i 不应少于 5。

（2）杜瓦真空加速寿命试验的数据处理。寿命试验的统计分析方法是加速寿命试验统计分析方法的基础，它与寿命分布类型密切相关。威布尔分布是广泛应用的一种寿命分布，它的最大特点是其形状参数 m 的不同能反映各种不同的失效机理。恒定应力加速试验数据的统计分析方法基本假定有三点：

1）产品在各应力水平下的分布服从威布尔分布，其分布函数为

$$F_i(t) = 1 - \exp\left[-\left(\frac{t}{\eta_i}\right)^{n_i}\right] \tag{5-28}$$

式中 i——取值为1、2、3、4；

η_i——特征寿命；

t——时间。

2）各应力水平下的产品失效机理不变，即 m 为常数。

3）产品的特征寿命 t_i 与所加应力水平 S_i 有如下加速模型：

$$\ln t_i = a + b\phi(S_i) \tag{5-29}$$

这三个假定的验证方法如下：

1）假定1的检验可利用威布尔概率纸进行。

2）假定2的检验用巴特利检验法或作图检验法进行，由失效物理作背景。

3）假定3的假设是肯定的。

下面阐述前两个假定的检验方法。对试验数据的处理按照下面的办法进行；在样品数量少于25的情况下，失效概率为 $F(t_i)=i/(n+1)$。在每个温度点的累积失效时间和累积失效概率统计见表5-5。

表5-5 累积失效时间和累积失效概率统计

次序号	1	2	3	…	n
失效时间 t_i	t_1	t_2	t_3	…	t_i
累积失效概率 $F(t_i)$	$1/(n+1)$	$2/(n+1)$	$3/(n+1)$	…	$i/(n+1)$

对每个温度点下的一组数据，在威布尔分布概率纸上绘出概率和失效时间的分布图，取得中位寿命值（图5-14），在单对数坐标上绘制中位寿命和温度的关系曲线（图5-15），由作图法求得阿乌尼斯模型的2个形状参数，再求出加速因子。若所示4条线都是直线，则假定1成立；若4条直线平行，则假定2成立（图5-16）。

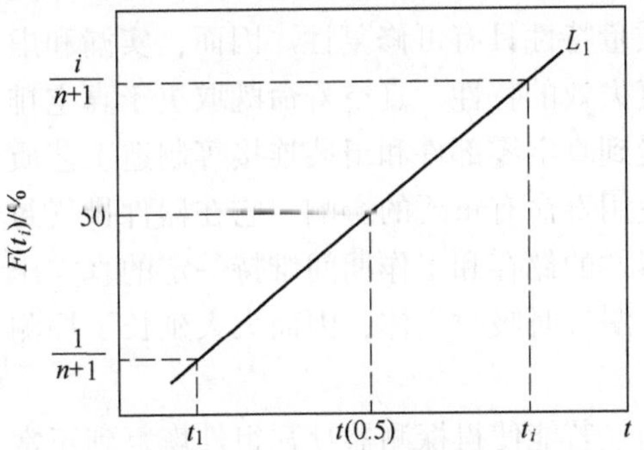

图5-14 中位寿命取值图

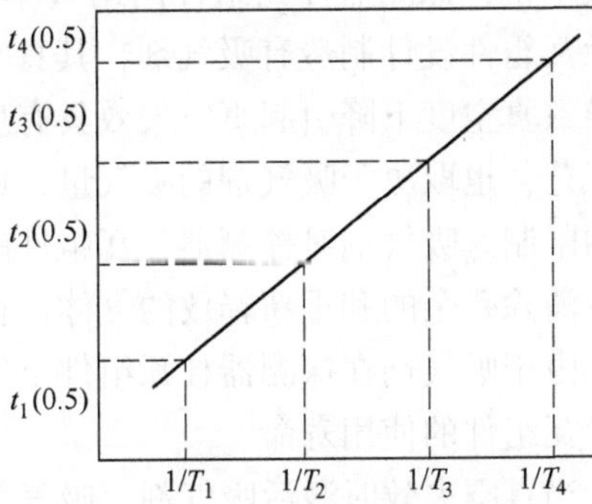

图5-15 典型中位寿命与温度的关系曲线

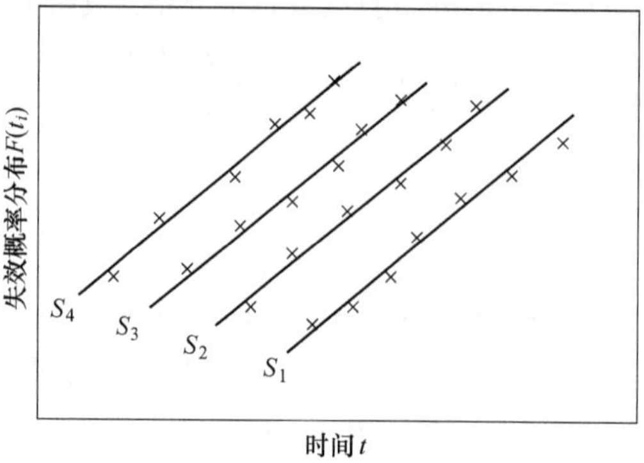

图 5-16　假定 2 检验图

如图 5-16 所示，在威布尔概率纸上绘制数据点，估计中位寿命点。在单边对数坐标纸上画出寿命 t 与温度 T 的关系图，由式 $\lg t = a + b(1/T)$ 可知，它是一条直线，称为加速寿命直线，可以用最小二乘法比较精确地估计系数 a 和 b。由式 $\lg t = a + b(1/T)$ 得出加速系数为

$$\lg AF = b(1/T_0 - 1/T_i) \tag{5-30}$$

式中　T_0——正常应力水平。

根据加速系数可以求出正常条件下的真空寿命。

5.13　红外焦平面探测器杜瓦组件真空寿命

在真空容器中漏气是绝对的，不漏是相对的，探测器杜瓦组件总是存在由实漏和虚漏构成的漏气，一般实漏的漏气率为 1×10^{-12} Pa · L/s，虚漏的出气率为 1×10^{-7} Pa · L/(s · cm^2)　(1×10^{-6} Pa · m^3/(s · m^2))。在探测器杜瓦组件工作或不工作温度范围内，制造工艺缺陷带来的漏气远比壳体材料渗透大几个数量级。一般来说，探测器杜瓦组件的出气率要比漏气率大 1~3 个数量级。所以，探测器杜瓦组件设计制造有吸气剂，其真空质量特性具有可修复性。因而，实漏和虚漏导致真空度下降引起真空失效具有反复失效的特性。真空寿命既取决于真空排气工艺，也取决于吸气剂的吸气量，还受到真空零部件和组装连接等制造工艺质量的限制。吸气剂对探测器杜瓦组件的使用寿命有重要的影响，它在器件排气封离后消除残余的和重新释放的气体，在器件的储存和工作期间维持一定的真空压力。由于吸气剂在探测器杜瓦组件出气，漏气时吸收气体，因而大大延长了探测器杜瓦组件的使用寿命。

当真空失效时激活吸气剂，吸气剂抽气若能使得探测器杜瓦组件恢复到正常工作压力或设计规范要求热负载，则探测器杜瓦组件仍然可以正常使用和工作。如果探测器杜瓦组件实漏和虚漏不是很大时，吸气剂可以多次激活直至饱和（吸

气剂失效)。当吸气剂达到饱和时，探测器杜瓦组件真空压力大于 10^{-1}Pa，探测器杜瓦组件真空失效。

严酷考核排气工艺能力或真空零部件制造和组装连接工艺，可以采用不允许激活吸气剂的方法，无修理激活直接考核探测器杜瓦组件的真空有用寿命。在良好排气工艺的基础上，考核探测器杜瓦组件的真空寿命，应该允许激活吸气剂，将吸气剂饱和失效以后的真空失效作为探测器杜瓦组件的真空使用寿命（或真空总寿命)。

例如，设计允许最大热负载为 180mW，固有热负载为 140mW，在设计寿命周期内允许最大热负载增加量为 28.6%，最大允许压力为 2.5×10^{-1}Pa。有文献给出的最大允许压力为 1Pa，也有文献给出的最大允许压力为 1×10^{-1}Pa（较多的文献给出的最大允许压力为 1.333×10^{-2}Pa)。将红外探测器杜瓦组件真空失效允许的最大压力 2.5×10^{-1}Pa 和真空空间的容积 1×10^{-2}L 代入式（5-17)，计算得不同设计寿命时间的最大允许升压率和漏气率（表 5-6)。图 5-17 所示为最大允许漏气率与设计寿命时间的关系。

表 5-6 不同设计寿命时间的最大升压率与漏气率

设计寿命 t /a	升压率 R /Pa·s^{-1}	漏气率 q /Pa·L·s^{-1}	升压率 R /Pa·s^{-1}	漏气率 q /Pa·L·s^{-1}	升压率 R /Pa·s^{-1}	漏气率 q /Pa·L·s^{-1}
1	3.17×10^{-9}	3.17×10^{-11}	7.93×10^{-9}	7.93×10^{-11}	3.17×10^{-8}	3.17×10^{-10}
2	1.59×10^{-9}	1.59×10^{-11}	3.96×10^{-9}	3.96×10^{-11}	1.59×10^{-8}	1.59×10^{-10}
3	1.06×10^{-9}	1.06×10^{-11}	2.64×10^{-9}	2.64×10^{-11}	1.06×10^{-8}	1.06×10^{-10}
4	7.93×10^{-10}	7.93×10^{-12}	1.98×10^{-9}	1.98×10^{-11}	7.93×10^{-9}	7.93×10^{-11}
5	6.34×10^{-10}	6.34×10^{-12}	1.59×10^{-9}	1.59×10^{-11}	6.34×10^{-9}	6.34×10^{-11}
6	5.28×10^{-10}	5.28×10^{-12}	1.32×10^{-9}	1.32×10^{-11}	5.28×10^{-9}	5.28×10^{-11}
7	4.53×10^{-10}	4.53×10^{-12}	1.13×10^{-9}	1.13×10^{-11}	4.53×10^{-9}	4.53×10^{-11}
8	3.96×10^{-10}	3.96×10^{-12}	9.91×10^{-10}	9.91×10^{-12}	3.96×10^{-9}	3.96×10^{-11}
9	3.52×10^{-10}	3.52×10^{-12}	8.81×10^{-10}	8.81×10^{-12}	3.52×10^{-9}	3.52×10^{-11}
10	3.17×10^{-10}	3.17×10^{-12}	7.93×10^{-10}	7.93×10^{-12}	3.17×10^{-9}	3.17×10^{-11}
15	2.11×10^{-10}	2.11×10^{-12}	5.28×10^{10}	5.28×10^{-12}	2.11×10^{-9}	2.11×10^{-11}
最大允许压强/Pa	0.1		0.25		1	

红外焦平面探测器杜瓦组件有吸气剂，修理激活吸气剂可以延长真空寿命，用平均故障间隔时间表示产品真空寿命。平均故障间隔时间（MTBF）是在规定的条件下和规定的时间内，产品寿命单位总数与故障总次数之比，它是可修复产品可靠性的一种基本参数。MTBF 的观测值 θ 也称点估计值，$\theta=1/\lambda$。MTBF 的

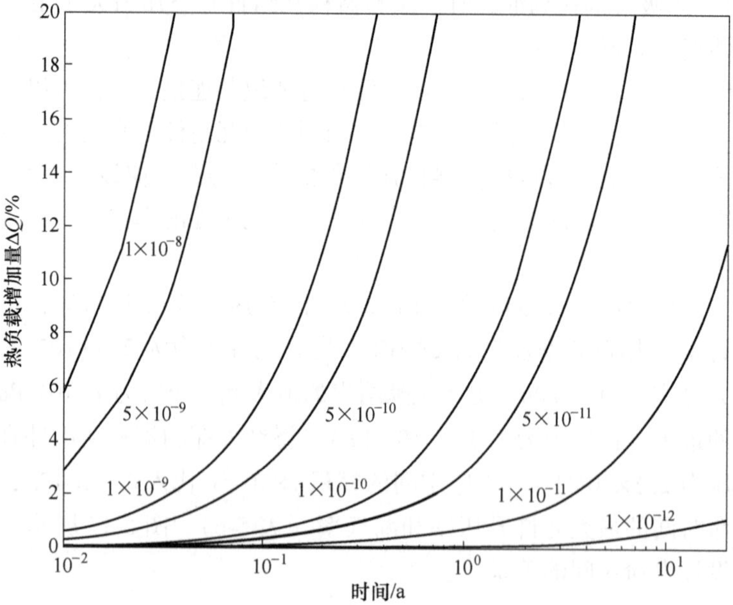

图 5-17　最大允许漏气率与设计寿命时间

失效率（λ）是指在规定的条件下和规定的时间内，产品的失效总数与寿命单位总数之比。

MTBF 的检验下限值 θ_1 与检验上限值 θ_0 的试验风险概率如下 。真值接近 θ_1 时，试验将以低概率接收，高概率拒收；真值接近 θ_0 时，试验将以高概率接收，低概率拒收。MTBF 的预计值 θ_p 是用规定的可靠性预计方法确定的 MTBF 值。它取决于产品的设计和使用环境，数值上应等于或大于 θ_0，以保证产品在可靠性试验期间能以高概率接收。使用方风险 β 是 MTBF 真值等于 θ_1 时被接收的概率；生产方风险 α 是 MTBF 真值等于 θ_0 时被拒收的概率。鉴别比 $d=\theta_0/\theta_1$ 与 α 和 β 一起构成统计试验方案的基本参数。

失效率和寿命评估实例：2004 年以来累计交付整机使用 13 批 21 只扫描型列阵红外焦平面探测器杜瓦组件，至 2005 年 11 月最长使用 617 天，最短使用 45 天，平均使用 229 天，累计使用 115368h。其中 3 只红外焦平面探测器杜瓦组件失效，一只使用 67 天（1608h）杜瓦粘接热阻过大，一只 148 天（3552h）真空失效，一只 518 天（12432h）真空失效。其可靠度 $R=(N-r)/N=0.857$，失效概率 $=1-R=0.143$。

2004 年交付整机使用 9 只扫描型列阵红外焦平面探测器杜瓦组件，近似计算失效率为：

$$\lambda \approx \frac{C}{N\Delta t} \tag{5-31}$$

式中 C——失效数；

N——抽样容量；

Δt——检验时间。

其中 $C=3$，$N=9$，$\Delta t=365\times24=8760\text{h}$，失效率 $\lambda\approx3/(9\times8760)=3.8\times10^{-5}/\text{h}$。21 只 3 年后，有 $C=3.8\times10^{-5}\times21\times3\times365\times24=21$ 只失效，$\text{MTBF}=(3/21)\times365=52.1\text{d}=1251.4\text{h}$。

参 考 文 献

[1] 李建林．结霜（露）对微型金属杜瓦瓶热负载测量质量的影响［J］. 红外技术，2007，29（12）：724-729.

[2] 李建林，周孝军．利用流量法测量微型金属杜瓦瓶热负载及其计算方法［J］. 激光与红外工程，2011，40（1）：141-148.

[3] 张亚妮，朱三根，龚海梅．微型金属杜瓦组件加速寿命试验的研究［J］. 红外，2008，29（3）：11-15.

[4] 朱魁章，乐子玲，孙鹏红，等．红外微型金属杜瓦的真空寿命研究［J］. 低温与超导，1989，26（4）：11-15.

[5] 林日东，刘伟，王冠，等．红外焦平面探测器杜瓦组件真空寿命分析［J］. 激光与红外，2011，41（7）：779-783.

[6] 崔军生，贾卫民．红外探测器工作寿命的影响因素分析［J］. 航空兵器，2011（5）：39-42.

[7] Brenière X，Tribolet P．IR Detectors Design and Approach for Tactical Applications with High Reliability without Maintenance［C］//Proc of SPIE，2008，6940：0H.

[8] Molina M，Breniere X，Tribolet P．IR detector dewar and assemblies for stringent environmental conditions［C］//Proc of SPIE，2007，6542：85.

[9] 龙杰勋．真空度对红外探测器/D64JT7 型系列杜瓦瓶性能的影响［J］. 红外技术，1995，17（2）：9-13.

[10] 刘伯高，魏东红．浅谈无消气剂小型探测器的实漏［J］. 红外技术，1995，17（5）：19-22.

[11] 于小兵．微型金属杜瓦绝热和真空保持的分析［J］. 激光与红外，2004，34（4）：275-278.

[12] DT-594/UA. MIL-D-49172（ER），Dwear- Detector Device［S］. 1982：10.

[13] 陈丕墐，真空技术的科学基础［M］. 北京：国防工业出版社，1987：139.

[14] 陈国邦，张鹏．低温绝热与传热技术［M］. 北京：科学出版社，2004：64，9.

[15] 孙权，冯静，潘正强．基于性能退化的长寿命产品寿命预测技术［M］. 北京：科学出版社，2015.

[16] 康锐，等．确信可靠性理论与方法［M］. 北京：国防工业出版社，2020.

[17] 刘建同．系统可靠性保证工程［M］. 北京：中国宇航出版社，2014.

[18] 梅文华．可靠性增长试验［M］. 北京：国防工业出版社，2003.

[19] 陆延孝，郑鹏洲，曾声奎，等．可靠性设计与分析 [M]. 国防工业出版社，1995.
[20] [德] 莱希纳 G，贝尔契 B. 机械产品可靠性：零件与系统的可靠性估计 [M]. 北京：机械工业出版社，1994.
[21] 林震，姜同敏，程永生，等．阿伦尼斯模型研究 [J]. 电子产品可靠性与环境试验，2005，5：12-14.
[22] 茹诗松，王玲玲．加速寿命试验 [M]. 北京：科学出版社，1997.
[23] 黄燕，吴全信．阿列尼乌斯模型在红外微型金属杜瓦的真空寿命试验研究中的应用 [J]. 低温与超导，2005，33 (2)：69-72.
[24] 张亚妮，朱三根，龚海梅．微型金属杜瓦组件真空加速寿命试验的研究 [J]. 红外，2008，29 (3)：11-15.
[25] 龚海梅，邵秀梅，李向阳，等．航天先进红外探测器组件技术及应用 [J]. 红外与激光工程，2012，41 (12)：3130-3140.
[26] 林日东，刘伟，王冠，等．红外焦平面探测器杜瓦组件真空寿命分析 [J]. 激光与红外，2011，41 (7)：779-783.
[27] 朱先亮，红外探测器组件可靠性试验研究 [D]. 上海：中国科学院上海技术物理研究所，2014.
[28] 石新民，莫德锋，范崔，等．红外探测器杜瓦真空寿命研究进展 [J]. 真空与低温，2021，27 (6)：572-580.
[29] 丁美斌，李晓华，赵红平，一种电真空器件的失效研究 [J]. 电子器件，2004，27 (4)：763-766.
[30] Rolin K A. Infrared focal plane array storage life assessment by accelerated aging [J]. Quality and Reliability Engineering International，1998 (14)：425-432 .

附录　微型金属杜瓦（瓶）热负载测量方法

1　范围

本标准规定了封离真空微型金属杜瓦（瓶）的热负载测量和数据处理方法。

本标准适用于红外焦平面探测器杜瓦组件研制、生产和使用各阶段，对微型金属杜瓦（瓶）真空绝热性能指标的评价测量。

2　引用文件

下列文件中的有关条款通过引用而成为本标准的条款。凡注日期或版次的引用文件，其后的任何修改单（不包含勘误的内容）或修订版本都不适用于本标准，但提倡使用本标准的各方探讨使用其最新版本的可能性。凡不注日期或版次的引用文件，其最新版本适用于本标准。

3　术语和定义

微型金属杜瓦瓶：用于封装红外探测器的小型真空绝热容器。通常杜瓦瓶内管（冷指存贮液氮）容积十几毫升到几十毫升。

热负载：热负载 = f(耗散的热功率，热端温度 T_U，冷端温度 T_L = 80K，真空度 $p(t)$，测量时刻 t)

热负载是表征红外焦平面探测器杜瓦制冷组件绝热能力（表观热导率）的综合指标，是传导、对流和辐射传热的总热流，也称作“热流量”。它的大小直接影响组件所损耗制冷机（器）功率的数量，包括杜瓦（瓶）固有“无功冷量损耗”和红外焦平面探测器的电功耗。

静态热负载：无内热源（探测器不工作状态下），测量得到的热负载。

动态热负载：有内热源（探测器不工作状态下），测量得到的热负载。

热负载观测值：观测值与真值存在差异，其测量数学模型为

$$Q_O = Q + \varepsilon$$

式中，Q_O为实际测量值称为热负载观测值；Q 为真实值即杜瓦（瓶）固有“无功冷量损耗”，不包括红外焦平面探测器的电功耗，且杜瓦（瓶）机械接口及壳体温度偏离工作状态的温度；ε 为测量误差。

标准状态：环境温度 0℃，环境气压 1.013×10^5Pa。

汽化潜热：相变在相同温度和压力下两相间的比焓差。液氮在标准状态下的汽化潜热为 199.3J/g。

昆明地区测量工况下液氮的汽化潜热 L 为 161.6J/mL，或者 201J/g。

标准工况：在标准状态下实施热负载测量的环境条件。

测量工况：在非标准状态实施热负载测量的自然环境条件。

检测时刻：液氮气化耗尽的时刻，或者冷指端面稳定最低温度区间确定的被测量读数（测量）的时刻。

检测区间：由时间确定的测量热负载的热流区间。

检测判据：希望检测到的热流区间变换成被测量的检测对象。

约定结霜质量：杜瓦瓶在测量过程中，外壳结霜增加的质量通常约定为 0.15g。

液氮质量：规定被检测蒸发气化液氮的质量。

质量流量：质量流量计测量得到的质量流量读数（mL/min）。

体积流量：体积流量计测量得到的体积流量读数（mL/min）。

蒸发时间：规定质量的液氮蒸发耗尽所需的时间间隔。例：150mW，规定 0.3g，蒸发时间 398s。

冷端温度：杜瓦内管冷端能够达到的最低温度，由液氮定标二极管温度系数和检测二极管电压计算而得。

4 要求

4.1 测量环境

实验室环境温度：+15～+25℃；

实验室环境相对湿度：20%～80%；

实验室环境大气压力：昆明地区年均气压 81060Pa。

4.2 测量设备

由电子天平或流量计、计算机和控制软件组成。电子天平、质量流量计与计算机软件编程秒表计时器构成质量、质量流量和时间测量模块，具有称量法和流量法测量功能。

5 测量原理和方法

5.1 测量原理

热负载由下式求得：

$$Q_0 = LM \tag{1}$$

式中，Q_0为通过杜瓦传导、对流、辐射传热导入内管积存液氮的总热流，称作热负载观测值，W 或者 mW；L 为汽化潜热，即相变在相同温度和压力下两相间的比焓差，J/g，在标准状态下液氮汽化潜热为 199. 3J/g，昆明地区为 201J/kg；M 为标准工况下（0℃和 1.013×10^5Pa）单位时间蒸发的液氮量，g/s 或 mL/s。

蒸发的液氮量可以利用天平或气体质量流量计测量得到。

5.2 测量方法

5.2.1 质量

称量法按下式计算热负载：

$$Q_0 = L\frac{M}{t} \tag{2}$$

式中，Q_0为杜瓦（瓶）的热负载观测值，W；M 为规定液氮质量或规定时间内液氮汽化的质量，g；t 为规定液氮质量 M 的耗尽时间或规定时间，s。

5.2.2 质量流量

测量质量流量的计算方法：

$$M_s = \rho_a M_0 = \rho_s \frac{273.15}{T_a} M_0 \tag{3}$$

式中，M_s为标准工况下的质量流量，g/min；M_0为质量流量计测量得到的质量流量读数（SCCM）；ρ_a为测量工况下的氮气密度；ρ_s为氮气在标准状态下的密度为 1.2498×10^{-3}g/mL；T_a为测量工况下氮气的温度，K。

当在标准状态下测量热负载时，将上述有关数据代入式（1）和式（3）得到标准工况下热负载计算式：

$$Q_0 = LM = L\rho_s \frac{273.15}{T_a} M_0 = 4.151 M_0 \tag{4}$$

当在昆明地区测量热负载时，将上述有关数据代入式（1）和式（3）得到测量工况下热负载计算式：

$$Q_0 = LM = L\rho_s \frac{273.15}{T_a} M_0 = 5.212 M_0 \tag{5}$$

当测量工况的环境温度不等于 25℃时，氮气的密度随温度的变化可以由热力学状态方程求得，$\rho_a/\rho_0 = 273.15/T_a$；在 101.329kPa 和 25℃状态下氮气的密度为 1.1450g/L。在测量工况下热负载计算式修正为：

$$Q_0 = LM = L\rho_a \frac{T_a}{298.15}\frac{298.15}{273.15} M_0 = 0.01748 T_a M_0 \tag{6}$$

5.2.3 体积流量

测量体积流量的计算方法：

$$M = \frac{273.15}{T_a} \frac{P}{14.696} \frac{1}{\sigma} M_0 \tag{7}$$

式中，P 为测量工况下的氮气压力；σ 为氮气在 0℃和 101.329kPa 状态下的汽液体积比，为 647；T_a为测量工况下氮气的温度，当 25℃时 $T_a = 298.15$K；M_0为体积流量计测量得到的体积流量读数。将上述有关数据代入式（1）和式（2）得到热负载计算式：

$$Q_O = LM = L \frac{273.15}{T_a} \frac{P}{14.696} \frac{1}{\sigma} M_0 = 3.173 M_0 \tag{8}$$

6　测量步骤

6.1　测量准备

6.1.1　称量法

第一步，接通电子天平电源，启动计算机和控制软件。

第二步，将被测杜瓦（瓶）置于电平托盘中央，利用电子天平去皮清零功能使称量读数为零。

第三步，通过液氮加注工装在杜瓦（瓶）内管里加入液氮，保证积存液氮量和冷端温度符合规定要求。

第四步，将已加注液氮的杜瓦（瓶）重新放置在天平托盘中央。

6.1.2　流量法

第一步，接通质量流量计电源，启动计算机和控制软件。

第二步，通过液氮加注工装在杜瓦（瓶）内管里加入液氮，保证积存液氮量和冷端温度符合规定要求。

第三步，将蒸发汽化氮气导流收集测量接口装入杜瓦内管制冷机械接口，保证接口密封良好，不能溢出冷氮气。

6.2　数据处理

6.2.1　称量法

根据测量对象的不同，可以细分为定时间法和定质量法两种。

规定测量液氮蒸发耗尽前最后 1min 的液氮质量，用电子天平测量液氮耗尽前最后 1min 蒸发的液氮质量读数 M(g)。热负载观测值为

$$Q_O = 3350M \quad (\text{mW})$$

热负载为 100~250mW 的杜瓦（瓶），规定测量液氮蒸发耗尽前最后 0.045g 液氮蒸发的时间，用软件编程秒表计时器或电子秒表测量蒸发 0.045g 液氮需要的时间读数 t(s)。热负载观测值为

$$Q_O = 9000/t \quad (\text{mW})$$

热负载为 250~400mW 的杜瓦（瓶），规定测量液氮蒸发耗尽前最后 0.09g

液氮蒸发的时间，用软件编程秒表计时器或电子秒表测量蒸发 0.09g 液氮需要的时间读数 t(s)。热负载观测值为

$$Q_O = 18000/t \quad (\text{mW})$$

热负载为 400~550mW 的杜瓦（瓶），规定测量液氮蒸发耗尽前最后 0.135g 液氮蒸发的时间，用软件编程秒表计时器或电子秒表测量蒸发 0.135g 液氮需要的时间读数 t(s)。热负载观测值为

$$Q_O = 27135/t \quad (\text{mW})$$

规定测量液氮蒸发耗尽前最后 0.3g 液氮蒸发的时间，用软件编程秒表计时器或电子秒表测量蒸发 0.3g 液氮需要的时间 t(s)。热负载观测值为

$$Q_O = 60300/t \quad (\text{mW})$$

6.2.2　流量法

根据测量对象的不同，可以细分为测量质量流量和体积流量两种。

规定测量质量流量，用质量流量计测量液氮耗尽时刻的质量流量读数 M_0 (SCCM)。热负载观测值为

$$Q_O = 5.212M_0 \quad (\text{mW})$$

规定测量体积流量，用体积流量计测量液氮耗尽时刻的体积流量读数 M_0 (CCM)。热负载观测值为

$$Q_O = 3.173M_0 \quad (\text{mW})$$

7　测量记录

7.1　称量法

7.1.1　定时间

记录被测对象液氮耗尽前最后 1min 蒸发的液氮质量读数 M(g)。记录间接测量热负载观测值 Q_O(mW)。

7.1.2　定质量

记录被测对象液氮蒸发耗尽前最后蒸发规定质量液氮需要的时间读数 t(s)。记录间接测量热负载观测值 Q_O(mW)。

7.2　流量法

7.2.1　质量流量

记录被测对象液氮耗尽时刻的质量流量读数 M_0(SCCM)。记录间接测量热负载观测值 Q_O(mW)。

7.2.2　体积流量

记录被测对象液氮耗尽时刻的体积流量读数 M_0(CCM)。记录间接测量热负载观测值 Q_O(mW)。

8 测量不确定度评定

8.1 不确定分量评定

8.1.1 约定结霜质量的不确定度

约定结霜质量的标准不确定度 A 类评定分量用对 24 次测量进行统计分析的方法得到 $u_{约定结霜}=0.0046\text{g}$，标准不确定度 B 类评定分量按电子天平分辨率 1mg 均匀分布处理得 $u_{约定仪器}=0.2887\text{mg}$。按不相关量处理约定结霜质量的合成标准不确定度：

$$u_{c约定结霜}=\sqrt{u_{约定结霜}^2+u_{约定仪器}^2}=0.00461\text{g}$$

约定结霜质量的扩展不确定度 $U=3u_{c约定结霜}=0.0138\text{g}$。

8.1.2 液氮质量的不确定度

液氮质量的测量方程 $M_{液氮}=M_{规定}+M_{约定结霜}$，标准不确定度 B 类评定分量按电子天平分辨率 1mg 均匀分布处理得 $u_{液氮仪器}=0.2887\text{mg}$。按不相关量处理液氮质量的合成标准不确定度：

$$u(M)=u_{c液氮}=\sqrt{u_{c约定结霜}^2+u_{约定仪器}^2}=0.00462\text{g}$$

液氮质量的扩展不确定度 $U=3u_c$液氮$=0.0139\text{g}$。

通常微型金属杜瓦（瓶）的典型热负载一般为 150mW，理论液氮蒸发速率为 0.7463mg/s。当选用可读性 0.1mg、重复性 0.1mg、稳定时间 3s 的电子天平进行人工测量时，电子天平工作在非稳定读数状态，操作人员可识别到 1mg 以上的变化，准确判读 10mg。标准不确定度 B 类评定分量按分辨率 10mg 均匀分布处理得 $u_{液氮仪器}=2.8868\text{mg}$，人工测量液氮质量的合成标准不确定度：

$$u(M)=u_{c液氮}=\sqrt{u_{c约定结霜}^2+u_{约定仪器}^2}=0.00544\text{g}$$

液氮质量的扩展不确定度 $U=3u_{c液氮}=0.0163\text{g}$。

8.1.3 测量时间的不确定度

标准不确定度 B 类评定分量按时间测量计时器的操作误差 0.5s 均匀分布处理得 $u_{操作}=0.1443\text{s}$。根据理论蒸发速率将液氮质量测量误差 ΔM 转换成时间测量误差 $\Delta t_{测量}=\Delta M/\nu_N$，按均匀分布处理得测量时间标准不确定度 B 类评定分量 $u_{时间}$：

$$u(t)=u_{时间}=\frac{\Delta t_{测量}}{\sqrt{12}}$$

按不相关量处理测量时间的合成标准不确定度：

$$u_{c时间}=\sqrt{u_{操作}^2+u_{时间}^2}=\sqrt{0.1443^2+\frac{1}{12}\left(\frac{L}{Q_0}\right)^2\Delta M^2}$$

当热负载 150mW 时，若存在液氮质量测量误差 $\Delta M_{测量}=0.015\text{g}$，测量时间

的扩展不确定度 $U=3u_{c时间}=17.4s$。

8.2　热负载观测值合成标准不确定度B类评定

热负载观测值的测量结果按式（2）由被测量液氮质量和时间确定，根据不确定度的传递规律计算热负载观测值，合成标准不确定度

$$u(Q_0)=\sqrt{\left(\frac{\partial Q_0}{\partial M}\right)^2 u^2(M)+\left(\frac{\partial Q_0}{\partial t}\right)^2 u^2(t)}=\frac{L}{M}\sqrt{u^2(M)+\frac{1}{12}\Delta M^2}$$

当采用定时间法测量时，$t=300s$。如果存在 ΔM 测量 $=0.015g$，则 $u(Q_0)=4.7mW$，扩展不确定度 $U=3u_c(Q_0)=14mW$。当采用定质量法人工测量时，$t=M/\nu_N=0.3/\nu_N$。如果热负载观测值 $Q_0=150mW$，存在 ΔM 测量 $=0.015g$，则 $u(Q_0)=3.5mW$，扩展不确定度 $U=3u_c(Q_0)=10mW$。

9　测量结果

测量结果的完整表达式：

热负载观测值 ± 扩展不确定度 $=Q_0 \pm U$

例：150mW±30mW。

